미래의 식량, 모두를 먹여 살릴 수 있는가

지속가능성 시리즈⑩

미래의 식량, 모두를 먹여 살릴 수 있는가

클라우스 할브로크 지음 | 정병선 옮김

도서출판 길

지속가능성 시리즈⑩

미래의 식량, 모두를 먹여 살릴 수 있는가

2019년 10월 20일 제1판 제1쇄 찍음
2019년 10월 30일 제1판 제1쇄 펴냄

지은이 | 클라우스 할브로크
옮긴이 | 정병선
펴낸이 | 박우정

기획 · 편집 | 천정은
전산 | 최원석

펴낸곳 | 도서출판 길
주소 | 06032 서울 강남구 도산대로25길 16 우리빌딩 201호
전화 | 02)595-3153 팩스 | 02)595-3165
등록 | 1997년 6월 17일 제113호

Printed in Seoul, Korea
ISBN 978-89-6445-168-7 04500

아버지 한스 할브로크

Hans Hahlbrock, 1911~1943

에게 바친다

엮은이 서문

지속가능성 프로젝트

이 시리즈의 독일어 판은 예상을 훌쩍 뛰어넘는 판매고를 기록했다. 언론의 반응도 호의적이었다. 이 두 가지 긍정적 지표로 보건대 이 시리즈가 일반 독자들도 쉽게 이해할 수 있는 언어로 적절한 주제를 다루고 있음을 알 수 있다. 이 책이 광범위한 주제를 포괄하면서도 과학적으로 엄밀할뿐더러 일반인도 쉽게 접근할 수 있는 언어로 쓰였다는 점은 특히 주목할 만하다. 이것은 사람들이 아는 것을 실천함으로써 지속가능한 사회로 나아가는 데 정말이지 중요한 선결 요건이기 때문이다.

이 책의 일차분이 출간된 직후인 몇 달 전, 나는 유럽의 주변 국가들로부터 영어 판을 출간해 더 많은 독자가 이 책을 접할 수 있게 했으면 좋겠다는 이야기를 들었다. 그들은 이 시리즈가 국제적인 문제를 다루고 있느니만큼 될수록 많은 이들이 이 책을 읽고 지식을 바탕으로 토론하고 국제 차원에서 실천할 수 있도록 해야 한다고 역설했다. 한 국제회의에 파견된 인도·중국·파키스탄의 대표들이 비슷한 관심을 표명했을 때 나는 마음을 굳혔다. 레스터 R. 브라운Lester R. Brown이나 조너선 포리트Jonathan Porritt 같은 열정적인 이들은 일반 대중이 지속가능성 개념에 유의하도록 이끌어준 인물이다. 나는 이 시리즈가 새로운 개념의 지속가능성 담론을 불러일으킬 수 있으리라 확신한다.

내가 독일어 판 1쇄에 서문을 쓴 지도 어언 2년이 지났다. 그사이 우리 지구에서는 지속불가능한 발전이 유례없이 난무했다. 유가는 거의 세 배까지 올랐고, 산업용 금속의 가격도 걷잡을 수 없이 치솟았다. 옥수수·쌀·밀 같은 식량 가격이 연일 최고치를 경신한 것도 뜻밖이었다. 이 같은 가격 급등 탓에 중국·인도·인도네시아·베트남·말레이시아 같은 주요 발전도상국의 안정성이 크게 흔들리리라는 우려가 전 지구적 차원에서 짙어지고 있다.

지구 온난화에 따른 자연재해도 잦아지고 심각해졌다. 지구의 여러 지역이 긴 가뭄을 겪고 있으며, 그로 인한 식수 부족과 흉작에 시달리고 있다. 그런가 하면 세계의 또 다른 지역에서는 태풍과 허리케인으로 대규모 홍수가 나 지역민들이 커다란 고통에 빠져 있다.

거기에다 미국 서브프라임 모기지 위기로 촉발된 세계 금융시장의 혼란까지 가세했다. 금융시장 혼란은 세계 모든 나라들에 영향을 끼쳤으며, 불건전하고 더러 무책임하기까지 한 투기가 오늘의 금융시장을 어떻게 망쳐놓았는지 생생하게 보여주었다. 투자자들이 자본 투자에 따른 단기수익성을 과도하게 노린 바람에 복잡하고 음습한 금융 조작이 시작되었다. 기꺼이 위험을 감수하려는 무모함 탓에 거기 연루된 이들이 모두 궤도를 이탈한 듯 보인다. 그렇지 않고서야 어떻게 우량 기업이 수십 억 달러의 손실을 입을 수 있었겠는가? 만약 각국의 중앙은행들이 과감하게 구제에 나서 통화를 뒷받침하지 않았더라면 세계경제는 붕괴하고 말았을 것이다. 공적 자금 사용이 정당화될 수 있는 것은 오로지 이러한 환경에서뿐이다. 따라서 대규모로 단기자본 투기가 되풀이되는 사태를 서둘러 막아야 한다.

이 같은 발전의 난맥상으로 미루어볼 때 지속가능성에 관해 논의해야 할 상황은 충분히 무르익은 것 같다. 천연자원이나 에너지의 무분별한 사용이 심각한 결과를 초래하며, 이는 미래 세대에만 해당하는 일이 아니라는 사실을 점점 더 많은 이들이 자각하고 있다.

2년 전이라면 세계 최대의 소매점 월마트가 고객과 지속가능성에 관해 대화하고 그 결과를 실행에 옮기겠다고 약속할 수 있었겠는가? 누가 CNN이 「고잉 그린」Going Green 같은 프로그램을 방영할 수 있으리라고 생각이나 했겠는가? 세계적으로 더 많은 기업들이 속속 지속가능성이라는 주제를 주요 전략적 고려 사항으로 꼽고 있다. 우리는 이 여세를 몰아 지금 같은 바람직한 발전이 용두사미로 그치지 않고 시민사회의 주요 담론으로 확고히 자리 잡을 수 있도록 해야 한다.

하지만 개별적인 다수의 노력만으로는 지속가능한 발전을 이룰 수 없다. 우리는 우리 자신의 생활양식과 소비 및 생산방식에 근본적이고 중대한 질문을 던져야 하는 상황에 놓여 있다. 에너지나 기후 변화 같은 주제에만 그치지 않고, 미래 지향적이고 예방적으로 지구 전체 시스템의 복잡성을 다루어야 하는 것이다.

모두 열두 권에 달하는 이 시리즈의 저자들은 우리가 지구 생태계를 파괴함으로써 어떤 결과에 이르렀는지를 종전과는 다른 각도에서 조망하고 있다. 그러면서도 지속가능한 미래를 일굴 수 있는 기회는 아직 많이 남아 있다고 덧붙인다. 하지만 그러려면 지속가능한 발전이라는 원칙에 입각해 올바로 실천할 수 있도록 우리의 지식을 총동원해야 한다. 지식을 행동으로 연결하는 조치가 성과를 거두려면 모든 이들을 대상으로 어렸을 적부터 광범위한 교육을 실시해야 한다. 미래에 관한 주요 주제를 학교 교육과정에서 다뤄야 하고, 대학생은 지속가능한 발전에 관한 교양과정을 필수적으로 이수하게 해야 한다. 남녀노소를 불문하고 모든 이들에게 일상적으로 실천할 기회를 마련해 주어야 한다. 그래야 스스로의 생활양식에 대해 비판적으로 사고하고 지속가능성 개념에 기반해 바람직한 변화를 도모할 수 있다. 우리는 책임 있는 소비자행동을 통해 지속가능한 발전으로 나아가는 길을 기업들에게 보여주어야 하며, 여론 주도층으로서 영향력을 행사하면서 적극 나서야 한다.

바로 그러한 이유에서 내가 몸담고 있는 책임성포럼Forum für Verantwortung과 ASKO유럽재단ASKO Europa Foundation, 유럽아카데미 오첸하우젠European Academy Otzenhausen이 협력해, 저명한 '부

퍼탈기후환경에너지연구소'Wuppertal Institute for Climate, Environment and Energy가 개발한 열두 권의 책과 함께 볼 만한 교육용 자료를 제작했다. 우리는 프로그램을 확대해 세미나를 진행하고 있는데, 초창기의 성과는 매우 고무적이다. 일례로 유엔은 '지속가능발전교육'Education for Sustainable Development; ESD이라는 10개년 프로젝트를 진행하기로 했다. 이 같은 '지속가능성 확산' 운동이 순조롭게 진행됨에 따라 객관적인 정보나 지식에 대한 대중의 관심과 수요는 날로 늘 것으로 보인다.

기존 내용을 보완하느라 심혈을 기울이고 애초의 독일어 판을 좀 더 세계적인 맥락에 맞도록 손봐 준 지은이들의 노고에 감사드린다.

통찰력 있고 책임감 있는 실천

"우리 인간은 제2의 세계를 창조할 수 있는 신, 즉 초월적 존재가 되어가는 중이다. 자연계를 그저 새로운 창조를 위한 재료쯤으로 써먹으면서 말이다."

이것은 정신분석학자이자 사회철학자 에리히 프롬Erich Fromm이 쓴 『소유냐 존재냐』(1976)에 나오는 경고문으로, 우리 인간이 과학기술에 지나치게 경도된 나머지 빠지게 된 딜레마를 잘 표현하고 있다.

자연을 이용하기 위해 자연에 복종한다는 우리의 애초 태도("아는 것이 힘이다.")는 자연을 이용하기 위해 자연을 정복한다는 쪽으로 변질되었다. 수많은 진보를 이룩한 인류는 초기의 성공적 경로에서 벗어나 그릇된 길로 접어들었다. 셀 수도 없는 위험이 도사리고 있는 길로 말이다. 그 가운데 가장 심각한 위험은 정치인이나 기업인 절대다수가 경제성장을 늦추지 말아야 한다고 철석같이 믿고 있다는 데에서 비롯된다. 그들은 끝없는 경제성장이야말로 지속적인 기술혁신과 더불어 인류의 현재와 미래의 문제를 모조리 해결해 줄 수 있으리라 믿고 있다.

지난 수십 년 동안 과학자들은 자연과 필연적으로 충돌할 수밖에 없는 이러한 믿음에 대해 줄곧 경고를 해왔다. 유엔은 1983년에 일찌감치 세계환경발전위원회World Commission on Environment and Development; WCED를 창립했고, 이 위원회는 1987년에 '브룬틀란 보고서'Brundtland Report를 발간했다. '우리 공동의 미래'Our Common Future라는 제목의 그 보고서는 인류가 재앙을 피하고 책임 있는 생활양식으로 돌아갈 수 있는 길을 모색하는 데 유용한 개념을 제시했다. 장기적이고 환경적으로 지속가능한 자원 사용이 그것이다. 브룬틀란 보고서에 쓰인 '지속가능성'은 "미래 세대가 그들의 욕구를 충족시킬 수 있는 능력에 위협을 주지 않으면서 현 세대의 욕구를 충족시키는 발전"을 의미하는 개념이다.

숱한 노력이 있었지만 안타깝게도 생태적·경제적·사회적으로 지속가능한 실천을 위한 이 기본 원칙은 제대로 구현되지 않고 있다. 시민사회가 아직 충분한 지식을 갖추고 있지도 조직화되어 있지도 않은 탓이다.

이러한 상황을 배경으로, 그리고 쏟아지는 과학적 연구 결과들과 경고를 바탕으로, 나는 내가 몸담은 조직과 함께 사회적 책임을 맡기로 했다. 지속가능한 발전에 관한 논의가 활성화되는 데 힘을 보태고자 한 것이다. 나는 지속가능성이라는 주제에 관한 지식과 사실을 제공하고, 앞으로 실천하면서 선택할 수 있는 대안을 보여주고자 한다.

하지만 '지속가능한 발전'이라는 원칙만으로는 현재의 생활양식이나 경제활동을 변화시키기에 충분치 않다. 그 원칙이 일정한 방향성을 제시해 주는 것이야 틀림없지만, 그것은 사회의 구체적 조건에 맞게 조율되어야 하고 행동 양식에 따라 활용되어야 한다. 미래에도 살아남기 위해 스스로를 재편하고자 고심하는 민주주의 사회는 토론하고 실천할 줄 아는 비판적이고 창의적인 개인들에게 의존해야 한다. 따라서 지속가능한 발전을 실현하려면 무엇보다 남녀노소를 가리지 않고 그들에게 평생교육을 실시해야 한다. 지속가능성 전략에 따른 생태적·경제적·사회적 목표를 이루려면 구조적 변화를 이끌어내는 잠재력이 어디에 있는지 알아보고 그 잠재력을 사회에 가장 이롭게 사용할 줄 아는 성찰적이고 혁신적인 일꾼들이 필요하다.

그런데 사람들이 단지 '관심을 기울이는 것'만으로는 여전히 부족하다. 우선 과학적인 배경지식이나 상호 관계를 이해하고 나서 토론을 통해 그것을 확인하고 발전시켜야 한다. 오직 그렇게 해야만 올바로 판단할 수 있는 능력이 길러진다. 이것이 바로 책임 있는 행동에 나서기 위해 미리 갖춰야 할 조건이다.

그러려면 사실이나 이론을 제기하되, 반드시 그 안에 주제에 적합하면서도 광범위한 행동 지침을 담아내야 한다. 그래야 사람들이 그 지침에 따라 나름대로 행동에 나설 수 있다.

이 같은 목적을 실현하기 위해 나는 저명한 과학자들에게 일반인도 이해할 수 있는 방식으로 '지속가능한 발전'에 따른 주요 주제의 연구 상황과 가능한 대안을 들려달라고 요청했다. 그렇게 해서 결실을 맺은 것이 바로 이 지속가능성 시리즈 열두 권이다. (아래의 각 권 소개 참조.) 이 작업에 참여한 이들은 다들 지속가능성을 향해 사회가 단일대오를 형성하는 것 말고는 달리 뾰족한 대안이 없다는 데 뜻을 같이했다.

— 우리의 지구, 얼마나 더 버틸 수 있는가(질 예거Jill Jäger)
— 에너지 위기, 어떻게 해결할 것인가(헤르만-요제프 바그너Hermann-Josef Wagner)
— 기후 변화, 돌이킬 수 없는가(모집 라티프Mojib Latif)
— 경제성장과 환경 보존, 둘 다 가능할 수는 없는가(베른트 마이어Bernd Meyer)
— 전염병의 위협, 두려워만 할 일인가(슈테판 카우프만Stefan Kaufmann)
— 생물 다양성, 얼마나 더 희생해야 하는가(요제프 H. 라이히홀

프 Josef H. Reichholf)

— 바다의 미래, 어떠한 위험에 처해 있는가(슈테판 람슈토르프·캐서린 리처드슨Stefan Rahmstorf & Katherine Richardson)

— 물 부족 문제, 우리가 아는 것이 전부인가(볼프람 마우저Wolfram Mauser)

— 고갈되는 자원, 더 효율적으로 사용할 수 없는가(프리드리히 슈미트-블레크Friedrich Schmidt-Bleek)

— 미래의 식량, 모두를 먹여 살릴 수 있는가(클라우스 할브로크Klaus Hahlbrock)

— 과밀한 세계? 세계 인구와 국제 이주(라이너 뮌츠·알베르트 F. 라이터러Rainer Münz & Albert F. Reiterer)

— 새로운 세계질서 구축: 미래를 위한 지속가능한 정책(하랄트 뮐러Harald Müller)

공적 토론

내가 이 프로젝트를 추진할 용기를 얻고, 또 시민사회와 연대하고, 그들에게 변화를 위한 동력을 제공해 줄 수 있으리라 낙관하게 된 것은 무엇 때문이었을까?

첫째, 나는 최근 빈발하는 심각한 자연재해 탓에 누구나 인간이 이 지구를 얼마나 크게 위협하고 있는지 민감하게 깨달아가고 있음을 알게 되었다. 둘째, 지속가능한 발전이라는 개념을 시민들이 이해하기 쉬운 언어로 포괄적이면서도 집중적으로 다룬 책이 시중에 거의 나와 있지 않았다.

이 시리즈 일차분이 출간될 즈음 대중은 기후 변화나 에너지 같은 주제에는 큰 관심을 기울이고 있었다. 이는 2004년 지속가능성에 관한 공적 담론에 필요한 아이디어와 선결 조건을 정리할 무렵에는 기대하기 힘들었던 것이다. 특히 다음과 같은 사건들이 계기가 되어 이러한 변화가 가능했다.

첫째, 미국은 2005년 8월 허리케인 카트리나로 뉴올리언스가 폐허로 변하고 무정부 상태가 이어지는 모습을 속절없이 지켜보아야 했다.

둘째, 2006년 앨 고어Al Gore가 기후 변화와 에너지 낭비에 관해 알리는 운동을 시작했다. 그 운동은 결국 다큐멘터리 「불편한 진실」An Inconvenient Truth로 결실을 맺었는데, 이 다큐멘터리는 전 세계 모든 연령층에 강렬한 인상을 남겼다.

셋째, 700쪽에 달하는 방대한 스턴 보고서Stern Report가 발표되면서 정치인이나 기업인들의 경각심을 이끌어냈다. 영국 정부가 의뢰한 이 보고서는 2007년 전직 세계은행 수석 경제학자인 니컬러스 스턴Nicholas Stern이 작성하고 발표했다. 스턴 보고서는 우리가 "과거의 기업 행태를 답습하고" 기후 변화를 막을 수 있는 그 어떤 적극적 조치도 취하지 않는다면 세계경제가 얼마나 큰 피해를 입을지 분명하게 보여주었다. 더불어 스턴 보고서는 우리가 실천에 나서기만 한다면, 그 피해에 치를 비용의 10분의 1만 가지고도 얼마든지

대책을 세울 수 있으며, 지구 온난화에 따른 평균기온 상승을 2°C 이내로 억제할 수 있다고 주장했다.

넷째, 2007년 초에 발표된 기후 변화 정부간 위원회Intergovernmental Panel for Climate Change; IPCC 보고서가 언론의 열렬한 지지를 얻고 상당한 대중적 관심을 모았다. 그 보고서는 상황이 얼마나 심각한지를 이례적으로 적나라하게 폭로하며 기후 변화를 막을 과감한 조치를 촉구했다.

마지막으로, '지구를 살리자'Save the world라는 빌 클린턴의 호소와 빌 게이츠, 워런 버핏, 조지 소로스, 리처드 브랜슨 같은 억만장자들의 이례적 관심과 열정을 꼽을 수 있다. 전 세계 사람들에게 각별한 인상을 남긴 그들의 노력을 빼놓을 수는 없다.

이 시리즈 열두 권의 지은이들은 각자 맡은 분야에서 지속가능한 발전을 지향하는 적절한 조치를 제시해 주었다. 우리 행성이 경제·생태·사회 분야에서 지속가능한 발전으로 성공리에 이행하려면 하루아침이 아니라 수십 년이 걸리리라는 사실을 우리는 늘 유념해야 한다. 지금도 여전히 장기적으로 볼 때 가장 성공적인 길이 무엇일지에 대해서는 딱 부러진 답이나 공식 같은 게 없다. 수많은 과학자들, 혁신적인 기업인과 경영자들은 이 어려운 과제를 풀기 위해 창의성과 역량을 총동원해야 할 것이다. 갖가지 난관에도 불구하고 우리는 희미하게 다가오고 있는 재앙을 극복하기 위해 과연 어떤 목적의식을 가져야 하는지 확실하게 인식할 수 있다. 정치적 틀이 갖춰져 있기만 하다면, 전 세계의 수많은 소비자들은 날마다 우리 경제가 지속가능한 발전으로 옮아가도록 돕는 구매 결정을 내릴 수 있다. 더욱이 국제적 관점에서 보자면 수많은 시민들이 의회를 통해 민주적으로 정치적 '노선'을 마련할 수도 있을 것이다.

최근 과학계·정치계·경제계는 자원 집약적인 서구의 번영 모델(오늘날 10억 명의 인구가 누리고 있는)이 나머지 50억 명(2050년이 되면 그 수는 최소 80억으로 불어날 것이다)에게까지는 확대될 수 없다는 데 의견을 같이한다. 인구가 지금 같은 추세로 증가한다면 조만간 지구의 생물물리적biophysical 수용 능력으로는 감당이 안 되는 지경에 이를 것이다. 현실이 이렇다는 데 대해서는 사실 논란의 여지가 없다. 다만 우리가 그 현실에서 어떤 결론을 이끌어내야 할 것인가가 문제일 뿐이다.

심각한 국가간 분쟁을 피하고자 한다면 선진국은 발전도상국이나 문지방국가threshold countries, 선진국 문턱에 다다른 국가보다 자원 소비량을 한층 더 줄여야 한다. 앞으로 모든 국가는 비슷한 소비 수준을 유지해야 한다. 그래야 발전도상국이나 문지방국가에게도 적절한 번영 수준을 보장해 줄 수 있는 생태적 여지가 생긴다.

이처럼 장기적 조정을 거치는 동안 서구 사회의 번영 수준이 급속도로 악화되지 않도록 하려면, 높은 자원 이용 경제에서 낮은 자원 이용 경제로, 즉 생태적 시장경제로 한시바삐 옮아가야 한다.

한편 발전도상국과 문지방국가도 머잖아 인구 증가를 억제하는 데 힘을 쏟아야 할 것이다. 1994년 카이로에서 유엔 국제인구발전회의International Conference on Population and Development: ICPD가 채택한

20년 실천 프로그램은 선진국의 강력한 지지를 기반으로 이행되어야 한다.

만약 인류가 자원과 에너지의 효율을 대폭 개선하는 데, 그리고 인구 성장을 지속가능한 방식으로 조절해 가는 데 성공하지 못한다면, 우리는 생태 독재eco-dictatorship라는 위험을 무릅써야 할지도 모른다. 유엔의 예견대로 세계 인구는 21세기 말 110억에서 120억 명으로 불어날 것이다. 에른스트 울리히 폰 바이츠제커Ernst Ulrich von Weizsäcker가 말했다. "국가는 안타깝게도 제한된 자원을 분배하고, 경제활동을 시시콜콜한 부분까지 통제하고, 환경에 이롭도록 시민들에게 해도 되는 일과 해서는 안 되는 일까지 일일이 제시하게 될 것이다. '삶의 질' 전문가들이 인간의 어떤 욕구는 충족될 수 있고, 또 어떤 욕구는 충족될 수 없는지를 거의 독재자처럼 하나하나 규정하게 될는지도 모른다."(『지구정치학』*Earth Politics*)

때가 무르익다

이제 근원적이고 비판적으로 재고해 보아야 할 때가 되었다. 대중은 자신이 어떤 유의 미래를 원하는지 결정해야 한다. 진보, 삶의 질은 해마다 일인당 국민소득이 얼마 증가하느냐에 달린 게 아니며, 우리의 욕구를 충족시키는 데 그렇게나 많은 재화가 필요한 것도 아니다. 이윤 극대화나 자본 축적 같은 단기적 경제 목표야말로 지속가능한 발전의 가장 큰 걸림돌이다. 우리는 지방분권화되어 있던 과

거의 경제로 되돌아가야 하고, 그리고 세계무역이나 그와 관련한 에너지 낭비를 의식적으로 줄여가야 한다. 만약 자원이나 에너지에 '제값'을 지불해야 한다면 세계적인 합리화나 노동 배제 과정도 달라질 것이다. 비용에 따른 압박이 원자재나 에너지 분야로 옮아갈 것이기 때문이다.

지속가능성을 추구하려면 엄청난 기술혁신이 필요하다. 하지만 모든 것을 기술적으로 혁신해야 하는 것은 아니다. 삶의 모든 영역을 경제 제도의 명령 아래 놔두려 해서도 안 된다. 모든 이들이 정의와 평등을 누리는 것은 도덕적이고 윤리적인 요청일 뿐 아니라 길게 봐서는 세계 평화를 보장하는 가장 중요한 수단이기도 하다. 그러므로 권력층뿐 아니라 모든 이들이 공감할 수 있는 새로운 토대 위에 국가와 국민의 정치 관계를 구축해야 한다. 또한 국제 차원에서 합의한 원칙 없이는 이 시리즈에서 논의하고 있는 그 어떤 분야에서도 지속가능성을 실현하기 어렵다.

마지막으로, 지금 같은 추세라면 21세기 말쯤에는 세계 인구가 110억에서 120억 명에 이를 것으로 추산되는데, 과연 우리 인류에게 그 정도로까지 번식을 해서 지구상의 공간을 모조리 차지하고 그 어느 때보다 극심하게 다른 생물종의 서식지와 생활양식을 제약하거나 파괴할 권리가 있는지 곰곰이 따져보아야 한다.

미래는 미리 정해져 있지 않다. 우리의 실천으로 스스로 만들어가야 한다. 우리는 지금껏 해오던 대로 할 수도 있지만 그렇게 한다면 50년쯤 후엔 자연의 생물물리학적인 제약에 억눌리게 될 것이다.

이것은 아마도 불길한 정치적 함의를 띠는 것이리라. 하지만 아직까지는 우리 자신과 미래 세대에게 좀 더 공평하고 생명력 있는 미래를 열어줄 기회 또한 있다. 그 기회를 잡으려면 이 행성 위에 살아가는 모든 이들의 열정과 헌신이 필요하다.

2008년 여름

클라우스 비간트Klaus Wiegandt

지은이 서문

책임성 포럼 시리즈의 한 권인 이 책은 15년 전 (독일어로) 처음 출간된 같은 제목의 책을 전면 개정한 최신판이다. 그때 이후로, 지속 가능한 방법을 통해 지구상의 인류를 먹여 살리는 문제는 훨씬 더 중대한 사안이 되었다. 당연하다. 인구가 계속 증가했고, 환경이 꾸준하게 파괴되었으니까. 굶주림과 비만, 빈곤과 풍요, 자원 남획과 생태계의 안정성 사이에서 불균형과 부조화가 끊임없이 확대되고 있다.

15년 전에는, 새롭게 부상 중이던 식물 유전공학 기술이 기존의 육종育種 관련 문제를 해결할 수 있을지, 그 응용을 과연 윤리적·생물학적 차원에서 정당화할 수 있을지가 주된 관심사였다. 아무튼 유전자■ 변형 작물은 유럽 이외의 선진국과 발전도상국 수십 개 나라에서 재배됐다. 그 총면적은 프랑스 국토의 두 배 크기이다. 초창기의 연구 결과는 다음과 같았다. 소농(특히 발전도상국에서)은 경제 측면에서 이익을 봤다. 환경에 피해를 덜 입히는 살충제■를 사용해서 얻는 생태적 이득이 상당했다.

유럽과 세계의 다른 일부 지역은 이런 결과에 거의 주목하지 않았다. 그래서 이 책을 개정하면서 이 사안을 주되게 다루었다. 또한 전 세계적으로 농업 생산성이 빠르게 위협받고 있는 문제도 더 자세히 살펴보았다. 여기에 다른 흥미로운 주제들도 추가했다. 우리의 환경이 지속적으로 파괴되고 있다는 것, 굶주림과 빈곤이 발전도상국의 꺾이지 않는 인구 증가 추세와 결부돼 있다는 것이 그런 내용들이다.

관련 분야의 동료들이 다시 한 번 관대함을 보여주었다. 그들은 그림 자료와 참고할 문헌을 제공했고, 깊이 있는 조언을 해주었다. 감사드리고 싶은 분을 소개해 놓는다. 도로테아 바르텔스Dorothea Bartels, 페터 바이어Peter Beyer, 하르트비크 가이거Hartwig Geiger, 데니스 곤잘베스Dennis Gonsalves, 요르게 마이어Jorge Mayer, 마틴 카임Matin Qaim, 볼프강 슈케르트Wolfgang Schuchert, 발터 슈크Walter Schug, 귄터 슈트리트마터Günther Strittmatter. 편집자 클라우스 비간트Klaus Wiegandt, 에른스트 페터 피셔Ernst Peter Fischer, 울리케 홀러Ulrike Holler에게 특별히 사의를 표한다. 비간트가 이끄는 재단 책임성 포럼Forum für Verantwortung은 이 시리즈를 구상에서부터 비판적 협력까지 물심양면으로 후원했다. 피셔는 공동 발행자로서 헌신적인 태도를 보여줬고, 홀러는 편집 과정에서 큰 도움을 줬다.

일러두기

- 본문 중 오른쪽에 ■ 기호가 붙은 용어는 본문 뒤 부록으로 실은 「용어 설명」에서 자세한 내용을 확인할 수 있습니다.
- 이 책 14~15쪽에 나오는 지속가능성 시리즈의 각 권 제목들 중 마지막 두 권은 아직 한국어 판이 나오지 않은 책들입니다.

• 차례 •

들어가며

"세계가 점점 작아지고 있다." 항공 교류가 잦아지고, 그 속도까지 빨라졌고, 대륙 간의 통신도 초고속으로 이루어지고 있다. 바야흐로 세계화의 시대다. 새로운 기술 기반 사회를 은유한 표현인 "우주선 지구호"Spaceship Earth라는 말이 낯설지 않다. 우리가 모두 "한 배에" 타고 있다는 사실을 더욱더 실감하게 된 것이다.

이 배, 아니 우주선이 붐비기 시작했다. 식량 저장고로부터의 공급이 딸리고, 폐기물이 경각심을 가져야 할 정도로 빠르게 증가하고 있음에도 승객이 계속 늘고 있다. 1등석 승객이 쓰고 남은 것을 나머지 인류가 그리 오래 사용할 수도 없는 상황이다. 우리는 근본적인 변화를 모색해야 한다. 승객의 수를 줄이고, 모두가 건강하고 지속 가능하게 살 수 있도록 조치를 취해야 한다. 하지만 우리는 전속력으로 운항 중이기 때문에 변화를 시도하는 것도 쉽지 않다. 우주선의 속도가 빠르기 때문에 궤도 수정이 쉽지 않은 것이다. 하지만 사태는 긴급하다.

내가 생각하는 유일한 해결책은 인구 증가를 끝장내는 것이다. 그것도 가능한 선에서 최대한 빨리 말이다. 생물권■을 남용하는 작태와, 국가 내부 및 국가들 사이에 존재하는 사회적·경제적 불평등에도 똑같은 해결책을 적용해야 한다. 우리는 이들 문제를 명민하게 파악해, 확고한 태도로 새롭게 진로를 설정해야 한다.

모두가 나름의 방법으로 사태 해결에 기여해야 한다. 농업이 일정한 역할을 맡고 있기 때문에 이 새로운 진로에서 많은 노력을 기울여야 함은 물론이다. 하지만 가장 시급한 과제는 인구 통제다. 지구 시스템System Earth이 모두를 수용할 수 있으려면 이 과업에 최우선 순위를 둬야 한다.

나는 이런 이유로 다음의 명제를 중요한 전제조건으로 삼을 것이다. 모두가 동등하게 삶의 권리를 갖고 있다. 지금도 그렇고, 앞으로도 그렇다. 식량 공급 사안에서 모두가 평등한 권리를 누려야 하는 것은 이와 같은 이유에서다. 실제에 부닥치면 이런 요구가 엄청난 난관에 처한다는 걸 나도 안다. 그러려면 인류가 연대하고, 돌봄과 나눔을 실천해야 한다. 식량이 불평등하게 분배되면 최저 생활수준 이하에서 사는 사람들이 자신의 권리를 주장하고 나설 것이다. 전쟁이 일어날 수도 있다. 정말이지 우리는 한 배를 타고 있고, 사려 깊게 그 길로 나아가야 할 충분한 이유가 있는 것이다.

우리가 금후로 취해야 할 행동은 위협받고 있는 기본적 욕구에 우선적으로 맞춰져야 한다. 미래 세대에 대한 책임감도 빠뜨려서는 안 되겠다. 그러려면 다른 무엇보다 먼저 우리의 현실을 편견 없이 파악해야 하리라. 다음 순서는 가용한 수단을 확인해, 어떻게 활용해야 문제를 해결할 수 있겠는지 결정하는 일일 테다. 적절한 기술적 수단이 있으면 방침을 정할 수 있다. 그렇다고 선험적으로 방침을 정해서는 안 될 것이다. 인류의 영양 상태와 관련해 유전공학 채택 여부를 놓고 벌어진 최근의 논쟁을 떠올려보라.

유전공학이 혁신적인 작물 육종법으로 간주되는 만큼이나 거기에는 윤리적 평가라는 난제도 도사리고 있다. 유전공학 기술 자체는 불과 20~30년 만에 개발되었다. 하지만 인류와 환경의 장기간에 걸친 복잡한 상호 작용을 통해서만 우리는 그 기술을 윤리적으로 평가할 수 있다.

책의 구성을 소개한다. 당대 인류의 지위와 우리를 지탱해 주는 생물권의 관계를 아는 것이 긴요하다. 해서 몇 가지 기초적 사실과 그에 수반하는 전제조건을 제시하고, 나아가 농업과 인류의 생활양식이 발전해 온 양상을 역사적으로 간략하게 설명했다.

개별 장들에서는 본격적으로 다음의 내용을 다룬다. 농업 작물 육종, 유전공학의 현재 상황과 혁신적 잠재력, 그리고 어떻게 해야 지구가 계속해서 충분한 식량을 제공해 줄 수 있는가, 라는 진짜 핵심적인 질문. 나는 한편으로는 필요한 사실 정보 제공에 최대한 많은 기여를 했으면 싶고, 다른 한편으로는 윤리적 평가와 실제적 결론을 내릴 수 있는 토대를 폭넓게 제시했으면 싶다. 객관적 정보와 주관적 판단을 뚜렷하게 구분하기 위해, 내 생각은 책의 끝부분 「나오며」에 실었다. 우리 각자가 자기 의견을 피력할 수 있고, 지속 가능한 미래에 기여할 수 있음을 명심했으면 한다. 어떤 입장에 서든 말이다.

책의 내용을 합리적 수준으로 통제할 필요가 있었고, 나는 농작물이 인간과 동물의 기본적인 먹거리라는 관점에서 논의를 전개했다. 하지만 이런 한계는 분명하게 언급되지 않는 한 기본적인 질문들을 다루는 데 별다른 영향을 미치지 못한다.

대개의 경우 표와 통계를 사용하지 않았다. 독자들이 요점에서 벗어날 뿐이라는 게 내 경험이기 때문이다. 사용한 경우도 절대치를 알려주겠다는 의도에서가 아니라 경향과 추세를 강조하기 위해서였다. 엉터리 수치, 통계와 예측, 근거가 불충분한 가설은 도움이 되기보다는 해를 더 많이 끼친다. 환경 보호나 식량 안보라는 복잡한 논제들에서는 특히 더.

정확한 절댓값보다 더 중요한 것은 절대적 의지다. 생물권을 다양하고, 지속 가능하게 보존 복원하려는 의지, 토양과 물을 깨끗하게 보존 복원하려는 의지, 기후를 온전하게 보존 복원하려는 의지 말이다. 이것들이 우리 삶의 안정적 토대이므로 최대한 그래야 한다. 나는 이 공동의 목표가 자명하다고 생각한다. 그 속에서 우리는 새로운 진로를 결정할 수 있다.

1 인구수와 생태계

인류의 역사가 기로에 놓여 있다. 작금의 우리는 꺾일 줄 모르는 인구 증가 추세와, 병행해서 다른 종들을 위협하고 멸종시키는 사태를 과연 끝장내고 싶은지 결정해야 한다. 우리를 지탱해 주는 생물권biosphere이 인구 증가와 종들의 사멸을 더 이상 감내할 수 없는 상황이다. 긴급하고도 과감한 행동이 요구되는 이유다.

우리 역시 생물권을 구성하는 요소이기 때문에 생물권이 붕괴하면 인류의 생존도 끝장이다.

초기 역사와 신석기 혁명

먼저 지구상의 사람 수가 극적으로 변해 온 추이를 자세히 살펴보도록 하자. 최근의 가장 결정적인 인구수 변화 추이는 그림 1에서 확인할 수 있다. 더 이른 시기의 인구수 통계는 정확하게 산정하기가 힘들다. 그래도 인류가 새로운 생활양식을 채택한 신석기 시대의 인구수보다 더 적었음은 확실하다. 오늘날의 기준으로 보면 지구상에 사람이 거의 살지 않은 것이나 다름없다. 하지만 사람들은 신석기 시대에 농업 활동과 가축 사육을 시작했다. 정착 생활이 도입되면서, 완전히 새로운 유형의 인구 구조와 인구 변화의 토대가 놓였다.

우리 조상들은 신석기 시대 이전까지 사냥을 하고, 채집을 했다. 소규모 집단들에 비교적 넓은 면적의 땅이 요구됐음은 당연지사다. 하지만 전반적인 생존 여건은 아주 힘겨웠다. 과거 수백만 년 동안 출현한 거의 모든 원인猿人들이 이 시기에 사라졌다. 결국 딱 한 계통만이 살아남았는데, 그것이 바로 오늘날의 인류 호모 사피엔스Homo sapiens다. 인류는 역사적 발전의 압도적 기간을 먹을 것을 찾으며 방랑하는 집단의 일원으로 지냈다. 선사 시대 인간이 소위 인간화hominization 과정을 통해 정주 농민으로 발전하는 결정적 국면은 수백만 년 동안 계속됐다.

5,000년 전부터 1만 년 전 사이의 신석기 시대에 혁명적이라 할 혁신이 단행되면서 사냥하고 채집하던 장구하고도 전통적인 삶의 방식이 영원히 바뀌었다. 그러나 이런 변화가 갑작스럽게 일어난 것은 아니며, 모든 곳에서 동시에 발생한 것은 더더욱 아니다. 환경 조건이 많은 경우 가지각색으로 달랐기 때문에 낡은 생활양식과 새로운 생활양식이 오랫동안 상이한 문화 집단으로 병존했다(나란히 함께 존재하는 경우도 많았다). 신구의 생활양식은 특히 초기 단계에 계

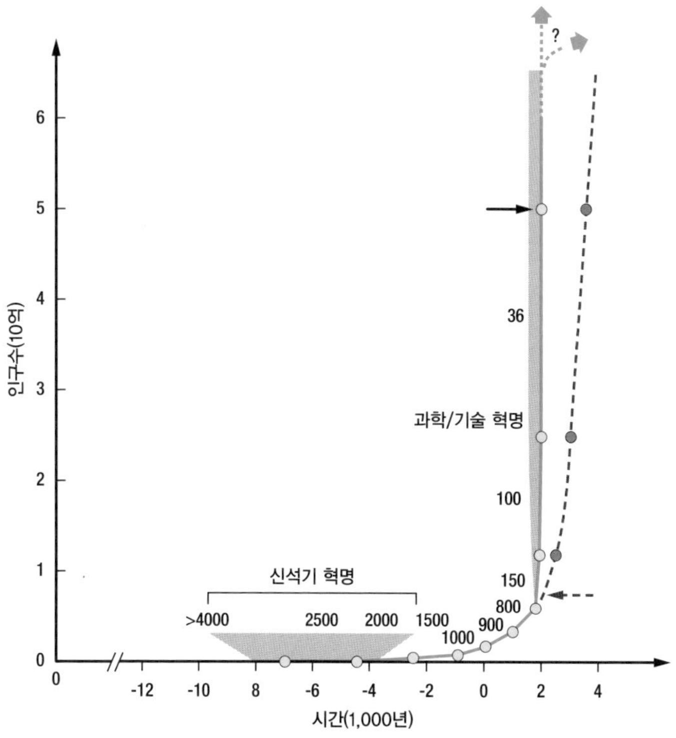

그림 1 신석기 혁명과 과학/기술 혁명(음영으로 처리된 부분)으로 인구수가 크게 증가했다.

속이 빈 동그라미들 사이의 숫자는 인구수가 전에 비해 두 배로 증가하는 데 걸린 시간이다. 점선은 과학/기술 혁명이 없었다면 그려졌을 가상의 성장 곡선이다. 1,500년이 더 흘러도 오늘날의 인구 수준에 도달하지 못할 것으로 나온다. 점선 화살표는 인구수가 현재 표시돼야 할 곳을 가리킨다. 실선 화살표는 "녹색 혁명"이 끝난 때다. 많은 발전도상국에서 농업 생산이 크게 증가한 짧은 시기인 "녹색 혁명"에 대해서는 288쪽에서 살펴본다.

속해서 크게 섞였다. 농사를 짓고, 가축을 기르는 일이 처음에는 상당히 어려웠다는 사실을 알아야 한다. 정주하면서 빵, 채소, 우유,

치즈, 고기를 생산하는 활동이 야생동물, 과일, 식물의 뿌리, 꿀을 찾아 이리저리 떠도는 일보다 결코 더 쉽지 않았던 것이다.

오늘날에도 척박한 땅을 갈면서 먹고살아야 하는 많은 이에게는 아담과 이브가 저주를 받고 낙원에서 쫓겨났다는 성서의 얘기가 쓰디쓴 진실로 다가올 것이다. "너희들 때문에 땅이 저주를 받았다. 너희들은 평생 슬퍼하며 그 땅을 파먹어야 하리라." 부유한 북반구 거주자 가운데 직접 체험을 통해 이 사실을 아는 사람은 소수뿐이다. 그들 다수가 대도시에 거주하며, 산업을 통해 가공 처리된 음식을 구매하기 때문이다. 그 음식이라는 것도 깡통, 병, 플라스틱 용기에 담겨 원거리를 이동해 오는 경우가 많다.

오늘날 생활양식의 특징이라면 밀집 거주, 자동화 기술, 국제 사회를 무대로 활동하는 기업이 조직하는 산업, 세계 무역, 국제적 운송을 꼽을 수 있을 것이다. 식물과 동물을 재배하고 사육하면서 시작된 정주 생활이 없었다면 감히 상상할 수도 없는 특징들이다. 많은 역사가가 인류 문화사의 이 격변을 딱 알맞게도 "신석기 혁명" Neolithic Revolution 이라고 부르는 이유다.

그림 1은 인구 증가 속도를 보여준다. 처음에는 느렸지만 이후로 수천 년 동안 꾸준히 빨라졌고, 그러다가 지난 200~300년 동안 폭발적으로 증가했음을 알 수 있다. 기근, 전염병, 기타 자연 재해와 전쟁이 이런 추세를 지역 및 세계 차원에서 반복적으로 방해했다. 하지만 지난 2~3세기 동안 가파르게 상승한 곡선 경로에서는 그것들이 발휘한 중단 효과를 거의 찾아볼 수 없다.

과학/기술 혁명

이 곡선이 두 차례의 거대한 도약으로 대체적인 모양새를 갖추었다는 사실에 주목하라. 첫 번째 도약은 신석기 혁명으로 이루어졌다. 신석기 혁명 속에서 말 그대로 세계 인구가 급속하게 두 배로 성장할 수 있는 토대가 마련됐다. 두 번째 도약은 훨씬 극적인 변화를 특징으로 한다. 이전의 기준 연도와 대비해 인구수가 두 배로 격증하는 기간이 18세기 초부터 대단히 짧아졌다. 20세기의 후반세기에는 그 현상이 불과 36년 만에 완결됐다.

그림 1의 점선 궤적은 이 두 번째 도약이 얼마나 극적인 변화를 야기했는지를 실증한다. 인구수가 기준 연도 대비 두 배로 증가하는 데 걸리는 시간이 17세기까지 관찰된 것과 같은 속도로 계속 짧아졌다고 가정하고 그 점선 궤적을 그렸다는 점에 유의하라. 이 경우 지구에는 현재 10억 명 미만의 주민이 살고 있을 것이다. 하지만 오늘날 지구상의 인구는 약 70억 명이다. 점선 궤적의 경우 인구수 70억 명에 도달하려면 1,500년이 더 걸릴 것이다. 1,500년이라면 우리가 미래 세대와 손잡고 온갖 문제들의 해결책을 찾을 때 훨씬 더 여유롭게 대응할 수 있었으리라. 그러나 근본적으로 새로운 형태의 지구적 사고와 행동이 필요한 각종의 문제는 지금 당장, 우리 세대의 수명 이내에 취해야 할 시급한 해결책을 요구하고 있다!

인구수가 폭발해 버린 인류 발전의 이 가장 최근 단계를 과학/기술 혁명Scientific/Technological Revolution이라고 부르겠다. 여전히 진행 중인 이 두 번째 혁명은 신석기 농업 혁명과 더불어 인류 문화가 진화해 온 전체 역사에 가장 커다란 영향을 미쳤다. 이 두 개의 혁명은 좌절하거나 성공한 무수한 사회-정치 혁명과는 비교가 안 될 정도로 중요하다. 처음에는 좀체 알아채지 못한 것도 사실이다. 하지만, 두 혁명은 오랫동안 지속되면서 효과를 발휘했고, 근본적이고 철저했으며, 전 세계에 영향을 미쳤고, 이전 상태로 되돌릴 수도 없는 대변동이었다. 인간 생활의 모든 영역이 두 혁명에 노출되면서 영향을 받았다. 두 혁명은 정치 강령에 기초를 두지 않았다. 프랑스 혁명이나 볼셰비키 혁명과 달랐다. 두 혁명은 특정한 구체적 발명에도 토대를 두지 않았다. 전구나 비행기처럼 말이다. 근본적으로 새로운 가능성이 발견됐는바, 그 잠재력이 발견되는 과정은 에둘러서 이루어진 데다 의도하지도 않은 것이었다. 두 혁명은 그런 발견에 바탕을 두었는데, 예를 들면 이런 것들이다. 대규모로 도시에 밀집해 거주하는 생활양식, 첨단 기술을 점점 더 많이 적용 채택하는 농업 방식, 의료 관리가 향상되면서 늘어난 평균 기대수명(생물학 연구와 기술이 뒷받침한다).

우리 시대의 과학/기술 혁명은 이렇게 복잡한 사건으로, 이 책에서 매우 중요한 지위를 갖는다. 나는 다음 장에서 과학/기술 혁명의 역사적 전개와, 그 전개 과정이 신석기 혁명과 내적으로 어떻게 연관돼 있는지를 좀 더 자세히 살펴보려고 한다. 두 가지가 중요하다. 최근에 일어난 인구 폭발의 주범은 과학/기술 혁명이다. 과학/기술 혁명은 여전히 진행 중이고, 그로 인해 야기된 문제들을 해결하는 데도 필수불가결하다.

그림 1의 인구 증가 곡선 맨 윗부분을 보면 이 사실이 자명해진다. 현재의 인구 증가 속도는 최대한 빨리 저지해야 한다. 그러나 오늘날 어느 수준으로, 또 어떤 환경을 조성해야 그런 성장세를 완벽하게 중지시킬 수 있는지 확실하게 예측할 수 있는 사람은 아무도 없다. 이 사안이 북반구에서 아프리카나, 아시아와 남아메리카의 여러 지역으로 이동하면 특히 더 그렇다. 우리는 인구 증가세를 꺾는 사안을 더 이상은 직접 통제할 수 없다. 이런 이유로 가장 직접적인 문제 가운데 하나가 불확실해져 버렸다. 식량 수요가 더욱더 증가할 것이다.

생물 다양성의 감소

농업이라는 수단을 통해 지구의 표면을 활용하는 활동이 아직은 남아 있는 생물권의 한계점에 도달하지 않았다고 할지라도 곧 그렇게 되리라는 걸 우리는 확신할 수 있다. 우리는 매우 비옥한 일부 지역에서 현재 잉여 생산 정책을 쓰고 있기 때문에 이렇다 할 유휴지도 전혀 남아 있지 않다. 그 잉여는 절대적 기준에서 보면 상당하지만 상대적 관점에서는 그리 많지 않으며, 가령 가뭄이 들거나 몹시 춥고 습한 악천후로 흉작이 발생하면 순식간에 고갈될 것이다.

현재 우리가 처한 궁지가 이 지점에서 더욱 도드라진다. 한편으로는 대다수의 연구자가 세계 인구의 급격하고도 중단 없는 증가를

그림 2 중앙 유럽의 경작지를 촬영한 항공사진

그림 3 밀밭: 집약 농업을 하면서 자연의 생물 다양성이 대체된 사례

예고한다. 그러나 추가로 필요한 식량, 물, 에너지, 거주 공간을 어디서 확보해야 하는지 얘기하는 사람은 유감스럽게도 없다. 다른 한편으로, 우리는 현재 농지와 초지를 지나치게 활용하면서 생태계의 잠재적 재앙에 크게 이바지하고 있다.

우리는 이와 관련해 정말이지 대단한 능력을 갖고 있다. 흔히 단작單作 농업의 형태로 재배 가능하게 순화시킨 몇 종만을 넓은 땅에서 기르는 행태를 떠올려 보라. 그 넓은 대지는 한때 다양한 식생이 차지했던 곳이다(가령 삼림, 관목지, 사바나). 진화적으로 적응한 귀중한 생태계가 사라져버렸다. 위성에서 촬영한 사진이나 항공사진 들을 보면 이런 상황을 아주 또렷하게 파악할 수 있다(그림 2).

인류가 대규모로 개입하면서 이런 인위적인 단작 농업만이 번성하게 되었다(그림 3). 단작 농업을 하려면 비료와 살충제를 끊임없이 사용해야 한다(동물의 경우는 밀집 사육과 항생제가 동원된다). 나머지 생물권이 추가로 그 존재를 위협받게 되는 셈이다. 수자원 오염과 고갈, 사막화, 한때 비옥했던 토지에 유독한 염분이 쌓이는 현상 등은 그렇게 점증하는 위협들이다.

진보의 양면성

과연 우리가 이 딜레마를 해결할 수 있을까? 적어도 갖은 노력을 다해 그렇게 해야 한다. 사안이 심각하고 복잡하므로 먼저 구성 요소로 분해해 다루기 쉽게 조작하는 절차가 필요하다. 그러기 위해, 우선 몇 가지 전제를 열거하겠다. 물론 그 가운데 일부는 나중에 좀 더 자세히 살펴볼 것이다.

- *단념하고 포기해서는 문제를 해결할 수 없다.*

불가피해 보이는 사태에 굴복하고 그것을 감수하는 것이 단념이고 포기이다. 체념하고 운명을 받아들이는 사람은 어떤 일도 막지 못한다. 많이 진전된 상황, 복잡한 원인들, 세계적 차원에서 진행되는 멸종 사태, 공기·토양·물의 오염, 무자비하게 약탈 낭비되는 천연자원을 보면서 개인이 무기력함을 느낀다면 그건 이해할 수 있다.

개인이 끼칠 수 있는 영향은 아주 제한적이다. 그러나 공공의 여론은 다르다. 개인들은 여론을 바탕으로 각자 따로 행동할 때보다 훨씬 유효적절하게 중요한 정치 결정에 영향력을 행사할 수 있다.

• *과학만으로는 힘을 발휘할 수 없다.*

이들 시급한 문제를 해결하려면 정치·경제·과학 부문에서부터 자선 단체와 종교 집단에 이르는 온갖 세력이 협력해야 한다. 이 책과 관련해 말하자면 과학과 기술은 가능한 해결책을 제공할 뿐이다. 실행과 성취는 여전히 남은 과제인 셈이다. 과학 지식은 그 자체로는 가치중립적이다. 우리가 과학 지식을 어떻게 활용하느냐에 따라 그 가치가 결정된다. 상대적인 것이다. 따라서 다음의 진술은 훨씬 더 중요하다.

• *과학과 기술이 발달할수록 책임도 커진다.*

진보는 말 그대로 한 걸음 더 내딛는 것을 뜻한다. 진보를 조화롭게 달성하려면 서로 엇비슷한 걸음들이 장단을 맞추며 함께 나아가야 한다. 우리는 인류 역사의 최근 단계에서 과학과 기술을 크게 발전시켰다. 현대를 살아가는 우리는 더 이상의 진보를 수용하는 것이 불편하고, 염려스럽다. 이렇게 불안이 만연한 세태를 보면, 우리가 그것을 보정하는 발걸음—진보의 결과를 책임성 있게 다루기—을 갈망하고 있는 것 같다. 과학/기술 혁명에는 이 두 번째의 동반 조치를 안출해 내는 방도가 없다.

• *문화의 진보 — 여기에는 과학 연구도 포함된다 — 는 인류 진화의 일부다.*

진보에 대한 우리의 반감은 현재 상당히 뿌리가 깊다. 어느 정도는 이유도 아주 분명하다. 진보를 맹신하던 19세기와 20세기 전반기의 세태를 바로잡겠다는 의식적 또는 무의식적 노력도 그 가운데 하나일 것이다. 그런데 우리는 발전된 상태와 지속적 발전을 진보로 오해하는 경우가 잦다. 진보 말고 다른 대안이 없다는 사실을 흔히 간과하기도 한다. 진보는 자연 법칙의 필연적인 결과이다.

• *진화는 문화적인 것이든 생물학적인 것이든 뒤집을 수 없는 과정이다.*

시간 자체가 그러하듯, 시간에 종속된 과정도 역진시킬 수 없다. 이전 상태로 돌아갈 수 있는 방법은 없다. 모든 상태에는 거침없이 변하는 자체의 매개 변수들이 있다. 그래서 최초의 상태를 돌이킬 수 없는 것이다. "자연으로 돌아가자"Back to nature 는 구호(과거 한때 이런 구호가 유행했다)는 자연 진화의 과정에 놓인 모든 종이 한시도 쉬지 않고 변화하는 환경에 적응해 그와 함께 바뀐다는 단순한 이유로 불가능하다. 적응하는 데 실패한 많은 종이 멸종하거나 제거됐다. 과잉 인구나 기타 지구 생물권의 생존이 위협받는 상황은 달갑지 않은 변화다. 하지만 내키지 않는다고 이전 상태로 돌아가는 식으로 해서 그런 변화를 바로잡을 수는 없다. 우리의 유일한 선택지는 새롭고 질적으로 향상된 당대의 수단을 바탕으로 진보하는 것뿐이다.

• *과학이 발달했다고는 하지만 전능한 것은 아니다.*

우리는 생명의 비밀을 풀지 못했다. 과학이 근본적인 지식 내용을 모조리 밝혀내 그것들의 실제적인 활용이 가능해졌다는 오해가 팽배해 있다. 불행히도, 과학자들의 허세가 이런 오해에 크게 기여했다. 20세기 초에 물리학과 화학 분야에서 인상적인 발견이 거듭 이루어졌고, 생물학이 바통을 이어받아 생명의 근본 원리를 파악해낸 바탕에서, 구체적 목표를 세우고 유전자를 변형해 종들의 자연적 진화를 더 정확한 과학적 창조 행위로 대체할 것이라는 잘못된 인식이 퍼져나갔다.

우리는 분자 생물학이라는 학문을 통해 불과 몇십 년 만에 생명 활동이 벌어지는 놀라운 세계를 현기증이 날 만큼 깊이 있게 파악했다. 유전과 유전자의 기능을 우리는 자세히 알게 됐다. 그러나 과학의 다른 분야와 마찬가지로 이 분야에서도 지식이 쌓여갈수록 답변할 수 없는 새로운 질문이 무수히, 그것도 더 상세하게 제출됐다. 생명의 기초와 관련해서는 특히 더 그렇다.

필수적 생존 자원의 우선순위

어느 정도 조정될 수는 있겠지만 이런 전제들이 대체로 합의되었다는 것은 분명한 사실이다. 하지만 우리가 생존하는 데 필요한 필수적 자원의 우선순위도 딱 부러지게 정해야 할 것이다.

우리가 생존하기 위해 가장 먼저 전제되어야 할 것은 생존 가능한 생물권이다. 우리와 다른 모든 유기체가 생물권에 의존한다. 생물권이 생존해야 생명 활동의 네 가지 기본 요소를 양질의 상태로 풍부하게 얻을 수 있다. 공기, 물, 식량, 서식 공간이 그것들이다.

우리가 처한 상황은 아주 절박하다. 인구 밀도가 높아지면서 똑같이 중요한 두 가지 필수적 생존 요구가 서로 더욱더 길항拮抗하기 때문이다. 인류의 삶을 지탱해 주는 생물권을 보존할 필요성과 거기서 온갖 식량을 얻어내야 한다는 현실적인 필요가 다투는 것이다.

• 한편으로는 크고 작은 규모에서 *자연을 보호*해야 한다. 아름답고 희귀한 꽃과 나비를 완미玩味하는 게 다가 아니다. 우리가 속한 인류라는 종도 보호해야 한다. 그러기 위해서는 최대한 많은 종의 개체군 전체는 물론이고 멸종 위기에 직면한 종의 개체도 보호해야 한다. 생물 다양성을 최대한 풍부하게 해야 하는 것이다. 생물권의 온갖 영역—공기, 토양, 물—에서 보호 활동이 이뤄져야 한다.

• 하지만 우리 인류가 점점 더 많은 수의 종을 희생해 가며 *영양학적 필요*를 충족하고 있는 현실은 이런 요구와 뚜렷하게 대비된다. 수십억 명에게 충분한 식량을 제공하는 일, 그것은 오직 소출이 많

은 몇 종의 곡물과 기타 영양이 풍부하고 생산력이 높은 작물을 대규모로 경작하는 활동을 통해서만 가능하다. 우리는 이런 농작물을 전 세계에 걸쳐 매년 대량으로 재배해, 섭취하고, 배설한다. 지구 표면의 비옥한 땅에 대한 요구가 엄청난 것은 이런 이유에서다. 애초의 생물 다양성을 생각한다면 더는 그만 한 면적을 이용할 수 없다. 자연을 보호하려면 그 땅은 환원돼야 한다.

농업 활동은 지구 생물권을 위협하는 여러 요소 가운데 하나일 뿐이다. 깨끗한 공기, 마실 수 있는 물, 서식 공간을 제외하면 우리의 생존에서 가장 중요한 기초는 식량이다. 우리에게는 농업을 질적으로 개선함으로써 남은 자연(또는 거의 자연상태에 가까운) 생태계를 보존하는 것 말고는 다른 방안이 없다. 우리의 생존이 위기에 처한다면 아무리 어려워도 다른 경제 부문의 경우 제한하거나 심지어 포기하는 것이 가능하다. 하지만 농업을 포기할 수는 없다.

실천적 결론

지식과 기회를 활용해 생태계에 이로운 개선 조치를 여럿 취할 수 있다. 경제 및 사회관계, 또 기후와 토양 여건이 허용하는 곳이라면 어디에서라도 집약 농업 말고 ("자연 지향의") 조방粗放 농업을 할 수 있다. 산악 지대, 수자원 보호 구역, 보호종이 서식하는 장소 같은 데서는 대규모 기계화 영농은 물론이고 합성 비료와 화학 살충제의 집약적 사용도 중단할 수 있을 것이다.

이런 식의 기여가 필요하고 또 이로울 테지만—비오톱biotope ■이 독특하고, 위험에 처한 지역에서는 특히 더—, 집약 농업을 하지 않으면 전 세계적으로 계속 증가 중인 식량 수요를 충당할 수 없다.

이 딜레마에서 벗어나 조금이라도 자연을 실질적으로 보호하려면 집약적으로 활용되는 지구 표면의 농지를 더 이상 확대해서는 안 될 뿐만 아니라 현재의 규모로 계속해서 환경을 파괴해서도 안 된다. 생태계가 수용할 수 있는 문제 해결법으로 몇 가지 행동 방안을 생각해 볼 수 있겠다(조방 농업이 가능한 곳에서는 집약 농업을 전부 대체하는 것에 더해). 여기서도 사리에 맞고 분별 있는 대책이라면 모두 고려해야 한다.

분명한 대책이 하나 있는데, 이론적으로는 아주 간단하지만 실제로 하기는 매우 어려운 것이다. 전 세계에서 생산되는 모든 식량을 하나도 낭비하지 않고, 필요에 기초해서—사회·경제·환경 정책의 관점에서 정당화할 수 있다고 치자—분배하는 것이 그것이다. 우리의 행동이라는 핵심적 문제를 언급하는 것이므로 여기서는 이렇게 간단히 말하는 선에서 멈추도록 하자(262쪽 이하에서 더 자세히 얘기하겠다).

잉여 식량을 나눔으로써 생길 당장의 이로움은 수요 전체에 비해 필시 그리 대단하지 않을 것이다. 그럼에도 이런 종류의 기여는 생태적·심리적 견지에서 볼 때 아무리 강조해도 지나치지 않다.

두 번째 행동 방안 역시 실행에 옮기기가 결코 쉽지 않다. 실제보다 이론이 더 간단해 보이는 것도 첫 번째 방안과 비슷하다. 직접적인 식물원源을 식량으로 더 많이 생산하면서 육류 생산을 대폭 줄여 자연을 보호하자는 게 그것이다. 여건이 되는 곳에서는 이를 통해 동물 사료 생산지였던 곳을 사람들이 직접 식량으로 먹을 수 있는 작물의 재배지로 전환할 수 있을 것이다. 요컨대 생태적으로 사리에 맞는다고 판단된 곳이면 어디에서라도 방목지와 사료 작물을 포기하고 자연 보호 조치를 확대할 수 있다.

그렇다고 모든 목초지를 다 작물 재배지로 바꿀 수도 없을뿐더러 다수의 목초지가 그 자체로 보호해야 할 비오톱이기도 하기 때문에 두 번째 방안을 실행에 옮긴다고 해서 동물 사육이 완전히 폐기될 수는 없다. 그럼에도 불구하고 그 혜택은 상당할 전망이다. 비프스테이크에는 소를 기르는 데 쓴 사료의 영양학적 가치가 10퍼센트밖에 남아 있지 않다는 간단한 계산으로도 이는 여실히 확인된다. 닭과 돼지의 경우는 이 값이 소보다 높다. 하지만 그렇다고 해도 여전히 20퍼센트 정도에 불과하다. 316쪽에서 이 문제를 더 자세히 다루겠다.

과제

지금까지 언급한 각종 행동 방안이 성공을 거둔다면 추가로 얼마간의 식량원源을 확보할 수 있을 것이다. 하지만 식량 수요가 증가하는데 더 이상 환경을 훼손할 수 없다는 갈등 상황이 여전히 주요 문제로 남을 것이다. 우리는 다른 모든 노력을 경주하면서도 농업 활동이 환경에 미치는 충격을 과감하게 줄일 수 있는 유효적절한 방법을 계속해서 더듬고 찾아야 한다.

우리가 당대의 가장 심각하고 시급한 문제들 가운데 하나를 통어統御하려면 이런 식의 행동 과제가 무엇을 성취해야 할까?

우리의 가장 중요한 농업 작물들은 인간이 집약적으로 돌보고 관리하지 않으면 야생에서 경쟁은 고사하고 생존할 수도 없음을 다시 한 번 명심하자. 그것들 전부가 오랜 세월에 걸쳐 산출이 많은 농작물로 개량됐다. 이를 위해서는 자연의 경쟁자들(잡초)과 적(가령, 곤충과 병원균■)에 맞서 충분한 보호 조치와 집약적 시비施肥가 필요하다. 결국 윤작輪作, crop rotation을 자주 하더라도 합성 비료, 제초제■, 살충제, 살균제■ 및 기타 농약을 대량으로 끊임없이 사용해야만 하는 것이다. 이것들을 사용해 작물을 생산하면 공기와 토양과 물이 크게 오염된다. 유일한 해결책은 생태계를 고려하는, 근본적으로 새로운 식량 생산법을 모색해 찾아내는 것이다.

이런 사태가 야기하는 온갖 결과를 상기하면 통탄스럽기 이를 데 없다. 하지만 후회한다고 사태가 돌이켜지지는 않는다. 60억 명이 넘는 인구 대다수가 이런 유형의 다수확 농업에 의존하고 있으며, 아마도 가까운 미래에는 그 수가 더욱 늘어날 것이다. 상황이 이러하므로 다음의 요구는 몽상적으로까지 들린다.

우리는 농지의 총면적을 확대하지 않은 채로 고품질의 식량을 더 많이 생산해야 한다. 최단 시간 내에 환경 전반이 받는 충격을 크게 줄이는 것도 긴요하다.

이것은 엄청나지만 매우 중요한 과제다. 다른 조치들도 있겠지만(8장을 보라) 가장 중요하게는 새로운 다수확 품종■의 농업 작물을 신속하게 개발해야 한다는 것을 알 수 있다. 비료, 살충제, 관개灌漑 용수를 덜 쓰면서도 소출은 더 많아야 한다는 것이 필요조건이리라.

4장을 읽으면 식물 육종에서 시간 그 자체가 엄청난 장애물임을 알게 될 것이다. 비교를 통해 이 점을 명확하게 이해해 보자. 지구상의 인구는 5~10년 후면 새로 5억 명이 증가할 것이다(보수적인 추정치이다!). 그 세월에 우리는 곡식이나 감자 단 한 개 품종만을 겨우 개량할 수 있다. 중간의 매 단계마다 통상 1년이라는 한 세대의 시간이 필요하기 때문에 최고의 식물 개량 프로그램조차 이 속도를 따라잡을 수 없다. 품종 개량 프로그램이 다계多系 교배와 역교배를 하면 특히 더 그렇다.

이런 제약과 한계는 결국에 가면 유전공학으로 어느 정도 해소될 것이다. 유전 정보를 담고 있는 각각의 유전자를 직접 옮길 수 있기 때문이다. 결국 우리는 수고스럽게 품종을 개량할 필요를 크게 덜게 될 것이다. 이렇게 해서 식물 개량에 새로운 차원이 도입되겠지만, 아울러 윤리적 차원의 문제 역시 새로이 제기된다.

유전자 변형 작물을 상업적으로 활용하기 시작한 것은 1994년이다. 그로부터 불과 10년 만에 주요 농업 8개국(미국, 아르헨티나, 캐나다, 브라질, 중국, 파라과이, 인도, 남아프리카공화국)에서 경작 면적이 8100만 헥타르로 늘어났다. 미국이나 중국 국토의 10분의 1에 상당하는 크기이다. 전체적으로 보아 17개국에서 약 800만 명의 농부가 유전자 변형 작물을 재배하고 있었다. 이 면적은 빠른 속도로 꾸준하게 증가하고 있다(2004년 8100만 헥타르에서 2007년 1억 1400만 헥타르로).

그로 인해 과제의 규모가 훨씬 커졌다. 이 과제는 두 부분으로 구성된 동일한 질문이라 할 수 있다. 첫째, 유전공학을 활용해 기본적인 생존의 요구 두 가지, 곧 식량 공급과 자연 보호 모두를 달성할 수 있는가? 둘째, 유전공학을 실제에 적용하는 윤리적 경계는 어디까지인가? 두 질문 모두에 최종적으로 답변하려면 농업의 역사적 배경과 거기에서 비롯한 현재의 상황을 살펴야만 한다.

나는 농업 발달사를 간략하게 개관하는 것에서부터 시작할 것이다. 약 1만 년 전인 신석기 시대에 농업이 탄생하면서 우리의 현재적 생활양식이 시작됐다.

요약

인구가 걱정스러울 만큼 늘었다. 농경지 수요가 폭증했고, 환경이 심하게 파괴됐다. 결국 지구의 생물권이 극한 상황에 이르고 말았다. 질적 진보를 통해 생산성을 높이면서도 환경이 받는 충격은 크게 줄이고, 멸종 위기에 처한 종들, 수자원, 토양, 기후를 지속 가능하게 보존하는 농업 형태를 신속하게 성취해야 한다. 현실적 가능성을 모색하는 작업이 다음의 두 가지 질문에 집중해야 하는 이유다. 첫째, 이 목표를 더 쉽게 달성하는 데 있어 유전공학을 바탕으로 식물 품종을 개량할 것인가 아니면 유전공학을 채택하지 않는 방식으로 육종을 할 것인가? 둘째, 유전공학 활용은 어떤 조건에서 정당화될 수 있는가?

2 농업의 역사적 전개, 도시 생활, 자연에 대한 인류의 인식

향후의 농업 발전과 식물 육종을 탐구함에 있어 역사적 관점을 채택하는 일은 매우 중요하다. 우리가 어떤 과정을 통해 현재의 과제 상황에 이르렀고, 행사할 수 있는 선택의 자유가 얼마만큼인지를 알아야만 하는 것이다. 구체적으로, 농업과 기술의 관점에서 우리와 자연의 관계는 어떻게 발전했는가? 식물 유전공학이라는 새로운 가능성과 다른 과학 기술의 발달은 어떤 관계를 맺고 있는가? 어떤 종류의 윤리적 문제를 염두에 두고, 그 답을 찾아야 할까?

이 책은 그 구조상 수천 년을 거슬러 올라가는 문화의 중요한 발전상을 띄엄띄엄 간략하게 언급할 것이다. 전문가들은 흔히 역사적 사건을 세분하는데, 이 방법이 쓸 만할지도 모르겠다. 자연과학과 기타의 지식 분야처럼 역사학도 대상과 주제를 잘 알아볼 수 있는 구획으로, 다시 말해 시대epoch로 나눈다. 이 방법을 쓰면 간단명료하게 서술할 수 있지만 물 흐르듯 자연스러운 이행의 풍요로움을 흐리기 쉽다는 단점이 있다.

그리스 철학자 헤라클레이토스는 "만물은 끊임없이 변화한다"라는 유명한 말을 남겼다. 모든 것이 시간의 틀 속에서 쉼 없이 변동할 뿐만 아니라("누구도 같은 강물에 두 번 발을 담글 수는 없다"는 것이 그의 시적 주석이다) 병렬적 사건이 아주 복잡하게 상호 작용한다는 것을 표현한 말이리라. 역사의 구체적 사건을 탐구할 때는 사태의 역동적 인과 관계와 병렬적 사태의 상호 작용이라는 두 측면을 명심해야 한다.

문명 진화의 초기 단계

개념조차 불분명한 인간화 과정을 통해 오늘날의 호모 사피엔스로 진화하기 시작한 초기 역사를 우리는 잘 모른다. 인류로 발달하는 데 꼭 필요했던, 새롭고도 독특한 특징은 똑바로 선 자세였다. 직립 자세는 조상의 앞발이 손의 기능을 담당하도록 바뀌고, 두개골과 뇌가 커지며, 그에 따라 해부학적·정신적으로 지능, 언어, 기술이 발달할 수 있는 전제조건이었다. 개인이 획득한 정보는 지능과 언어와 기술에 힘입어 수집되고, 후대로 전달됐다.

이런 생물학적 진화와 문화적 진화는 200만~500만 년 전 석기시대 초기 이래로 서로에게 유익하게 작용했다. 지구의 역사에서 처음으로 전통이라는 것이 만들어져 세상에 그 모습을 드러냈다. 본능과 달리 유전에 기반하지 않는 전통 말이다. 50만 년 전의 호모 에

렉투스("직립인") Homo erectus 조차 불火과 간단한 석기를 사용했고, 그런 기술을 새로운 의사소통 방식을 통해 후손에게 물려줬다. 호모 에렉투스는 호모 인텔리겐스 homo intellegens 고, 호모 테크니쿠스 homo technicus 였다. 생각하고, 직접 만든 기술 수단을 사용하며, 지속적으로 이 두 성취를 "계발"한 존재였던 것이다.

인류가 뇌와 두 손을 함께 사용하면서 두 기관이 가속적으로 발달했다. 이것은 이례적이라 할 만큼 고유한 인류의 특징이다. 석기 시대 인류는 그 특징을 바탕으로 모든 피조물 가운데서도 단연 돋보이는 지위를 차지했다. 인류가 자신의 진화에 영향을 미칠 수 있는 능력이 빠르게 증대했다는 것이 중요하다(비록 의식하지 못했다 할지라도).

앞발이 손으로 변형되고 뇌가 커질 수 있는 유전적 소인이 기본적으로 존재했다. 그 소인이 문화를 이루는 정보를 창조하고 전승할 수 있게 해준 전제조건이었던 셈이다. 여기서 핵심은 새로운 기준에 따라 무의식적으로 선택하는 과정을 통해 그 잠재력을 사용하고 증강시켰다는 사실이다. 신체의 유리한 특징과 유익한 본능적 행동만이 생존 능력의 척도이던 시대는 끝났다. 지적 수완이 점점 더 중요해진 것이다.

이 다양한 기준들이 양의 되먹임 positive feedback 을 주고받으면서 새로운 진화 과정이 더욱더 빨라졌다. 인류는 발달한 지능을 바탕으로 도구를 개발했고, 행위 능력이 비약적으로 신장했으며, 비록 상대적으로 느리고 불완전하기는 했지만 본능의 지배에서 해방될 수 있었다. 그럼에도 불구하고 우리의 본능이 압도적으로 강렬해 저항하기 힘들다는 사실은 명백하다(온갖 문화적 진보에도 불구하고). 공격성이 그칠 줄 모르고 거침없이 분출하는 사태에서 이를 가장 또렷하게 확인할 수 있다. 감정, 역사, 종교, 사회가 다양하게 원인으로 작용하면 공격성이 발현되는 것이다.

중석기 시대가 끝나고 신석기 시대가 시작될 무렵, 인류는 서식 가능한 모든 기후대와 대륙으로 확산을 완료한 유일한 고등 생명체였다. 이미 이때부터 그들은 문화적 성취를 증빙하는 수많은 유물을 남겼다. 그런데 생물학적 진화의 새로운 결과물인 생각하는 인간—지적 능력을 바탕으로 생존과 번영을 구가했다—은 모순 속에서 동요하는 존재이기도 했다. 선택의 자유와 선악에 대한 지식(옳고 그름에 대한 판단)이 이후로 줄곧 인류의 삶과 불가분의 관계를 맺어온 것이다.

윤리적 가치가 이른 시기에 성립되고, 기술적 성취와 더불어 인류 문화의 중요한 일부로 자리를 잡은 것은 아마도 이런 모순과 동요 때문이었을 것이다.

인류의 예술 행위는 석기 시대의 감탄스러운 업적이다. 표현력이 풍부한 암각화가 무수히 많고, 유럽의 경우는 주로 마지막 빙하기(기원전 약 3만~1만 년)에 그려진 동굴 벽화의 형태로 보존되어 전한다. 그것들을 보면 압도적 자연 앞에서 속수무책이던 사람들의 상상력과 생활 조건을 짐작해 볼 수 있다. 사냥 성공, 악귀, 풍요, 전투 승리 따위를 주술적으로 표현하고 있는 것이다. 그림 4는 그 전형적

그림 4 중석기 시대의 바위 그림
활과 화살을 휴대하고 걷는 사람(발토르타 협곡, 에스파냐).

인 예이다.

고립된 소규모 수렵 채집인 무리에게는 굶주림, 질병, 야생 동물의 공격, 기타의 자연력이 항상 위협적이었다. 그들에게 세상은 사악하고 적대적인 힘들이 가득한 곳으로 비쳤다. 다른 모든 진화 계통의 선사 시대 인간은 이미 오래전에 멸종하고 말았다.

인류는 무력감을 느끼면서도 지적·기술적으로 행동하며 의사를 표출할 수 있었고, 이러한 갈등 속에서도 세 가지 상이한 원천에서 희망을 끄집어냈음이 틀림없다. 의사소통을 하고 공감을 표시할 수 있는 능력, 주술의 효과에 대한 믿음, 의도한 경로를 따라 급속하게 이루어지던 기술 발달이 그 세 가지 근원이다.

다수의 고고학 발견을 통해 선사 시대의 인류가 예술 행위뿐만 아니라 기술도 발달시켰음을 알 수 있다. 암각화가 제작되던 것과 같은 시대에 조악하나마 손도끼, 창, 화살촉, 긁개, 기타 다양한 석기 시대 도구들이 풍부하게 만들어졌다. 인류가 도구를 만들어 사용할 수 있는 기술 수준을 바탕으로 새로운 문명 발달 단계에 진입한 것이다. 석기 시대의 인류는 작물을 재배하고 가축을 기르는 활동을 통해 기술적·지적으로 완전히 새로운 생활양식을 열어젖혔다.

비옥한 초승달 지대

이 새로운 발전은 신석기 혁명과 함께 시작됐다. 진정으로 혁명적인 사건은, 파급 효과가 장기적이었다는 점에서 동물의 가축화■와 식물의 작물화였다. 하지만 다른 요인들도 있었다. 전 세계적으로 기후가 크게 바뀌었다. 마지막 대빙하 시대가 끝나면서, 식물대植物帶, vegetation zone가 급격하게 탈바꿈했다. 사람들은 적응해야 했고, 장거리 이주를 하거나 생활양식을 바꿔야 했다.

빙상이 후퇴하면서 중앙유럽과 북유럽의 거주 여건이 급격하게 바뀌었다. 먼저 동토대였던 툰드라에 크고 작은 호수가 무수히 생겨났다. 고기는 사냥을 통해 얻었고, 물고기와 조류 포획도 생계 수단으로 폭넓게 활용하는 것이 가능해졌다. 기온이 올라가면서 자작나무, 소나무, 최종적으로 참나무 혼합림이 지역 전반으로 뻗어나갔고, 그 결과 동물상이 바뀌었다. 순록과 들소를 대신해 멧돼지, 노루, 사슴, 곰, 엘크, 야생소가 사냥감의 주종을 이루게 됐다. 사람들은 짐승의 무리를 쫓아 장거리를 이동하지 않아도 됐고, 항구적인 정착지에서 더 많은 시간을 보낼 수 있었다.

빙하기가 끝나고 따뜻해지면서 여러 다른 기후대에서 식물상과 동물상이 다양해졌다. 인간의 생활 조건이 영향을 받았음은 물론이다. 그럼에도 불구하고 인류의 문명은 이와는 무관하게 전 세계적으로 비슷하게 발달했다. 석기 시대의 인류는 최초로 돌 연장과 불을 사용했다. 호모 파베르homo faber의 자격을 부여받을 만한 위대한 발견을 한 셈이다. 호모 파베르는 도구를 제작하는 장인이라는 뜻이다. 돌 연장을 사용하면서 나무와 뼈를 소재로 한 장비와 기구도 만들 수 있게 됐다. 재료로서의 돌은 인류 문명의 발달에 아주 중요했고, 모든 시대epoch 가운데서도 최초이자 가장 길었던 시대에 명칭을 부여할 수 있는 단서가 되어주었다. 석기 시대 말이다.

신석기 혁명의 도정에서 거둔 세 번째의 위대한 성취—돌과 불의 사용 다음으로—는 최초로 새로운 기술을 창안해 낸 것이었다. 토기 생산이 바로 그것이다. 인류는 역사상 처음으로 자연계의 원료를 특징한 방식으로 다시 만들어 토기를 생산했다. 진흙을 반죽해

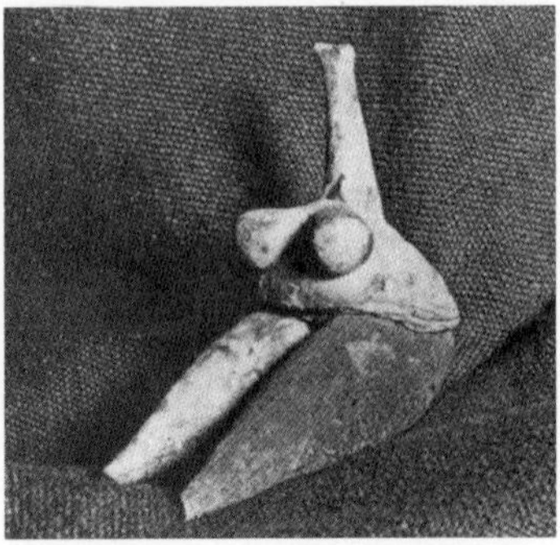

그림 5 테페 사라브(Tepe Sarab)의 비너스
진흙을 구워 만든 풍요의 상징물, 기원전 6000년경.

원하는 모양으로 만들어 가마에 넣고 구우면 자갈돌처럼 단단한 소재로 거듭났다. 애초의 진흙과 완전히 다른 토기는 새로운 용도로 쓸 수 있었고,—이전에 사용하던 온갖 재료와 달리—원래 상태로 되돌릴 수도 없었다. 석기 시대 매머드 사냥꾼들의 모라비아 남부 유적들에서는 가마에서 구운 토우土偶도 발견된다(돌니 베스토니체, 기원전 23000년경).

토기 시대Ceramic Age를 살던 사람들은 흙을 구워 형상을 만들어낼 수 있다는 창조적 가능성에 크게 감명을 받았음에 틀림없다. 근동의 유명한 창조 설화 두 가지, 곧 길가메시 서사시Epic of Gilgamesh와 구약Old Testament에 나오는 엔키두Enkidu와 아담Adam이 각각 양토壤土와 "흙덩어리"로 만들어졌다. 약 8,000년 전에 제작된 "테페 사라브의 비너스"Venus of Tepe Sarab(그림 5를 보라) 같은 토우를 만들어낸 조상들의 추상적 사고 능력과 창의성에는 오늘날의 우리도 감탄을 금할 수가 없다.

이 신기술을 실용적으로 채택한 것이 바로 질그릇이다. 질그릇 제작은 식물과 동물의 재배 및 사육과는 달리 도처에서 동시에 이루어지지는 않았지만, 한곳에 정주하는 생활양식이 굳어가는 데 있어 또 다른 중요한 전제조건이었다. 머물러 살다 보면 음식을 저장할 필요가 생기는바, 이것은 신석기 혁명의 또 다른 특징이다.

방랑하면서 채집하다가 정주하면서 생산하는 경제로의 이행이 순조롭게 이루어졌고 초기 조건들이 다양하므로, 변화는 여러 사례로 독립적으로 발생했을 가능성이 높다. 요컨대, 서로 다른 대륙에서뿐만 아니라 지리적으로 인접한 지역에서도 마찬가지로 말이다. 고정 주거의 원형原型은 야영지였을 가능성이 높다. 반복적으로 사용되다가 사람들이 점점 덜 방랑하면서 결국 정착지가 되었을 것이다. 이 과정에는 충분한 식량 공급과 적 및 악기후에 대한 보호책이 수반됐다.

규모가 더 큰 도시형 정착지의 가장 오래된 고고학 유적들은 소아시아와 중동의 비옥한 초승달 지대에서 발견됐다(그림 6). 이 초기 도시들 중 가장 유명한 것으로는 예리코Jericho, 자르모Jarmo, 차탈회유크Catal Hüyük가 있다. 이곳들에서 최신의 발굴 기술과 연대 측정법을 동원한 결과 우리는 무려 기원전 7000년에 가옥 건축, 동물 사육, 농경 활동이 이루어졌음을 알 수 있었다. 예컨대 차탈 회유크

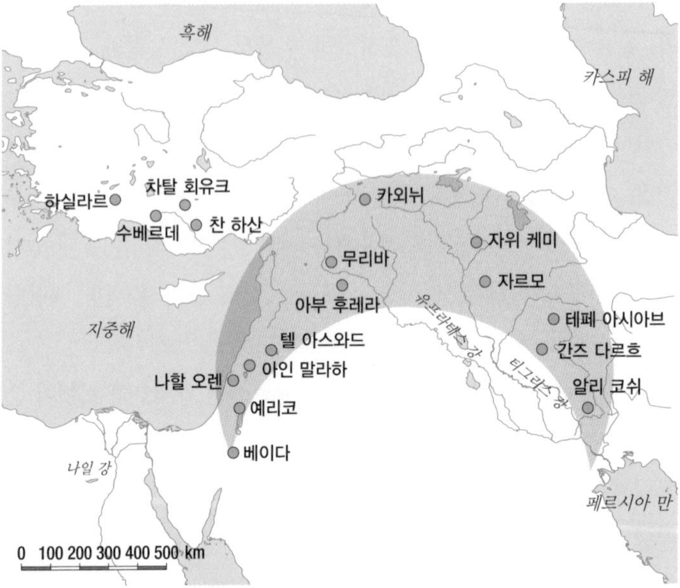

그림 6 비옥한 초승달 지대. 신석기 혁명 초기의 고고학 발굴지가 분포한다.

에서는 보리, 외알밀 einkorn, 에머밀 emmer, 밀, 완두콩, 렌즈콩, 살갈퀴 vetch 를 재배했을 뿐만 아니라 개, 양, 소를 기르고 있었다. 또한 조개껍질 및 흑요석을 이용한 교환이 광범위하게 이루어졌던 것으로 보인다. 동물 사육 및 식물 재배 지식과 그 산물이 널리 퍼졌음도 틀림없다. 길들여진 동식물의 야생 선조가 전부 다 이 지역에서 기원했을 수는 없다.

신석기 혁명의 최초 발원지 가운데 하나가 지중해와 히말라야 산맥 기슭의 작은 산들 사이의 비옥한 초승달 지대라는 증거는 충분하다. 독자적으로 형성된 그 외의 정착지도 고고학 탐사 과정에서 무수히 발견됐다. 오늘날의 멕시코에 있는 테우아칸 밸리Tehuacan Valley도 무척이나 흥미롭다. 여러 종의 호박과 고추가 기원전 7000년에 거기서 작물화됐음이 확인되었다.

두 곳의 정착지, 곧 중앙아메리카와 소아시아는 그럼에도 불구하고 인간이 불러일으킨 초기 환경 재앙의 인상적인 사례들이기도 하다. 동지중해 지역에는 비옥한 땅과 삼림 지대가 많았다. 그러나 대규모 벌채와 방목지화로 표토가 유실되면서 불모지가 되어버린 것이다. 한때 찬란한 문화를 꽃피웠던 마야 문명이 쇠락한 것도 무모하고 난폭한 농업 활동 때문이었다.

초기 정착지들에서는 가옥 잔해, 각종 도구, 작물화되거나 수집된 식물, 가축화되거나 사냥된 동물 말고도 신석기 시대의 문화 유물이 무수히 발굴되었다. 흙으로 만든 좌상坐像 형태의 여성 토우가 특히 많은데, 벌거벗은 토우를 그림 5에서 볼 수 있다. 이런 토우들이 대지의 비옥함과 친연성을 통합하고 있다. 땅이 정착 농민에게 생존과 삶의 토대라는 사실을 그들이 의식하고 있었음을 또렷하게 드러내는 비할 데 없는 상징물인 셈이다. 정착 농민들이 이런 풍요의 상징물을 숭배하는 의식(죽음의 제식을 확립한 것도 빠뜨려서는 안 되겠다)을 행한 것을 보면, 그들이 자신들의 식량원 재배 기술과 활동이 생장하고 사멸하는 자연의 순환에 좌우됨을 깨달았다는 것을 알 수 있다.

청동기 시대 문명

다음번의 커다란 돌파구는 돌을 저버리고 금속을 각종 도구와 연장의 기초로 활용하는 데서 열렸다. 이번에도 역시 그 이행은 서서히 이루어졌다. 금석 병용 시대金石併用時代, Chalcolithic Period(동기 시대銅器時代, Copper Age)라는 명칭은 신석기 시대에서 청동기 시대Bronze Age로 이행하던 시기를 가리킨다. 이 변천 역시 시기와 장소 모두에서 아주 순조롭고 다양했다.

동시에 진행되었음에도 불구하고 도구 사용의 단계가 상이할 수 있음을 보여주는 가장 설득력 있는 사례는 아프리카, 호주, 오세아니아 문명들이다. 다른 대다수의 문명권이 뚜렷하게 구분되는 청동기 및 철기 시대를 거쳐 점점 더 다양한 재료들 즉, 새로운 금속 합금과 실리콘 반도체, 플라스틱 합성수지를 사용하고 있는 데 반해 그곳의 문명들은 지금도 여전히 돌 연장을 사용하고 있는 것이다.

정주 생활을 하기 시작한 사람들이 거둔 가장 중요한 문화적 성취 가운데 하나로, 금속 가공 기술을 발달시킨 것 외에, 문자의 발명을 들 수 있다. 예리코, 자르모, 차탈 회유크 이후 불과 몇천 년 만에 강력한 도시 국가를 수립한 사람들이 문자도 발명했다. 현 시점에서 가장 오래된 발견물은 후대 설형 문자의 원형에 해당하는 도상들로, 유프라테스 강 하류의 수메르 도시 우루크Uruk(성서에는 에레크Erech로 나오며, 현재 지명은 와르카Warka)에서 출토됐다. 풍요의 여신 이난나Inanna(이슈타르Ischtar)를 모시던 사원 터를 발굴하

그림 7 우루크에서 출토된 제례용 꽃병(기원전 3500년경)
인간이 정주 생활을 시작했음을 알려주는 초창기의 증거.

그림 8 우루크에서 출토된 여자 머리 조상(기원전 3200년경)
"여신" 또는 "귀부인"일 것으로 추정된다.

는 과정에서 주목할 만한 모티프를 사용해 예술적으로 상당한 감흥을 전해주는 제례용 꽃병이 나왔다(기원전 4천 년, 그림 7).

이 제례용 설화석고 꽃병은 간결한 예술적 표현을 통해 당대의 삶이 영위되던 토대를 생생하게 보여준다. 물, 농업, 가축 사육, 제례 활동이 묘사되어 있는 것이다. 맨 밑바닥의 물결선은 작물 재배의 기본적 필수요소인 물을 상징한다. 그다음에 나오는 곡물의 이삭과 새끼 대추야자는 가축, 곧 양의 먹이이다. 이것들 두 개는 인간의 식량이기도 하다. 해서 사람들이 그 먹을거리를 앞에 들고 운반 중이다(띠 모양 장식 중 가운데의 것을 보라). 맨 윗부분을 보면 성직자가

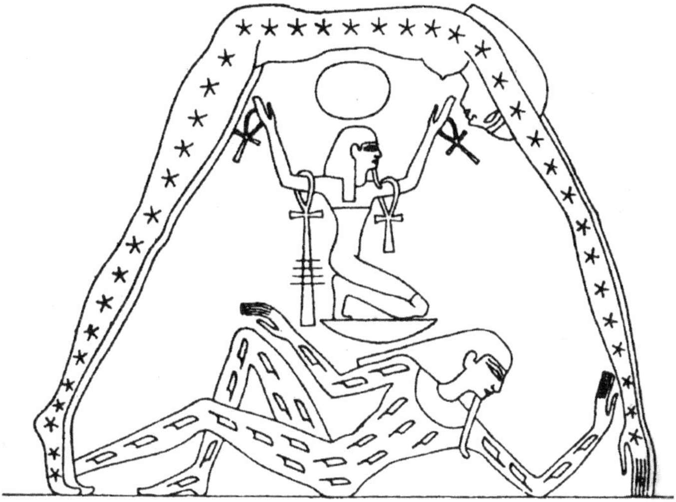

그림 9 하늘의 여신 누트(Nut)와 대지의 (남)신 게브(Geb)를 묘사한 고대 이집트의 그림
누트와 게브는 땅을 에워싸고 도는 태양의 경로이다. 둘 사이에서 무릎을 꿇고 있는 존재는 대기와 빛의 신 슈(Shu)이다.

그 제물을 이난나일 것으로 추정되는 신성한 존재에게 바친다. 이난나는 풍요, 사랑, 전쟁의 여신인데, 특유의 갈대 다발로 알아볼 수 있다(풍요와, 비옥한 땅을 차지하기 위해 수행하는 전쟁은 처음부터 떼려야 뗄 수 없는 삶의 고유한 일부였을 것이다. 제례를 통해 함께 숭배된 것도 그 때문이다).

같은 발굴지에서 설화석고로 여자의 머리를 제작한, 인상적인 조상도 발견됐다(그림 8). 그림 5와 비교해 보면 이 도시 생활의 초기

국면에 문화가 엄청나게 발달했다는 주장에 고개를 끄덕이며 수긍할 것이다.

성직자들이 당시에 풍요 의식과의 연계 속에서 사회의 유력자였을 것임은 분명하다. 발굴지들에서는 사원과 가옥 외에 세속적 지배자들의 궁전이 전혀 나오지 않았다. 천상의 아버지 신(짧게나마 신성한 왕이기도 했던)이 서서히 어머니 여신(대지의 어머니)이 차지했던 지배적 지위를 넘겨받았다. 이 시대에는 믿고 따라야 할 많은 신이 어느 정도는 인간이었고, 어느 정도는 동물이었으며, 해나 달이기도 했다.

풍요로운 어머니 자연Mother Nature 또는 어머니 대지Mother Earth가 차지했던 우월적 지위가 약화됐다는 것은 자연을 주술적으로 이해하던 인류가 이제는 자연을 신비주의적으로 인식하게 되었음을 알려준다. 그림 9에 나오는 이집트인들의 창공 묘사를 보라. 이것은 마음밭의 풍경에 초자연적인 요소가 포함되었음을 알 수 있는 주목할 만한 사례이다. 그 마음밭의 풍경은 대지의 풍요로움 및 대지의 신과 악마 들을 특징으로 했다.

정주 생활은 도시의 형태로 조직됐고, 이것이 가능했던 부지는 온화한 기후대의 비옥한 충적 평야였다. 유프라테스 강과 티그리스 강 사이의 메소포타미아 지대, 나일 강 중류와 하류, 인도와 중국, 기타 세계 여러 지역의 커다란 강 유역이 그런 곳들이었다. 유프라테스 강과 티그리스 강과 나일 강 유역에서 수메르인들과 이집트인들의 대제국이 최초로 번성했다. 아시리아인들과 바빌로니아인들의 제국이 그 뒤를 이었다. 그렇게 번영한 초기의 문화는 크레타 섬, 그리스, 로마로 흘러 들어갔고, 유럽이 발달하는 데 지대한 역할을 했다. 현대 과학의 초석이라 할 초기의 발달도 이루어졌다. 필사筆寫, 추상적 개념들에 대한 최초의 진술(가령, 질그릇을 통해 "설계"라는 개념을 유추해 볼 수 있다), 수 체계 발견, 도량형(측정 단위), 달력, 천문학과 점성술이 그것들이다.

새로운 생활양식은 풍요로운 지역에 집중해 사는 것뿐만 아니라 촌락과 도시 지구로 노동을 분할하면서 발달했다. 그 결과 정주 생활이 개시된 최초의 2,000~3,000년 동안 인구 증가세가 완연해졌다. 대강의 추산에 따르면 기원전 7000년경에 1000~2000만이던 인구가 기원전 4000년경에는 약 1억 명으로 늘어났다. 국가 권력이 사원 성직자들의 손아귀에서 세속의 지배자들에게로 서서히 넘어갔다. 그 결과로 사회 구조가 더욱더 분화됐다. 농업과 동물 사육이 경제적 토대로 작용해, 종교, 예술, 과학, 관료제, 기술, 건축, 교역과 항해가 빠른 속도로 발달했다. 하지만 전쟁과 노예제 심화라는 부작용도 발생했다.

농업 기술이 빠른 속도로 발전했다. 사람들은 쟁기와 역축役畜을 활용했고, 관개 수로와 곡물 저장고를 만들었으며, 화덕에서 빵을 구웠고, 맥주를 양조했고, 고정 가치를 정한 다음 물건을 거래했다. 지불 수단으로는 곡물과 기타 천연물, 보석, 구리, 은 따위가 사용됐다.

파멸적인 홍수조차 정착 생활로 이행하는 추세와 그에 따른 인구 증가를 막지 못했다. 예컨대, 길가메시 서사시와 성서의 거의 동일한 기사記事에서 파국을 초래했다고 전하는 "대홍수"가 있다(우리는 여러 발굴 조사를 통해 기원전 4000년경에 두께가 수 미터에 이르는 진흙층 한 겹이 쌓였음을 밝혀냈다). 여기서 새로운 유형의 차별화된 인류 문명이 발달하기 시작했다. 이런 사태 전개가 지구상의 다른 많은 지역에서도 그 당시에 이뤄졌다. 농업 활동으로 식량이 대량 생산되면서 이런 일이 가능했고, 촉진되었다. 바로 이때부터 농업을 확대하려는 노력이 꾸준히 꾀해졌고, 돌이킬 수 없는 과정으로 안착했다. 유럽, 북아프리카, 중동, 인도, 중국, 중앙 및 남아메리카의 비옥한 강 유역과 평원 몇 곳이 인류 문명의 발상지가 된 것은 신석기 혁명의 결과다.

유럽의 고대: 그리스와 로마

청동기 시대의 선진 문명들이 절정으로 치닫던 시기에 합리적인 사고가 주술적 세계관에서 신화적 세계관으로 이행하는 사태에 관입하기 시작했다. 수메르, 바빌로니아, 이집트, 인도, 중국, 신세계New World(유럽 사람들이 과거에 구세계Old World와 대비해 남북 아메리카를 가리키던 말—옮긴이)의 초기 문명들이 하늘을 체계적으로 관측하고, 그 결과를 바탕으로 수학과 역법曆法을 고안한 것을 보면 이 사실을 분명하게 알 수 있다. 그 지식은 기원전 6세기에 과학적 천문학이 탄생하는 산실로 작용했다. 바빌로니아인들은 해와 달 및 행성들의 운행은 물론이고 일식과 월식을 예측했다. 그럼에도 불구하고 이 새로운 유형의 천문학은 그 모태로 작용한 점성술 및 신화와 여전히 단단히 결부돼 있었다. 예측이라는 것을 통해 사상 처음으로 과학적 검증을 수행할 수 있는 체계였음에도 불구하고 말이다.

서구 최초의 위대한 수학자이자 자연철학자들(밀레토스의 탈레스와 아낙시만드로스, 사모스의 피타고라스, 에페소스의 헤라클레이토스)이 다음번의 커다란 도약을 이뤄냈다. 기원전 6세기에 자연 관찰과 자아 성찰에 돌파구가 열린 것이다. 새로운 형태의 독립적이며 합리적인 사고가 시작됐다. 농업 활동에도 아주 중요했던 수메르, 바빌로니아, 이집트의 천문학 및 수학 전통이 그 토대였음은 물론이다.

당시에 지구는 대륙들이 인접한 상태로 연결된, 섬처럼 대양에 둘러싸인 동글납작한 판이라고 여겨졌다. 탈레스가 이 원반에 대해 계산하다가 원의 지름을 빗변으로 하는 직각삼각형에 관한 그 유명한 정리定理, theorem〔직각삼각형을 원에 내접시켰다는 얘기이다 — 옮긴이〕를 떠올렸으리라는 것은 쉬이 짐작해 볼 수 있다. 얼마 후에는 피타고라스가 천문학적 세계관을 지지하고 나섰다. 그 세계관 속에서 지구는 이제 구체로 묘사되며 "불덩어리" 주위를 회전했다. 태양, 달, 행성, 기타 붙박이별과 완벽한 조화를 이루면서 말이다. 헤라클레이토스는 세상은 끊임없이 바뀌고 갱신된다고도 썼다. 그는 내재적 이유인 로고스logos가 이 과정을 지배한다고 주장했다. 논리적으로 사유해야만 세상을 이해할 수 있다는 것이 헤라클레이토스 세계관의 자연스러운 귀결이었다.

사유의 주체인 인간들이 세계를 이처럼 완전히 새롭게 파악하면서 커다란 돌파구가 열렸다. "인간은 만물의 척도다." 소피스트인 프로타고라스의 주장이다. 그렇게 해서 세 명의 걸출한 철학자인 소크라테스, 플라톤, 아리스토텔레스가 나올 수 있는 토양이 형성됐다. 연속해서 사제 관계였던 세 철학자는 기원전 5~4세기에 일련의 사유 체계를 만들어냈다. 그 체계가 현재까지도 위축되지 않고, 지속적으로 영향력을 행사하고 있다. 소크라테스는 비판적인 태도로 질의하고, 주장들을 합리적으로 비교하는 방식을 동원해 편견에 사로잡히지 않은, 철학적-과학적 사유 방법과 독자적인 도덕적 완성에 이르고자 했다. 소크라테스의 제자 플라톤은 "형상들"forms에서 일상적 대상의 전형典型을 보았다. 인간이 형상들의 수학적 규칙성과 조화를 바탕으로 세계를 인식할 수 있다고 생각한 것이다. 다시 플라톤의 제자 아리스토텔레스가 그 시대의 앎과 지식을 독자적으로 요약 정리해 냈다. 아리스토텔레스의 업적은 다루는 범위와 복잡함에서 아주 특별할 뿐만 아니라 사상 처음으로 학문들을 정식으로 분류했다.

우리는 아리스토텔레스의 작업을 통해 지적으로 독립적이며 실험적인 학문이 비로소 시작되었음을 알게 된다. 소크라테스 이전의 몇몇 철학자와, 그들 이후로 다른 사람들, 특히 레우키포스와 데모크리토스가 물질을 구성하는 것은 원자라는 이론을 통해 자연과학적 사유 체계를 일부나마 발달시킨 것은 사실이지만,

우리는 다시 한 번 당대의 시각 예술을 통해 그 시기의 인류가 주술적·신화적 세계관에서 합리적 세계관으로 이행 중이었으며 그 중심에 새로이 인류가 자리했음을 예리하게 감지할 수 있다. 세 명의 위대한 철학자가 활약한 시대에 꽃병의 그림, 프레스코화, 돋을새김, 조각 들은 자연주의적인 방식으로 인간을 표현했다. 아리스토텔레스의 제자 알렉산드로스 대왕이 기초를 닦은 헬레니즘 및 로마 제국의 예술이 큰 영향을 받았다. 엄청난 약진이 이루어졌음을 증명하는 고전기 그리스의 예술 작품을 그림 10에서 볼 수 있다. 그림 5와 그림 8에 담긴 더 이른 시기의 작품들과 확연하게 대비된다.

역사상 가장 유력한 문명들이 당시에 도시 생활을 확립했고, 인류가 새롭게 문화를 발달시키는 게 가능해졌다. 다수의 도시 국가와 제국 들이 비옥한 농업 지대를 차지하려고 격렬하게 싸웠다. 끊임없이 엎치락뒤치락하던 정치적·경제적 패권을 차지하는 것도 전쟁의 주된 동기였다.

정치적·경제적·문화적으로 번영하려면 농업 체계를 효율적으로 확립—흔히는 장거리를 이주해야 했다—해야 한다는 사실이 오래전부터 이미 명약관화했다. 그렇게 해서 재배 작물과 가축은 그것들이 처음 유래한 곳에서 점점 더 멀리로 뻗어나갔다. 종자와 식량을 저장 운반하고, 물을 대고 홍수를 통제하며, 밭을 갈고 수확하는 기술 수단도 더 정교해졌다.

고대 농업의 실상을 알 수 있는 여러 기사 가운데서도 로마의 시인 베르길리우스(기원전 70~19년)가 쓴 교훈시 「게오르기

그림 10 렘노스의 아테나 여신을 묘사한 그리스 고전 작품
기원전 440년경 그리스인 조각가 페이디아스가 만든 대리석 조각상을 복제한 로마 작품.

카」Georgics가 가장 포괄적이며, 또 유명하다. 그는 네 권 분량으로 작물 재배, 과수果樹 관리, 가축 사육, 양봉을 자세하고 생생하게 서술했다. 다음의 짧은 발췌문은 윤작과 시비법에 관한 내용인데, 당대의 지식이 어땠는지를 알 수 있다.

격년으로 작황이 좋지 않을 것이다.
갓 수확한 밭은 쉬게 해야 한다.
땅을 놀려라.
그리고, 하늘의 별들이 바뀌면 밀을 파종하라,
그 옛날 꼬투리가 물결치며 기름졌던 곳에.
물론 콩과 살갈퀴를 깨끗이 제거해야 한다.
줄기가 잘 부러지는 루핀 사우어lupin sour 도 마찬가지.
무성한 숲을 이루었던 그곳은 아마亞麻,
귀리, 양귀비로 바싹 말라 있다.
망각의 잠에 깊이 취해 있는 것이다, 그럼에도 불구하고
이런 변화와 함께 지친 땅이 가벼워진다.
메마른 땅을 흠뻑 적셔줄 만큼 거름을 많이 주는 일에 인색해서도 안 된다.
고갈된 밭에 더러운 재를 뿌려라.
이렇게 교대로 휴식을 시켜주면 소득이 있다.
그동안에 이삭이 패지 않아 생색이 안 났던 땅도 없어진다.
맨땅에도 자주 불을 질러줘야 한다.
그러면 불꽃이 탁탁 소리를 내며 그루터기를 태우리라.

「게오르기카」가 쓰인 기원전 30년경에 로마 인구는 이미 400만 명이었고, 비옥한 이집트는 성장하던 세계 제국의 식량 공급을 담당하는 곡창으로 바뀌어 있었다. 새로이 로마로 편입된 골Gaul 지방의

주민 수는 600~700만 명이었다. 전 세계의 총인구가 그 당시에 1억 5000만 명을 넘어섰다. 로마 제국이 아직 번영의 정점에 이르지 못했음에도 내부로부터 붕괴가 시작되었음이 감지됐다. 상류층의 사치, 도시화 확대(빈민을 대상으로 한 무료 식량 배급도 포함해서), 자유 농민의 해체가 이를 또렷하게 입증한다.

중세에서 근대로

로마 제국이 쇠망하면서 정치와 경제 권력의 중심지가 남부 유럽에서 남서부로, 이어서 서부 및 중앙 유럽으로 옮아갔다. 이런 변동이 일어난 "중세"만큼 규정하기가 까다로운 시대도 없을 것이다. 중세는 고대와 근대 사이의 시기로, 대략 서기 500년부터 1500년까지이다(서기 800~1000년쯤에 중세가 시작한다고 보는 역사가도 일부 있다). 정주하는 생활양식은 중세가 시작되면서 항구적인 구조로 자리를 잡았고, 이제 사회는 거칠게나마 세 개의 전형적인 집단으로 나눠볼 수 있게 되었다. 식량 생산을 담당하는 근로 대중(농민), 직업 군인(기사), 직업적 교사(성직자).

고대 로마에서 상당한 수준으로 발달한 농업은 중세 초기와 성기(盛期)에도 거의 그대로 유지되었다. 전 세계 인구는 흑사병이 대유행한 14세기까지 꾸준하게 증가했다. 인구 증가세 속에서 중세 말에 세 가지 현상이 두드러졌다. 이전까지 광범위하게 산포했던 농업 공동체들의 부락部落화가 진행됐고(주로 중앙유럽에서), 농촌에서 도시

로의 이주 현상과 함께, 유럽 동부가 새롭게 식민植民되었다.

오늘날 유럽 동부의 독일인들 가운데는 방금 말한 중세의 이주를 증명해 주는 집단들이 아직 남아 있다. 하멜른의 피리 부는 사나이 전설을 모르는 사람은 없을 것이다. 하지만 그 얘기의 역사적 본질이 도시의 청소년들을 데려다가(1284년에 이루어진 "아이들의 대탈출") 멀리 동부에 식민했다는 사실임을 아는 사람은 많지 않다. 13세기의 유럽은 인구압이 증가했고, 정치적·경제적 이해관계가 상충했으며, 기후도 전반적으로 좋지 못했다. 이런 것들이 앞서 말한 집단 이주의 원인으로 주되게 작용했다.

인구 밀집지에서조차 농업이 확대되었다. 숲이 광범위하게 벌채됐고, 늪과 습지가 배수됐으며, 바닷가와 하구 근처에서는 제방이 축조됐다. 유럽은 마침내 인류 문명이 빚어낸 경관이 되었다. 농업 활동에서 새로운 발전도 이루어졌다. 가령, 해마다 서로 다른 세 개의 작물을 돌려 심는 윤작이 도입되었고, 반전각反轉角 쟁기와 써레가 사용됐다. 도시화가 증대하면서 농산물 시장이 새로이 형성되었고, 화폐 경제가 성장했다. 이런 온갖 변화에 결정적으로 힘입어 농민들은 오랜 세월 그들을 얽어맸던 중세 봉건 제도의 농노제에서 서서히 해방되었다.

흑사병이 창궐한 사태는 중세 말의 가장 심대한 사건이었다. 유럽에서 1348년부터 1350년 사이에 흑사병과 다른 전염병으로 인해 발생한 사망자들을 합치면 약 2500만 명에 이르렀다. 이는 그 당시 인구의 거의 3분의 1에 해당한다. 촌락과 토지가 대규모로 버려지거나 포기됐고, 농업의 회복은 아주 더뎠다. 다른 결과도 보자. 농지가 방치되면서 가축 사육이 확대되었고, 일시적으로나마 대도시들에서조차 육류가 풍족하게 공급됐다. 소 수천 마리—다수가 동유럽산이었다—가 매년 도시로 운반됐다.

흑사병, 나병, 장티푸스, 콜레라가 재발하며 위세를 더하고, 흉년이 들며, "신의神意 재판들"이 속출하면서 중세의 민중은 신앙을 독실하게 유지했고, 신비주의에 빠지는 일도 잦았다. 종교적 동기에 자극을 받은 예술 작품이 중세만큼 많이, 열심히, 탁월하게 제작된 시대도 없다. 조각, 창유리, 제단 장식물이 가득한 대성당과 복음서와 기타 서책의 세밀화를 떠올려 보라. 그림 11은 성모 마리아를 묘사한 중세 후기의 나무 조각품으로, 종교적 내관內觀을 인상적으로 제시하고 있다. 그림 10과 크게 대비된다.

이 경건함의 이면에는 십자군의 살육전, 노상강도, 무자비한 종교 재판, 미신, 종교적 집단 히스테리, 종말에 대한 불안이 자리했다. 그 엄청난 모순을 직시해야만 르네상스라고 하는 고대 세계관의 부활이 얼마나 수고스럽게 이루어졌는지를 옳게 파악할 수 있다. 현재 우리가 신봉하고 있는 합리적 과학이 발달하면서 르네상스가 가능했다. 근대의 출현은 느리지만 강력한 혁명이었다. 그 포괄적인 결과는 신석기 혁명의 엄청난 변동 사태하고나 비교할 수 있을 만큼 삶의 온갖 측면에 영향을 끼쳤으니 가히 혁명이라 할 만했다.

근대의 출현 역시도 단일한 사건이 아니었다. 합리주의로 이행하던 15세기 중반부터 16세기 초까지의 결정적 시기에 어느 정도는

그림 11 틸만 리멘슈나이더(Tilman Riemenschneider)의 마돈나(1510년경)

우연적이라 할 몇 가지 발전이 상호 보완적으로 이뤄졌다. 콘스탄티노플이 함락되고(1453), 그라나다가 탈환되면서(1492) 세계의 권력이 과거 그 어느 때보다 유럽의 서부, 중부, 곧이어 북부에 집중되었다. 이들 새로운 권력 중심지는 유럽 동남부와 오리엔트, 특히 콘스탄티노플의 문화유산을 대거 획득했다. 크리스토퍼 콜럼버스, 바스코 다 가마, 페르디난드 마젤란과 기타 항해자들이 미지의 대륙을 발견하고, 서유럽 왕국들의 식민지로 삼았다.

세속 권력이 증대했고, 막강한 위세를 과시하던 교회 세력으로부터 예술과 과학이 급속하게 해방됐다. 회화는 합리적으로 받아들일 수 있는 원근법과 풍경을 그림의 자연스러운 배경으로 채택했다. 분과 과학의 방법론들도 천 년간 유지된 기독교 신학 및 철학과의 일치를 타파하고, 대상 관계에 주목하는 합리성을 획득했다. 아리스토텔레스와 그 선배들인 "자연철학자들"이 생각나는 대목이다. 항해가들이 지구가 둥글다는 걸 몸소 증명했고, 니콜라스 코페르니쿠스는 새로이 태양 중심 세계관을 정초했다. 이후 두 세기에 걸쳐 요하네스 케플러, 갈릴레오 갈릴레이, 아이작 뉴턴이 코페르니쿠스의 지동설을 현대 물리학 체계의 기초 가운데 하나로 다듬어냈다. 코페르니쿠스와 동시대를 살았던 파라켈수스는 약화학藥化學, pharmaceutical chemistry에 기초한 경험적 의술을 바탕으로 자연의 자조성自助性을 옹호했다.

활판 인쇄술이 도입되고, 리넨으로 종이를 대량 생산할 수 있게 되면서 이 모든 게 급속하게 퍼져나갔다. 요하네스 구텐베르크가 1450년경 가동 활자movable type, 可動活字를 채택한 활판 인쇄 방식을 창안하고 50년이 지났을 즈음에는 유럽 전역에서 1,000대 이상의 인쇄기가 약 1000만 건의 인쇄물을 생산하고 있었다.

그림 12와 13에서 낡은 세계관과 새로운 세계관의 뚜렷한 대비를 생생하게 확인할 수 있다. 지구는 중세 말까지도 양식화된 "T-O형 지도" 위에 원반으로 묘사되는 일이 잦았다. 그 원반은 세 부분으로

그림 12 11세기에 제작된 중세의 세계 지도

"T-O형 지도들"은 축척에 따라 그려지지 않았다. 3분 구획에서 위는 아시아, 왼쪽 아래는 유럽, 오른쪽 아래는 아프리카다. 세 대륙은 T자형 지중해로 분할되며, 대양이 전체를 둘러싸고 있다.

나뉘어, 당시까지 알려진 지구의 세 곳, 곧 아시아, 유럽, 아프리카를 나타냈고 말이다. 이 지도에서 정확한 윤곽이나 상대적 크기는 전혀 중요하지 않았다(그림 12).

'창공을 가로질러, 구형의 권역들을 깨닫고 있는 인간' Man Breaks through the Firmament and Recognizes the Spheres 이라는 제목의 목판화는 앞서의 전통적 세계관과 대비된다. 우리는 이 목판화를 통해 세계를 인식하는 양상이 극적으로 바뀌었음을 알 수 있다(그림 13). 창공의 신화성이 완전히 제거된 게 눈에 띈다. 그림 9와 비교해 보라. 창공, 곧 하늘이 합리적인 역학의 법칙을 따르는 것으로 묘사돼 있다.

그림 13 클로드 플라마리옹의 목판화(19세기 말)는 "코페르니쿠스 혁명" 이후로 등장한 역학적 세계관을 보여준다.

더 자세한 설명은 본문을 보라.

이런 합리주의가 자연과학과 의학 등 온갖 분야를 장악했다. 실증적이고, 귀납적인, 증거 지향의 과학이 부활하고 500년이나 지났기 때문에 현대를 사는 우리가 사람, 동물, 식물, 별, 기타의 대상물을 그림을 동원해 수론數論적으로 표현한 중세 말의 자료에서 여전히 종교적 상징이 압도적이었다는 사실을 깨닫기는 쉽지 않다. 그랬던 대상들이 15세기 말에 드디어 자신의 정체성을 부여받았다. 상징물이 아니라 분석의 대상이 된 것이다. 레오나르도 다 빈치가 인간과 식물을 분석적 연구의 대상으로 삼았고, 결국 그는 과학적 도해illustration의 선구자로 자리매김했다. 레오나르도는 자신의 예술 작품에 서명을 해 넣음으로써, 개인적으로도 새로운 정체성을 얻었다.

항해가들이 때맞춰 미지의 식물, 동물, 그리고 사람을 유럽으로 가져왔다. 이역만리 타국 땅에서 왔으니 주로는 호기심을 충족해 주는 구경거리로서였다. 그 대상들은 시장, 수도원, 왕궁의 정원에서 전시되고, 보여졌다. 거꾸로, 유럽의 온갖 것이 신대륙으로 넘어갔다. 다른 곳에는 없는 것으로 운반할 수 있는 것이면 뭐든지 말이다. 무수한 작물과 가축을 빼놓을 수 없겠다. 정복자와 식민지 주민 들이 원주민을 쫓아내거나 진압하고, 그 땅이 왕의 것이라고 선포했다. 인간과 동물과 식물의 많은 병원체가 그 매개체에 의해 널리 퍼지는 것도 불가피했다. 다수의 아메리카 원주민 부족들이 외래 질병으로 크게 일소되는 비극이 발생했다. 식물과 동물에 기생하던 해충과 질병이 전 세계로 퍼졌음은 물론이다.

유럽은 해상권maritime power을 바탕으로 많은 식민지를 빠르게 정복하고, 개척했다. 하지만 그때까지도 지구 표면의 상당 부분을 서양 사람들은 여전히 몰랐다. 유럽인들은 서기 1400년에 지구 표면의 약 20퍼센트만을 알고 있었다. 식민지 건설이 단행되고 100년이 흐른 1600년경에조차 그 수치는 겨우 40퍼센트에 불과했다. 이 수 값이 90퍼센트에 이른 건 1900년경이다.

15세기와 16세기에 인구가 계속 증가했지만 자연환경은 여전히 고갈되지 않을 것처럼, 쉽게 파괴되지 않을 것처럼, 다양성이 풍부하고 복원력이 막강한 것으로 비쳤다.

현대

21세기가 시작된 오늘날 우리는 합리적 사고가 점점 더 빠르게 발달하는 것을 경험하고 있다. 합리적 사고방식은 근대가 시작되면서 신화적 세계관과 결정적으로 결별했고, 그렇게 해서 과학/기술 혁명이 시작되었다는 데에는 논쟁의 여지가 없다. 바람을 동력으로 사용하는 범선이 유럽 사람들에게 그 전까지 알려져 있지 않았던 대륙을 정복하고 나서 500년이 채 안 돼 증기선이 발명됐고, 이어서 차례로 가솔린 엔진, 프로펠러로 추진되는 비행기, 제트 엔진이 만들어졌다. 유인 우주선의 달 탐사, 정교한 우주 탐사 장비를 동원해 거의 모든 행성을 샅샅이 뒤지는 노력과 활동이 아주 흔한 일이 됐다.

우리는 지구라는 행성을 속속들이 알고 있으며, 언제고 아무 데나 쉽게 갈 수 있다. 비행기와 헬리콥터를 타면 짧은 시간 안에 어디든 갈 수 있다. 200년 전만 하더라도 알렉산더 폰 훔볼트, 데이비드 리빙스턴, 기타 수많은 탐험가들이 매우 위험하고 힘겨운 탐사 여행에 나섰다. 인간의 접근이 좀체 허용되지 않던 그 지역들은 대개의 경우 유럽인들이 한번도 본 적이 없는 곳이었다. 우리의 할아버지, 할머니 들이 지도책에서 봤던 미지의 빈 공간은 이제 전부 사라졌다.

대우주와 소우주를 막론하고 우리를 에워싼 자연계를 탐구 조사하는 활동은 인상적인 진보를 거듭하고 있다. 평평하다던 지구를 마침내 구체로 인식하고, 더 이상은 우주의 중심이 아닌 것으로 알게 된 후 불과 500년 만에 알베르트 아인슈타인의 상대성 이론이 발표됐고, 분자 유전학molecular genetics이 탄생했다. 다시 한 번 우리의 세계 인식이 크게 바뀐 것이다. 이런 혁명적 도약들을 하나로 엮는 거대한 연장선을 우리는 명확하게 알 수 있다. 바빌로니아, 이집트, 그리스의 천문학자들과 자연철학자들은 코페르니쿠스, 갈릴레오, 뉴턴, 아인슈타인, 그리고 계속해서 우주 여행으로 이어졌다. 생물학과 의학은 파라켈수스와 기타 많은 이를 경유해 오늘날의 의학 연구와 약물 요법으로 계승됐다. 현대 의학은 분자 생물학과 유전공학으로 상상하기 힘든 수준에 이르렀다.

우리 자신의 자연, 곧 인간과 사회를 이해하는 것은 심층 심리학, 신경과학, 사회과학에도 불구하고 거의 불가능한 과업이라는 게 드러났다. 그래야만 우리가 초래한 수많은 문제를 처리할 수 있음에도 불구하고 말이다. 그 옛날 생존을 위해 꼭 필요했던 다수의 충동 행동 양상, 예컨대 개인과 집단의 공격성 및 방종을 올바르게 이해하고 파악하는 작업은 이제 우리가 직면한 가장 긴급한 과제 가운데 하나다.

우리는 고도로 민감한 온갖 측정 및 관측 장비를 발명했고, 오감을 확장해 멀리 떨어져 있는 별과 유전자의 조성 및 구성을 정확하게 알아냈다. 이런 장비를 만들고 사용하는 것은 전문가들이다. 그들은 각자의 전문 분야에는 통달해 가고 있지만 다른 모든 것에는 점점 더 무지해지고 있다. 중세에는 거의 모든 이가 "단란한 교회"의 품에 안겨 지냈다. 온갖 모순과 갈등에도 불구하고 중세의 기독교도들은 일체감과 안정감을 향유했다. 21세기의 벽두를 살아가는 다수 대중은 그런 단란한 교회 공동체를 더 이상 기대할 수 없다.

지구가 멸망하면 인류도 멸망한다. 인류가 우주의 물리적·정신적 중심이라는 사실은 그 무엇보다 작금의 우리 시대를 두 가지 상보적인 방식으로 규정한다. 한편으로, 인류는 외부의 힘(물론 여전히 중심적이었다)에 굴복하지 않을 수 없었던 종속적 처지에서 과학으로 무장한 능동적 정복자이자 기술의 지배자로 변신했다. 인류는 다른 한편으로 종교적 지향을 잃었고, 개인의 허무 속에서 더 깊은 의미를 찾아야 한다는 부담에 시달리고 있다.

종교가 제공한 일체감이 고립과 외로움으로 대체된 사태를 뛰어난 표현력으로 제시한 시각 예술 작품이 많다. 다수의 현대 미술 작품이 새로운 통합의 중심을 염원하며 절규한다. 비록 직접적이지는 않지만 말이다(그림 14). 양식화된 토르소, 자극적인 빛, 금속 구조물처럼 추상적 형태로 말이다. 조용히 모색하는 선들의 다발을 표현한 그림 15를 보라. 현대의 추상 미술은 중세의 제단화보다 훨씬 아리송해서 판독하기가 쉽지 않다.

철학이 새로운 자아상을 찾으면서 허무주의와 실존주의도 등장

그림 14 에드바르트 뭉크, 「절규」(1895)

했다. 그 최초의 혹독한 형태가 프리드리히 니체의 『차라투스트라는 이렇게 말했다』이다. 그 일절을 보도록 하자. "한때는 신성 모독이 가장 커다란 불경이었다. 하지만 신은 죽었다. 그와 함께 신성을 모독하던 자들도 죽었다. 이제는 대지를 모독하는 것이 가장 무시무시한 죄악이다. 정말이지 불가지의 것을 대지의 의미보다 더 높게 평가하는 것은 끔찍한 일이다!" 이런 선언은 해방된 개인들이 또 다른 감성을 드러낸 것이다. 전 세계에 걸쳐 인구가 폭발적으로 증가하고, 확산됐다(유럽 내부의 증가와 유럽 발 확산이 주목할 만하다). 과학 지식과 기술도 폭발적으로 증대했다. 이런 병행적 사태가 원인으로 작용했고, 이면의 예민한 촉수가 자극을 받아 위와 같은 진술을 낳은

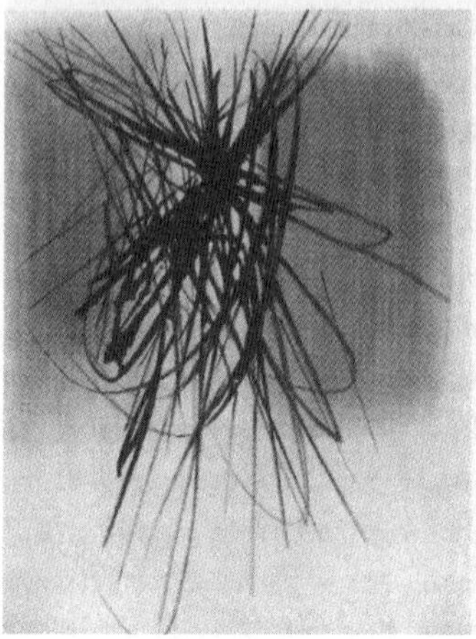

그림 15 한스 하르퉁, 「T-1958-2」(1958)

것이다.

지구상의 인구는 양차 세계대전에도 불구하고 1850년부터 1950년까지 불과 100년 만에 처음으로 갑절이 되었다. 곡물과 냉장육은, 결핍 사태와 산출량 요동을 보완하는 것으로서, 유럽뿐만 아니라 전 세계적으로도 이미 오래전부터 경제에서 중요한 요소로 작용 중이었다. 특히 북아메리카, 아르헨티나, 호주, 뉴질랜드처럼 잉여생산이 많은 지역에서 그랬다. 러시아와 인도는 20세기 초까지도 가장 중요한 밀 수출국이었다.

유럽 인구의 상당수가 식량 부족에 시달렸던 마지막 시기는 제2차 세계대전 직후였다. 전쟁이 할퀴고 간 다수 국가에서 식량 공급이 대체적으로 생존 수준에 한참 못 미쳤다(전쟁 막바지와 종전 후 첫 몇 해가 특히 심했다). 수년간 이어진 군수 물자 생산과 계속된 참화 탓에 많은 나라에서 가장 중요한 소비재조차 태부족한 상황이었다. 전후 경제의 가장 중요한 목표 두 가지가 총력을 기울여 식량과 물질적 재화를 생산하는 것이었던 이유다.

서구 산업 국가들과 일본의 경제가 시장을 포화시키겠다는 애초의 목표를 그렇게 빠른 속도로 달성하리라고 예견한 사람은 아무도 없다. 농업 부문 종사자들은 특히 더 그랬다. 이게 다가 아니다. 소비재 산업의 무한 팽창을 예견한 사람도 전혀 없었다. 소비재 산업은 일단 가동을 시작하자 *실질적 수요*를 *충족*해 주던 단계에서 더 나아가 *수요*를 *창출*하고 촉진하는 수준으로까지 변화 발전했다. 뉴질랜드산 키위와 사과, 아르헨티나산 쇠고기, 남아프리카공화국·호주·칠레·캘리포니아산 포도주, 연중 공급되는 지중해 남부산 과일과 채소, 기타 전 세계 각지를 출처로 하는 다수의 식품과 사치품을 떠올려 보라. 오늘날의 유럽 시장에서 이런 것들은 많은 사랑을 받고 있다. 시장은 자신의 상품들을 생산하고, 저장하고, 나아가 파기하는 데 막대한 돈을 써댄다 .

이렇게 환경과 사회 복지를 희생하면서 잉여 농산물을 생산하는 방식은 더는 유지될 수 없다. 환경 및 사회와 관련한 측면을 제외하더라도, 그 잉여는 너무나 하찮은 수준인 데다 비싸기까지 해 기타 세계 지역의 식량 부족 사태를 해결할 수도 없다. 두 차례의 세계전쟁 후 유럽이 경험한 굶주림—남북 아메리카로 대규모 이주하는 사태를 낳은 19세기의 흉작도 빠뜨릴 수 없겠다—은 이제 과거 식민지였던 아프리카, 아시아, 라틴아메리카의 "제3세계"에서 집중적으로 빈발하고 있다.

선진국들의 농업 생산은 과학과 기술의 발달에 힘입어 상당히 높은 수준에 이르렀다. 하지만 농업 분야에 종사하는 사람들의 수는 빠르게 줄고 있다. 200년 전에는 나머지 인구 대비 농업 종사자 비율이 4 대 1이었다. 다수의 선진국에서 그 값은 오늘날 50 대 1 정도다. 이 변동의 가장 심각한 결과 두 가지는 대규모 실업과, 농촌 인구의 끊임없는 도시 유입이다. 주요 도시 가운데서 인구수 1000만을 넘은 곳이 이미 여럿이다. 이 값은 신석기 혁명 초기의 지구 인구 전체와 같은 규모다. 비교를 위해 쾰른의 예를 소개해 본다. 쾰른은 중세는 물론이고 중세가 끝나고도 얼마 동안 중앙유럽에서 가장 큰 도시였다. 16세기 말에 쾰른 주민은 약 3만 5,000명이었다. 그 당시에 서유럽 및 남유럽에서 10만 명 이상이 사는 도시는 거의 없었다.

개인의 고립, 인구 폭발, 자동화 증대, 재산·고용·교육·보건 의료·식량의 불평등한 분배에서 비롯한 각종의 사회 문제는 우리가 현재 직면한 다른 어떤 과제보다도 극복하기가 쉽지 않을 것이다. 인구압과 관련해 우리가 처한 환경이 부과하는 자연의 한계 역시 그 유연성이 최저 수준으로 곤두박질쳤다. 이로 인해 적어도 농업 부문에서는 상당한 도전 과제가 우리를 기다리고 있다.

요약

인류의 문화가 급속히 발달하는 데서 결정적이었던 세 가지 절차 또는 단계가 있다. 첫째, 직립 자세(지능과 언어에 이르는 후속의 해부학적 결과 전부 포함). 둘째, 농업 활동과 가축을 사육하면서 성취한 정주 생활. 셋째, 과학과 기술이 넓혀준 활동 영역. 착복 내지 횡령이라 할 수 있던 활동에서 식량을 생산하는 것으로 옮아가면서 정주라는 새로운 생활양식이 발달했고, 광범위한 노동 분업과 함께 정교한 사회 구조가 만들어졌다. 생활양식이 이렇게 바뀌면서 과학과 기술이 점점 더 강조되었다. 특히 생물학 분야에서 식량 생산 활동의 초창기부터 분자 생물학과 유전자 공학이 출현한 현대에 이르기까지 과학과 기술은 시종일관 중요했다.

지력과 지식이 확장되면서, 인류는 자기 평가의 관점에서 볼 때 커다란 발전을 이루었다. 자연을 위압적인 힘으로 인식하던 수동적 주체에서 환경의 온갖 측면을 통제하려는 능동적 개인들로 거듭난 것이다. 그러나 문화든 기술이든 온갖 진보는 위기에 직면한 생물권에 더욱더 의존하는 위험한 방향으로 이루어졌다. 진보가 끊임없이 농업 활동을 개선해야 할 필요 및 과제의 동의어가 된 이유다. 농업을 성취하지 못했다면 인류의 발전도 불가능했다.

3 인류와 환경

환경이라는 것을 발견하고, 도용하다가 점점 더 위협을 가하게 되는 사태로의 반전을 통해 우리는 성장에도 한계가 있다는 것을 분명하게 깨달았다. 이런 한계는 인구 밀도와 식량 생산에서뿐만 아니라 "사치재" 생산과 낭비를 통해서도 아주 명확하게 드러난다.

우리가 우리의 생존을 위험에 빠뜨리고 싶지 않다면 환경을 더 많이 생각해야 하고, 그것을 장기적으로 보존하기 위해 필요한 사전 예방 조치들을 취해야 한다. 이 사실을 명심하면 인류의 발전을 다른 관점으로 보는 것에도 도움이 될 것이다.

최초의 두 단계: 인류 생존의 토대와 안정화

호모 사피엔스는 자체 진화의 관점에서 볼 때 두 개의 형성적 발달 단계를 지나, 이제 결정적 국면인 세 번째 단계에 와 있다. 신석기 혁명과 함께 끝난 첫 번째 단계에서는 새로운 형태의 생물학적 생존이 두뇌와 손의 발달을 통해 그 토대를 획득했다. 예컨대, 지능과 기술이 그것들이다. 성공적으로 개시된 이 발달이, 생존의 안정화와 연결되는 두 번째 단계에서도 지속되었을 뿐만 아니라 계속해서 양의 되먹임을 통해 촉진됐다는 사실은 인류 진화의 특징 가운데 하나다.

인류의 생존이 가능한 최고 수준으로 안정화된 두 번째 단계도 이제는 완결된 것 같다. 하지만 인류 문화의 발달은 완결되지 않았다. 지력도, 기술도 어떤 명확한 목표에 도달하지 않았다. 지력과 기술을 이전보다 더 강조하는 행태가 인류 진화의 현행 제3단계에서 가장 중요한 특징이 될 것인가? 연대와 사전 예방 조치가 자연을 도용하고 착취하는 행태를 대신할까?

이런 의문들에 답하지 못한다고 해서 질문 자체가 무의미한 것은 아니다. 우리는 이렇게 질문을 던짐으로써 과거와 미래를 추론하고, 결론도 내릴 수 있다. 우리는 이렇게 질문을 던짐으로써 세 번째 단계가 밟고 있는 경로에 긍정적 영향을 미칠 수도 있다.

개별 종이 발전하고 퇴보하는 것은 물론이고 출현하고 멸종하며 상호 작용하는 자연의 진화는 장기간—대체로 보아 인류가 존재해 온 것보다 훨씬 더 장구한 세월이다—에 걸쳐 진행되는 역동적인 과정이다. 하지만 우리 인류와 다른 온갖 종을 구별해 주는 특징이 두 가지 있다. 우리가 끌어내는 결과에 따라 이 두 가지 특징은 유익할 수도, 치명적일 수도 있다. 다른 무엇보다 인류에게는 지력과 기술이 있다. 둘째, 이 두 가지 특징으로 인해 인류의 진화는 큰 성공을 거두었다. 적어도 우리와 관련해서는 말이다.

가까운 미래의 사태 전개는 인류의 성공이 얼마나 오랫동안 지속될지를 알려줄 것이다. 아무튼 계속되는 인구 증가가 대단히 위험스러운 성공이란 것만큼은 분명하다. 지역별로 그 역동성에 차이가 드러나기는 하겠지만 말이다.

여러 농업 문명이 서로 무관하게 발달하면서 전 세계적으로 상이한 인구 증가율을 보였던 것처럼 계속되는 인구 증가 사태도 세계 각지에서 상이한 방식으로 전개되고 있다. 몇몇 산업 선진국에서는 이 증가세가 확실히 끝났다. 그러나 다른 지역에서 조만간에 그런 일이 일어날 가능성은 없다. 이렇게 여전히 계속되고 있는 추가적인 대규모 인구 증가는 모든 인류의 가장 커다란 걱정거리이다.

우리가 이제부터라도 적절하게 행동한다고 가정하면 인구 증가세를 신속하게 끝장내고, 장기적으로는 줄일 수도 있다. 이론상으로는 이게 가능하며, 다른 무엇보다도 생태적·사회적 이유 때문에 꼭 그렇게 해야 한다.

적절하게 행동하려면 사태의 심각성과 복잡함을 편견 없이 바라봐야 한다. 인구 증가세를 신속하게 끝장내고, 이어서 서서히 줄이는 데까지 성공하면 인류의 삶을 지탱해 주는 생물권의 지속적 생존 전망을 개선할 수 있다. 인류의 생존 전망이 개선됨은 두말할 나위도 없다. 이와 같은 진전이 일어나면, 안정적으로 사는 것은 고사하고 삶이 점점 더 위태로워지고 있던 많은 이들의 생활 조건이 향상될 것이다.

인구 과잉이 점점 더 심각한 결과를 초래하고 있다. 단 한 사람이라도 늘어나는 인구는 식량 확보의 경쟁자일 뿐만 아니라, 그저 존재하며 특정한 부류의 삶을 원하는 것만으로도 어쩔 수 없이 생물다양성을 추가로 감소시키고, 기타 많은 측면에서 환경을 위협한다.

따라서 삶을 안정적으로 영위하는 활동에는 두 측면이 있다. 비인격적인 전체 인류가 하나요, 개개의 사람들과 관련된 요소가 나머지 하나다. 더욱더 많은 사람이 굶주릴수록 개인들의 삶을 안전하게 보장한다는 명확한 인도주의적 목표에서 우리는 점점 더 멀어지게 된다. 우리가 달성할 수 있는 최적 조건을 이미 오래전에 넘어서 버렸다는 것은 분명하다. 달성 가능한 최적 조건이라 함은 인류의 생존을 안정적으로 도모하는 것과 개별 인간 모두의 삶을 안전하게 보장하는 것 사이의 타협을 말한다.

목표 재고(再考)

먼저 우리는 당초의 커다란 목표 두 가지, 곧 인류 생존의 토대 확보와 안정화가 이뤄졌을 뿐만 아니라, 이제는 새로운 문제가 점점 더 심각해지고 있음을 자각해야 한다. 인류가 어떤 실질적인 영향력을 전혀 행사하지 않아도 생태계 또는 생태계의 일부가 붕괴할 수 있는 것이다. 알칼리 광물의 완화 작용이 불충분한 상황에서 많은 양의 산酸이 유입되는 호수(예컨대, 화산 활동이나 연소 가스 등으로)

는 단시간 만에 생물학적으로 죽을 수가 있다. 일례로, 옐로스톤 국립공원에서는 이전에 종이 아주 다양했던 한 호수에 급작스럽게 산이 유입되면서 무수한 수목이 고사했다. 대량 번식과 완전 고엽枯葉을 통해 개체 과잉 상태를 끝장내 버리는 이동 메뚜기migratory locust도 완전히 다른 경우지만 붕괴의 한 사례일 것이다.

두 사례 모두는 인간의 영향이 미치지 않는 자연계의 일부에서 국소적 규모로 제한돼, 생물권의 작은 구획에만 영향을 미친 사건들이다. 나머지 풍요로운 자연은 통상 그대로 유지 보존된다. 화산 폭발, 운석 충돌, 커다란 홍수 같은 이례적인 자연 재앙은 드물게 일어나지만 그 영향이 지대하다. 이런 것들 때문에 생물 종의 풍요로운 터전인 비오톱이 느닷없이 말살될 가능성이 상존했고, 상존한다. 전체 생물권의 상당 부분이 파괴되는 극단적인 경우도 생각해 볼 수 있겠다.

과거에 이미 여러 차례 그런 재앙이 일어났고, 낡은 종들의 절멸 및 퇴조와 새로운 종들의 출현 및 득세를 통해 진화의 양상이 크게 바뀐 바 있다. 이들 사건은 인간이 영향력을 행사하지도 않았고, 행사할 수도 없었던 자연의 작용이므로, 이 책에서는 더 이상 다루지 않겠다.

하지만 인류가 생물권 전역으로 대거 팽창하면서 상황이 근본적으로 바뀌었다. 인류의 산포散布 양상은 메뚜기 떼나 유황 온천과 차원이 다르다. 인류는 "잡식성 동물"인 데다가 발명과 창안에 뛰어난 기술자이기 때문에 메뚜기나 유황 온천보다 미치는 효과가 훨씬 더 대단하다. 따라서 이는 우리가 지금 처한 상황과 놀랄 만큼 밀접한 상관관계를 가진다. 인류가 환경을 훼손함에 따라 더 커다란 생태계가 붕괴할 가능성을 경고할 때에, 이런 사례들은 아무리 진지하게 다루어도 지나치지 않을 것이다.

과거를 돌이켜보면 생존 자체를 안정화시키던 단계가 번식, 확산, 자연의 (특히, 생물학적) 위협을 제어할 엄청난 가능성만큼이나 중요했음을 알게 된다. 종의 생존이라는 일차적 목표는 본능적으로 이미 결정된 사항이었다. 하지만 그 목표를 언제쯤 달성하느냐는 정해진 사항이 아니었다. 우리가 종의 생존이라는 일차 목표를 과도하게 달성했음은 과거의 사건을 더듬어 보아야만 온전하게 알 수 있다.

인류라는 종을 보존해야 한다는 목표를 얼마나 오래전에 달성했는지는 그 어떤 단호함을 보인다 해도 확실히 꼬집어 얘기하기가 힘들다. 과잉 인구, 환경 오염, 생물권 수축이 임계점을 지나 과도해진 게 언제인지를 지정하는 것도 어려운 과제다. 매번의 변화가 우리의 전반적인 활동에 크게 좌우된다는 이유만으로도 말이다. 우리의 행동으로 커다란 차이가 발생한다. 가령,

- 적정한 생활양식을 채택하는지, 아니면 낭비하며 사는지
- 예컨대 열대 우림, 갯벌, 범람원, 산호초 등등 위기에 직면한 비오톱 내의 다른 종과 개체를 얼마나 소중하게 여기는지
- 실질적 활동을 윤리적 가치에 준해 수행하는지, 그렇지 않은지.

이미 지나쳐 버렸다는 시점을 명확하게 획정하는 일보다, 우리가 어쩌다가 그토록 급작스러운 전기를 맞이한 것인지 묻는 게 더 도움이 된다. 과연 인류는 어쩌다가 자신의 서식지■를 그렇게 짧은 시간 만에 위협하는 존재가 되었단 말인가? 진화의 장구한 역사에 비추어 볼 때 말이다.

해결된 위험과 해결되지 못한 위험

모든 생물이 물리적 위협에 대응하는 이유는 두 가지다. 종을 유지 보존해야 한다는, 유전자에 뿌리를 댄 본능이 개체의 생존을 도모하는 본능적 의지와 결부되어 있다. 위협을 뿌리치는 집단적 행동—위험을 통계적으로 줄이는 방식이든, 상호 협력을 통해서든—에 가담하는 개체수가 많으면 많을수록 종과 개체 모두의 생존이 어느 정도는 덜 위험해진다.

초기 인류가 당한 물리적 위협은 여러 가지였다. 포식자 동물들, 질병, 굶주림, 악천후, 급격한 기후 변화, 지역적·세계적 차원의 자연재해 등등. 이 가운데서 질병, 굶주림, 자연 재해는 오늘날에도 여전히 중요한 문제들이다.

이 책에서는 주되게 굶주림과 포식飽食, satiation을 다룬다. 질병과 그 예방 활동도 식물 및 인간과 관련해 이런저런 방식으로 폭넓게 다룰 것이다. 굵직한 자연 재해와 관련해서는 조기 경보 체계와 예측의 중요성 및 신뢰도가 커지고는 있지만 당분간 여전히 무력한 상태일 것이다.

포식자 동물한테 몰리던 위험은 가장 성공적으로 해결됐다. 이제 포식자 동물 다수는 멸종 위험에 처하기까지 한 상태다. 동물원, 보호 구역, 살기 힘든 곳에서 무해한 규모로 축소돼, 언제 멸종될지 모르는 것이다. 인류는 사냥꾼이 되었고, 더 크게는 자연 서식지를 파괴하며 먹이 사슬의 최상단에서 이들이 수행하던 생물학적 역할을 대신하고 있다. 인류 때문에 다양한 생물상이 단 하나의 종으로 줄어들고 있는 것이다. 인류는 온갖 대형 포식 동물과 경쟁했고, 그 승자가 됐다.

곰팡이, 박테리아, 바이러스■ 같은 소형 병원체를 처음 발견한 것은 현대 과학이다. 이들 눈에 안 보이는 병원체는 위협적 생물들이 포진하는 척도에서 반대편 끝에 위치한다. 병원체를 박멸 근절하려는 활동은 엄청난 노력에도 불구하고 결코 성공을 거두지 못했다. 그 정반대다. 우리가 세계 각지로 확산시켰고, 최근 많은 사람이 관광에 나서면서 그중 다수가 전 세계로 퍼져나갔다.

세계 보건 기구WHO는 1979년 인간 천연두 바이러스가 완전히 제거됐다고 선포했다. 그 선언조차 오류였음이 드러났다. 최근에 수많은 병원체가 과거 그 어느 때보다 더 넓게 퍼졌다. 인구 밀도로 인해 번식 토양이 우호적인 곳들에서는 새로운 병원체들도 불쑥불쑥 나타났다. 대규모 가축 사육, 전 세계에서 거대 도시가 빠르게 성장하는 현상, 열악한 위생, 무엇보다 도시 변두리에서 슬럼이 우후죽순 급격하게 증가하는 현실이야말로 대단히 심각한 위협이다.

병원체 확산

병원균은 유용한 미생물과 밀접한 관계를 맺기 때문에 그 생존에 이의를 제기할 수 없다. 만약 우리가 병원균을 완전히 박멸한다면 필수적 혜택 두 가지를 보장해 주던 미생물 다양성이 종말을 고하고 말 것이다. 자연이 모든 썩는 유기물을 순환 회수하는 것과 고등 생물이 살아가는 데서 의존하는 미생물의 유익한 기능(예컨대, 인간과 동물의 내장 박테리아와 식물의 뿌리층에서 공생하는 곰팡이)이 그 두 가지다. 생물권이 완벽하게 건강한 상태를 유지하려면 이 두 가지 기능 모두가 필수불가결하다. 따라서 인간이든, 동물이든, 식물이든 병원균을 완벽하게 근절하겠다는 생각은 환상이다. 우리는 언제고 유용한 미생물에도 영향을 미칠 수 있다.

특정한 병원성 바이러스의 일부를 완전히 제거하겠다는 생각을 이론적으로 해볼 수는 있다. 특정한 균류나 박테리아일 수도 있을 것이다. 인간 천연두 바이러스는 비록 성공하지는 못했지만 그런 시도로서 가장 유명한 사례이다(놈들의 숙주 범위가 인간으로 국한되었음에도 불구하고). 하지만 대다수의 병원체는 엄청난 수의 비병원성 유형과 밀접한 관계에 놓여 있는 미생물(곰팡이와 세균)이다. 병원성 미생물과 비병원성 미생물의 이 관계는 무해하던 애초 형태가 자연 돌연변이■(자연 발생적 유전자 변화)를 통해 숙주 생물에 적응해, 병원성으로 바뀌는 광대한 저수지이다.

미생물의 돌연변이 속도가 빠른 것은 이것들의 세대가 짧기 때문

(몇 분에서 며칠)이기도 하다. 고등 생물은 미생물의 이런 특성 때문에 같은 방법으로 자신을 방어할 수가 없다. 상보적 돌연변이를 통해 적당한 저항 수단을 개발해 낸다 하더라도 거의 언제나 때는 너무 늦을 것이다. 왜냐하면 동물과 식물의 세대는 일반으로 훨씬 길기 때문이다(몇 달에서 몇 년).

숙주 생물의 유전자가 다양하면 다양할수록 질병이 전염되어 확산할 확률은 줄어든다. 다채로운 종들과, 개별 종을 구성하는 개체들이 맺는 낮은 관계도(근친 교배 회피, 먼 촌수) 모두에서 유전자의 다양성(생물 다양성)을 확인할 수 있다. 생물이 다양하면 병원체가 질병을 야기해 특정한 종과 그 개체들의 밀도를 제한할 수 있는 가능성이 크게 줄어든다.

생물 군집 biocoenosis ■이 역동적 균형을 이루는 가운데 개별 종이 살아남는 한에 있어서는 공존하는 종들과 개체들이 상호 의존하면서 최적의 밀도가 형성된다. 모든 생물이 생물 군집을 구성한다. 여기에는 병원성 미생물도 들어가는데, 이것들이 그 역동적 자연의 균형을 규제하고 조절하는 셈이다. 이런 관점에서 보면 각각의 개체와 개별 종 모두가 생물 군집의 안정성에 기여한다. 생물학적 원리들에 따라 그들의 구성이 규제 조절되는 한에 있어서는 말이다. 그러나 바로 이 진술은 점점 더 사실이 아니게 돼 버렸다. 인류가 농업 활동을 채택한 것이다.

전환점: 자연을 두려워하던 존재에서 자연을 위협하는 존재로

우리가 자연적인 생물 군집에 점점 더 많이 개입하면서 심각한 결과가 초래됐다. 병원체가 퍼지고, 삶의 여건이 급격하게 바뀌는—전체 생물권 내에서 인류를 제외한 다른 모든 종이 거기에 대처하지 않을 수 없는 현실이다—사태에서 그 사실을 명확하게 알 수 있다. 이런 개입은 다양한 방식으로 이루어졌으며 그 효과가 대단했다.

- 한때 매우 다채롭던 비오톱들이 가축 및 작물화된 종 몇 개와 부속 생물의 대규모 경작지 및 사육지로 계속 전환되었다.
- 전혀 분해되지 않거나 아주 느리게 분해되는 합성물—모든 유기물은 생장하고 분해된다는 생물학의 기본 원리를 어기는 것이다—이 크든 작든 생태계를 계속 오염시켰다.
- 인공 관개 및 다양한 형태로 수자원이 관리되는(저수지, 강의 수로, 습지 배수 등등) 지역에서 지하수면이 낮아지고, 토양에 염류가 축적되었다.
- 지역 및 세계 기후가 엄청난 영향을 받고 있다.(온실가스, 예컨대 화석연료 연소 과정에서 나오는 질소산화물과 이산화탄소 및 메탄(메탄은 쌀 재배와 동물 사육으로도 생성된다). 저수지와 기후 조절원 역할을 하는 삼림 개벌. 산사면과 건조하고 바람이 많이 부는 경작지의 토양

침식)

현재 15억 헥타르 이상의 지구 표면적이 농업 활동에 사용되고 있다. 그 면적의 약 3분의 2가 목초지이다. 전 세계 인류가 경작하는 식량 및 사료 작물의 대종大宗은 몇 종의 곡물(밀, 쌀, 옥수수, 보리)과, 감자, 대두大豆, 고구마, 카사바이다. 가축의 주류는 소, 돼지, 가금, 양, 염소, 말이고, 삼림으로 관리되는 수목은 가문비나무, 전나무, 미송, 포플러며, 양어 생선은 송어, 연어, 농어, 잉어다. 마찬가지로 한쪽으로 치우쳐 있는 것이다. 게다가 이 모든 경작 식물과 사육 동물은 불과 몇 개 아종에서 비롯한 유전적 근연近緣 개체군이다. 인류가 자연적으로 발생 전개되던 비오톱에 개입하지 않았다면 이런 식의 사태는 결코 없었을 것이다.

이렇게 불안정한 개체군을 유지하려면 활수滑手한 처우가 필수이다. 또한 이런 개체군은 병원균과 기타 해충으로부터 정교한 보호책도 강구해 줘야 한다. 밀과 옥수수와 감자 밭, 목초지, 돼지와 가금류 사육 시설, 송어 양식지, 가문비나무 숲은 인류 생존의 토대일 뿐만 아니라 무수한 병원균 및 기타 다수의 천적과 약탈꾼들한테는 풍부한 광맥이기도 하다. 떼까마귀, 비둘기, 참새, 곰쥐와 생쥐, 메뚜기, 나무좀, 진딧물을 떠올려 보라.

이런 대량 농업 형태는 때 묻지 않은 자연에서는 존재하지 않는다. 미생물 진화의 이상적인 시험 포장試驗圃場, experimental field인 셈이다. 예컨대, 병원균은 새로운 유형의 숙주 식물과 동물에 더 잘 적응하기 위해 거듭해서 돌연변이를 시도한다. 현대로 접어들면서 항공 여행이 더 빠르고 더 자주 일어나고 있다. 온갖 격리 조치에도 불구하고 병원균이 전 세계로 퍼지면서 위험을 초래할 가능성이 아주 분명해진 것이다.

갖은 사태 전개의 양면성은 여기서도 확연하게 드러난다. 인간 진화의 관점에서 보면 인류는 다른 종들과의 경쟁에서 대승을 거두었다. 인류가 맨 처음에는 위험천만했던 온갖 포식자 동물보다 뛰어나다는 것이 밝히 드러났다. 인류로 말미암아 온갖 경쟁자와 적이 더 이상은 위험하지 않은 규모로 그 수가 줄었거나 완전히 사라졌다. 인류의 지력과 기술만으로 이 일을 성취할 수 있었던 것은 아니다. 외견상의 이 성공은 인구 밀도가 어마어마하게 증가하고, 공동으로 사용하는 서식지의 몫이 점점 더 많이 필요해진 사태가 크게 작용한 결과다.

하지만 가축화된 동물과 작물화된 식물 및 인간 개체수가 크게 증가하고(해충과 병원균은 말할 것도 없다), 우리의 한정된 서식지에서 널리 퍼지며 다른 종과 그 개체가 희생을 당했기 때문에 포식자 동물 외에도 다른 많은 경쟁 종이 밀려나지 않을 수 없었다. 포식자 종들만 멸종 위기에 처하거나 멸종한 게 아니다. 그저 오그라드는 생물 피라미드의 정점에서 이들이 가장 눈에 띄는 것일 뿐이다.

인류 때문에 다른 많은 종이 어쩔 수 없이 생물상에서 쫓겨났음을 고려하면 이 목록조차 매우 불완전하다. 생물학적 필요를 훨씬 뛰어넘고, 해서 생태계를 추가로 망실시키는 인류의 행동 양상을 그 목록은 고려하지 않았기 때문이다. 사치재가 거리낌 없이 소비되고 있다(모피, 바다거북, 캐비아 등등). 형편없는 기술을 고안하거나 스포츠 또는 오락을 위해 기술을 사용하는 것(버팔로·타조·기타 조류를 사냥하는 일)도 그런 활동 중에 가장 흔한 것들이다.

60억 이상의 인구가 나머지 생물권에 어쩔 수 없이 끼치는 최소의 영향조차 이미 충분히 위협적이다. 바로 그렇기 때문에 사태가 이렇게 전개되는 것을 신속히 종결해야 한다. 기성의 수단으로 인류의 생존을 이 이상 안정되게 하는 일은 불가능해 보인다. 인류가 최적의 인구 밀도를 초과한 이후로 자연계는 더는 위협적인 존재가 되지 못했다. 거꾸로 인류가 자연을 위협하게 된 것이다. 인류의 생존을 안정적으로 도모하겠다는 목표—기실 우리는 무의식적이고 본능적으로 그 목표를 달성하려 했다—는 절대적일 수가 없다. 그것은 상대적 과제일 뿐이다.

생물권 전체에서 절대적 안정이란 있을 수 없다. 개체도 그렇고, 종도 마찬가지다. 사태가 점점 더 명확해지고 있지 않은가?

진화는 되돌릴 수 없고, 인류 문화의 역사도 반복할 수 없기 때문에 전환점이 정확히 언제였는지 지정하는 일은 전혀 중요하지 않다. 더 중요한 것은 우리가 그 시기를 정말이지 넘어섰음을 깨닫고, 요구되는 결론을 끌어내겠다는 결연한 태도일 것이다.

우리는 성공했고, 책임질 일이 생겼다. 인류 발달사의 두 번째 단계를 통해 우리는 불가피하게도 전체 지구 생물권의 수호자가 되고 말았다.

세 번째 단계: 생물권을 보호하라

우리가 두 번째 단계가 끝났음을 되돌아 볼 수 있다는 사실이 세 번째 단계가 시작되었음을 알려준다. 인류와 병원체가 맺는 양면적 관계를 보면 우리가 세 번째 단계로 이행했다는 것을 바로 알 수 있다. 물론 인간에게 악영향을 미치는 병원성 미생물과 바이러스는 항상 있었다. 그러나 14세기와 15세기에 유럽을 강타한 흑사병 대유행은 유동성, 인구 밀도, 주민의 도시 집중이 결정적으로 증가했음에도 그에 걸맞은 위생 조치가 수반되지 않았기 때문에 그만큼 더 심각했던 것이다. 지식과 기술 수단이 없는 동물 개체군이 그렇게 밀집해 살았다면 그 악영향은 훨씬 더 심했을 것이다.

계몽주의와 함께, 초보 단계였던 의료 분야에서 과학/기술 혁명이 시작됐다. 구체적인 전염병 치료책은 나중에야 시도되지만 말이다. 하지만 과학/기술 혁명이 정확히 언제 시작되었는지를 획정하는 일은 신석기 혁명이 시작된 때를 지정하는 것만큼이나 어렵다. 두 사건 모두 구식의 생활 형태에서 진보적인 삶의 방식으로 매끈하고 부드럽게 이행하는 과정을 보여줬다. 두 혁명이 얼마나 근본적이며 되돌릴 수 없는 사건이었는지는 완벽한 도약이 이루어지고 나서야 비로소 알 수 있었다.

질병의 예방과 치료는 두 가지 이유에서 우리가 세 번째 단계로 이행했음을 입증하는 꽤나 적절한 사례이다. 한편으로 우리는 과학과 기술이 엄청나게 진보했음을 안다. 그러나 다른 한편으로 완벽을 성취할 수 없다는 사실도 밝히 드러났다. 흑사병과 기타 다수의 고전적인 전염병(결핵, 장티푸스, 콜레라 등등)은 오늘날 그 원인을 상당 정도 통제할 수 있다. 적어도 산업 선진국들에서는 그렇다. 예방 접종, 항생제 치료, 병원균 매개체 근절(흑사병의 경우 쥐와 벼룩)을 통해 그런 일이 가능했다.

그러나 치료가 쉽지 않은 바이러스성 감염증의 확산 사태(예컨대, 에이즈와 유행성 독감)는 거의 손을 쓰지 못했다. 현재까지 해서 가장 심각한 독감 대유행은 1918/1919년 겨울의 "스페인 독감"이었다. 스페인 독감이 전 세계적으로 유행하면서 약 2000만 명이 죽었다. 에이즈가 유행하면서 빚어낸 치명적인 결과는 현재로선 예상하기가 힘들다. 인류가 기르는 가축과 애완동물도 처지는 비슷하다(가령, 조류 독감). 인류한테 가장 중요한 작물들도 비슷한 문제에 직면했는데, 이 사안은 앞으로 살펴볼 것이다.

이쯤 해서 근본적인 얘기를 해야 할 것 같다. 인구가 폭발했고, 생물권의 균형이 점점 더 불안정해졌으며, 그 평형 상태는 과학/기술 혁명의 기략機略으로만 유지 보존할 수 있다. 그러나 점점 더 많은 종이 멸종하거나 안정화 역할을 내놓으면서 불안정성이 크게 증대했다. 인류의 과제가 점점 더 아슬아슬한 모험의 성격을 띠는 것이다.

신속하고도 강력하게 현재의 인구수를 줄여야 한다는 것만이 우리의 결론이다. 현재로선 실현 불가능한 계획처럼 보이지만 말이다. 인류 생존의 토대가 놓이고 안정화를 이뤄낸 시기는 지났다. 세 번째 단계에서는 양적 성장을 질적 진보로 대체해야 한다.

하지만 장기적으로 보면, 이 목표는 전혀 공상적이지 않다. 지금 당장 그 목표를 달성하는 것은 절대적으로 불가능하다. 그러려면 견딜 만한 과도적 이행기를 궁리해 내는 엄청난 노력이 요구된다. 인간의 정신과 손이 생물학적으로 진화하는 데서도 정성적 원리qualitative principle가 오랫동안 유력하게 작용했다. 인류 문화의 발달 진보를 결정하는 데서 그 정성적 원리가 더 커다란 역할을 해서는 왜 안 된단 말인가? 우리를 에워싸고, 지탱해 주는 자연계를 다루고, 보존하고, 발전시키는 방식이 바로 인류의 문화인데 말이다.

지구의 인구는 계속해서 극적으로 증가 중이다(현재 매년 8000만 명씩 늘고 있다). 우리 코앞에 과학과 기술을 활용해야 하는 문화적·생물학적 과제가 놓여 있는 셈이다. 과학과 기술은 그 자체가 목적이거나 지금까지 목적 없이 발전해 온 결과라는 식의 호사스러운 지위나 평가를 누릴 처지가 아니다. 우리의 생물권을 최적의 상태로 보호하는 수단이어야만 하는 것이다. 이 과제를 완수해야 인구 곡선이 취하는 경로(인구수가 줄어든다면 언제, 어떤 상황에서, 얼마나)가 크게 바뀌리라.

과학/기술 혁명은 과학과 기술 그 자체만큼이나 양면적이었고, 양면적이다. 사회·경제·의료-위생·의학-치료 여건이 급속도로 개선되었다. 오늘날의 공업 선진국에서는 이 진술이 특히 더 사실이다. 사람들이 더 오래, 더 건강하게 살 수 있는 결정적 계기가 마련되었다. 과학/기술 혁명이 그렇게 인구가 폭증하는 데서 중요한 역할을 수행했다. 그러나 또한 기성의 피해와 훼손을 지속 가능한 방식으로 최대한 복구 수리할 수 있는 유효적절한 방법도 과학/기술 혁명뿐이다. 비록 상황을 바로잡는 노력과 활동에는 현재 활용되는 것보다 크게 향상된 기술이 요구되지만 말이다.

이렇게 보면 인류 진화의 두 번째 단계가 끝나고, 세 번째 단계가 시작되는 기산점이 과학/기술 혁명이 된다. 다른 무엇보다 이 세 번째 단계의 과제가 성공하려면 인구 밀도가 위험할 정도로 높은 데다가 계속 높아지는 현 시기에 지속 가능하고, 환경 친화적인 농업 방식을 반드시 안출해 내야 한다.

농업 활동의 상충하는 측면들

*땅, 풍경, 농민, 농업 경제학, 농업*은 상충하는 용어와 개념 들이다.

땅/육지/토지 land는 마이어스 백과사전 Meyers Encyclopedia에 따르면 "해수면보다 높이 솟아 있는 지구 표면의 일부," "도시 외곽 지대로, 흔히는 농업 활동에 사용되는 곳"의 동의어이다. (영어판 옮긴이의 주: 독일어 Land의 두 번째 의미는 '시골(농촌, 농토)'이다.) 첫 번째 정의를 따르면 땅은 비수중 생물권 non-aquatic biosphere 전체이다. 두 번째 정의에서 땅은 도시 아닌 곳이다. 도시는 그 자신을 생

존 가능케 해주는 곳의 일부이거나 그 정반대라고 할 수 있겠다.

이 말은 도시와 농촌의 상호의존성이 양면적이라는 얘기다. 도시가 많아지고 커질수록 주거 공간이 확대되고, 식량도 더 많이 생산해야 한다. 도시가 생존하는 데 따르는 비용을 농촌 또는 시골이 치르는 것이다. 휴식과 오락은 물론이고 도로, 철도, 물, 항공 교통에 필요한 토지가 계속해서 점점 더 많아진다는 사실도 보태야겠다. 주거 및 농업과 꼭 마찬가지로 이런 부지에도 비옥한 토지가 필요하다. 결국 생물 종이 풍부했던 자연의 비오톱을 희생해야 한다. 비행기에서 인간들이 정착한 거주지를 보면 토지를 수용해 사용하는 활동이 얼마나 광범위하게 이루어지는지를 생생하게 느낄 수 있다(그림 2).

풍경/경관 landscape 은 전체로서의 땅과 대비되는, "지구 표면의 특정 부분을 가리키는 명칭으로, 겉모습 및 우세한 지질학적 요소들이 상호 작용한 결과 주변 지역과 구별되는 독특한 특성을 지닌 곳"이다. 이 정의에 따르면 풍경은 뭔가 개별적이고 독특한 곳이다. 이런 이유로 풍경에는 생물학적·경제적 가치뿐만 아니라 심미적이며 정서적인 가치가 있다. 풍경화, 조경 설계, 경관 보전, 자연 보호 같은 용어들을 떠올려 보라. 우리가 풍경의 가치를 잘 알고, 또 강조함을 알 수 있다. 사막, 스텝, 사바나, 정글, 남극을 제외하면 오늘날 거의 모든 풍경은 인류가 의도 기획하고, 설계해, 영향력을 행사한 문화적 경관이다. 풍경의 압도적 대다수는 농업 활동에 사용된다.

*농부/농장 경영자*farmer는 땅을 경작할 뿐만 아니라 "관리 및 운영"도 하는 사람이다. 현재 농민은 우선순위가 상호 충돌하는 문화적 과제들과 식량 생산 업무 사이에 포박당해 있다. 이제 농부들은 스스로를 (다시 한 번 마이어스 백과사전을 인용하자면) "경영자"로 인식해야 한다. 당대의 직업 이름들을 보더라도 이런 개념 규정의 풍경을 알 수 있다. 독일에서 농부들은 받는 교육에 따라 명장 농부master farmer, 농업 기술인agricultural technician, 농업 기사agricultural engineer, 농업 공학자certified agricultural engineer, 농업 생물학자certified agricultural biologist, 농업 경제학자certified agricultural economist가 될 수 있다. 현대 농부의 바뀐 사회적 위상뿐만 아니라 경제학과 기술과 과학이 발휘하는 지배적 역할에 농업이 통합된 현실도 알 수 있는 대목이다.

이런 사태 전개로 산업 선진국들의 농업 부문에는 소수의 전문화된 인력만이 종사하고 있다. 불과 2~3세기 전만 하더라도 인구의 압도적 대다수가 농업에 종사했다. 중유럽에서는 1800년경 80퍼센트가 농업 인구였다. 오늘날 이 수치는 5퍼센트 이하로 떨어졌다. 농부들이 맡는 문화적·생태적 과제의 중요성이 크다는 사실을 절대 다수 국민이 거의 이해하지 못하는 현실이 놀랍지 않은 이유다. 생산성이 높아야 하고, 품질이 좋아야 하며, 다양성까지 풍부한 데다, 이 모든 것을 낮은 가격으로 해내야 한다고 요구하는 다수 국민의 경솔한 태도(사회적·경제적 상황과 무관하게)에서 이 점이 분명하게 드러난다!

경제학/경제 economics는 유력하고 지배적인 관점이다. 규모와 중요성을 고려할 때 농업이 세계 경제에서 가장 중요한 부문이라는 사실에는 의심의 여지가 없다. 전 세계가 온갖 복잡한 방식으로 상호의존함에 따라 오늘날 경제의 구조와 전개 양상은 농업의 모든 측면에 그 영향을 끼친다. 농업 전체가 이 상황을 피해 가지 못한다. 특수한 환경("유기농 시장")에 놓여 있다고 할 수 있는 극소수의 개별 농민도 예외가 아니다. 올바르게도 더 환경 친화적인 농업을 요구하는 사람들이 흔히 이 사실을 무시한다. 더 환경 친화적인 농업을 하려면 기본적인 경제 환경이 근본적인 차원에서 크게 바뀌어야 함을 모르는 것이다. 변화를 맨 먼저 요구해야 할 곳은 정치 제도와 사회다. 특히 소비자가 바뀌어야 한다. 농업은 그다음인 것이다.

결국 농업 agriculture은 매우 복잡한 구조의 일부다. 그것이 탄생한 신석기 시대 이래로 사회적·경제적·기술적·과학적 변동이 끊임없이 일어난 복잡한 체계인 것이다. 이들 각각의 측면은 모두 여러 방법으로 떼어내 볼 수 있다. 과학과 기술의 경우는 특히나 더 그렇다. 현대의 농업이 지난 몇 세기 동안 과학과 기술로부터 결정적 동력을 얻었기 때문이다. 2장에서 그런 얘기를 어느 정도 했다.

자극제 내지 촉진자였던 많은 것이 그사이에 필수적 요소로 자리를 잡았다. 육종 외에도 합성 비료와 살충제—과학적 농화학 부문의 가장 중요한 결과물이다—가 20세기에 중요한 역할을 했고, 농업 산출량이 엄청나게 증가했다. 이것들이 전 세계인의 식사량과 식습관이 바뀌는 기초적 토대로 작용했다. 하지만 파종, 수확, 가공 처리 기술의 기계화(수확량과 수익성을 조금 더 개선해 주는데, 이것도 기업의 규모와 조직 체계, 노동력 비용, 인력 시장 등등에 좌우된다), 화학비료, 살충제보다 훨씬 중요한 것은 거의 언제나 산출 및 생산 비용을 결정하는 요소들이다.

이런 식의 사태 전개에도 두 측면이 있다. 농약을 사용하지 않으면 60~70억의 인구를 먹일 수 없다. 하지만 농약 사용으로 많은 토양과 물이 크게 오염됐고, 공기도 상당한 정도로 같은 처지에 놓이게 됐다.

시비(施肥)와 토양 고갈

토질을 기름지게 하는 활동은 농화학 산업의 중요한 일부다. 험프리 데이비Humphrey Davy와 유스투스 폰 리비히Justus von Liebig, 기타 19세기의 농화학자들이 통찰한 식물 영양학의 기초 사실들이 처음에는 그리 널리 받아들여지지 않았다. 하지만 그런 세태는 시간이 지나면서 해결됐다. 토양이 침출 고갈되었기 때문이다.

유럽 민족들의 대규모 이주가 마무리된 9세기부터 18세기가 시작될 때까지 약 1,000년 동안 중유럽 농업 체계의 대종은 밭을 세 개로 분할하는 윤작법(겨울 곡물-여름 곡물-휴한지)이었다. 땅에서 빠져나간 영양분은 가축의 거름, 부엽토腐葉土, 숲이나 토탄土炭 지대에서 가져온 식물 잔류물을 첨가해도 다시 충분히 채워지지 않았다. 농토가 척박해졌고, 농지를 확대하는 벌충 방안을 시도하지 않을 수 없었다. 중세 말에 인구가 잠시 줄어들기도 했지만 근대에 들어 곧바로 다시 폭발하기까지 했다. 산악 지대, 늪, 해안 지역 등 당시만 해도 열악한 위치라 할 만한 곳조차 농지로 바꿔내야만 했다.

많은 땅이 이내 침출되었을 뿐만 아니라 농지를 확대하는 활동도 한계에 봉착했다. 18세기 말과, 심지어 그다음 세기까지도 일련의 대응 조치가 취해졌다. 기존 농토에서 농업 생산을 늘리려는 조치였다.

- 휴한지에 사료 작물을 심었다. 대개는 공중 질소atmospheric nitrogen를 고정해 주는 콩과 식물이었다. 그렇게 하면 더 많은 가축을 기르는 것도 가능했다.(클로버, 알팔파, 루핀, 샌포인sainfoin, 완두콩, 잠두)
- 밭을 일구는 기계, 파종 기계, 수확 기계를 개발했다.(예컨대, 쟁기질로 생기는 고랑을 깊게 만들면 토지를 더 집약적으로 이용할 수 있었고, 써레질로 잡초를 더 효과적으로 억제할 수 있었으며, 전반적으로도 작업 능률이 향상됐다.)
- 유기질 비료에 광물질이나 광물질 비료를 추가했다.(석회, 이회토泥灰土, 질산칼륨(칠레초석), 조분석鳥糞石, guano, 재거름, 골분骨粉)
- 밭을 세 개로 나누거나 윤작하는 체계를 서서히 개선했다.(곡물과 초본 식물을 매년 교대로 심었다. 토양의 종류에 따라 보통 감자, 사

탕무 또는 근대를 심었다.)

과학과 기술이 발달했고, 이 각각의 개선 조치와 발전 양상이 크게 촉진되었으며—식물 품종 개량, 시비법, 살충제 분야에서 특히—, 진보는 오늘날까지도 계속되고 있다. 식물 물질대사의 기본 원리가 새로이 밝혀졌고, 과거보다 훨씬 더 목표 지향적으로 접근할 수 있게 됐다.

식물은 동물과 다르다. 빛을 화학 에너지로 바꿔내는 능력이 대표적이다. 결국 공기 중의 이산화탄소가 유기 물질로 바뀐다(광합성■). 미생물 가운데 일부를 예외로 하면 지구상의 모든 생명체는 직접이든 간접이든 이 광합성 작용에 의존한다. 다른 어떤 물질대사와 화학 구조에서도 식물과 다른 형태의 생명 사이의 차이가 이만큼이나 크지 않다. 원칙적으로 모든 유기체와 그 세포는 구조가 비슷하다. 거기에는 물 말고도 지질, 수많은 유기 질소·인·황 화합물, 칼륨, 나트륨, 칼슘, 마그네슘, 철, 구리, 아연, 기타 무기 미량 원소가 들어 있다. 이 모든 게 음식(식량)으로 섭취돼야 하는 것이다.

식물이 주되게 영양분을 획득하는 방식은 뿌리를 통해서이다. 그런데 흙 속의 각종 유기체가 식물에 상당한 도움을 준다. 이들 토양 생물 가운데 일부, 예컨대 곰팡이는 식물의 뿌리 체계와 공생 관계를 맺고 있다. 서로 혜택을 주고받는 균근菌根, mycorrhiza ■ 관계인 것이다.

식물은 이산화탄소와 소량의 물을 잎에 난 작은 구멍을 통해 직접 흡수한다. 다른 온갖 영양소와 대부분의 물은 유입 경로가 흙이다. 자연 조성 때문일 수도 있고, 농업 활동으로 땅이 이미 고갈되었기 때문일 수도 있는데, 한 개 이상의 영양소가 결핍되는 일이 비일비재하다. 그렇게 해서 식물의 생육이 지장을 받는 것이다. 최상의 농업 활동을 하려면 이렇게 없어진 영양소들을 다시 땅에 첨가해줘야 한다. 인류는 수천 년 동안 그런 활동을 해왔다. 이유는 몰랐지만 유기질 시비가 효과적이라는 것을 경험을 통해 알았던 것이다.

현대의 농화학자들이 여러 원소를 연구하고 나서야 비로소 우리는 식물의 물질대사를 알게 됐다. 식물은 복잡한 구조를 만들어주는 기본 원소 모두를 땅에서 광물(무기물) 형태로 얻는다. 물론 탄소와 산소는 예외다. 두 원소는 대기 중의 이산화탄소로부터 얻는다. 식물의 영양원이 이렇듯 순 무기물인데 반해 동물은 자신들의 식량원으로 식물과 다른 동물(결국 간접적인 방식으로 식물)에 전적으로 의존한다. 아리스토텔레스 시절에 득세해 18세기까지 유행한 생각, 그러니까 식물의 영양소는 토양의 유기물이라는 주장은 그릇된 것으로 밝혀졌다.

이 새로운 지식을 바탕으로 정확한 계산에 기초한 무기물 시비가 이뤄져 구체적 식물의 영양 상태를 개선할 수 있었다. 토양을 분석하자 온갖 결함과 부족 상태가 밝히 드러났다. 미량 원소가 대표적이다. 모든 식물 종의 영양 필요조건이 확인됐고, 그에 따라 비료도 최적화됐다. 물을 충분히 쓸 수 있고, 토양의 생물학적 상태(박테리아, 진균류, 작은 동물)가 건강하고 순조롭다면 최적의 시비를 통한 생육과 산출을 제한할 수 있는 요소는 작물 자체의 유전자 구조와 기후, 경쟁자(잡초), 해충뿐이다.

식물한테 필요한 것은 무기 영양소뿐이므로 산업 폐기물이나 자연 광물을 가지고서 인공 합성 비료를 제조할 수 있다(광재 석회, 앨버트 슬랙Albert slag〔시드니 길크라이스트 토머스Sidney Gilchrist Thomas가 제조법을 발견한 비료 — 옮긴이〕). 다른 온갖 무기질 비료와 달리 제대로 된 질소 화합물 비료는 처음에 칠레초석과 조분석으로만 입수할 수 있었다.

공중 질소로부터 암모니아를 합성해 내는 하버-보슈법Haber-Bosch process이 20세기 초의 커다란 개가로 인정받은 이유다. 그렇게 해서 식물이 쉽게 흡수할 수 있는 암모늄염이 대량으로 생산됐다. 질소 비료가 엄청나게 제조돼 사용된 것은 말할 것도 없다. 그러나 암모늄을 생산하려면 무척 많은 에너지가 필요하고, 에너지 생산으로 환경이 입는 충격도 점점 더 커다란 난점이 되고 있다. 그렇기 때문에 질소 비료가 전혀 필요 없는 콩과 식물은 아주 흥미롭다. 흔히 간작으로 심는 녹색 거름인 "질소 고정▪ 식물"은 필요한 질소를 공중에서 간접적으로 얻는다. 뿌리혹에 있는 공생 박테리아(근류균根瘤菌, rhizobia)가 이 과정을 지원한다.

하지만 중요한 농업 작물들은 이런 구조의 수혜를 받을 수가 없고, 무기 질소를 포함해 온갖 영양소를 공급받아야 한다. 그래서 합성 비료를 사용해야 하는데, 비용이 아주 많이 들지만 효과는 상당하다. 결국 화학 비료가 농업 생산 활동의 필수적 요소로 자리를 잡았다. 지난 몇십 년 동안 농업 산출량이 크게 증가하는 데서 화학 비료가 상당한 역할을 한 것이다. 하지만 동시에 자본 지출 압박이 심화되면서 비용-편익 분석을 정확하게 수행하지 않을 수 없게 됐고, 잡초, 해충, 질병이 야기하는 생장 및 수확 손실에 맞서 보호책을 강구하는 과제도 떠안아야 했다.

잡초와의 싸움

우리는 밭에서 공간, 영양소, 물, 빛을 두고 경쟁을 해야 하는 달갑지 않은 존재를 "잡초"weed라고 부른다. 잡초는 농업 활동에 시종일관 수반돼 온 자연스러운 특징이다. 생육에 관한 한 대다수의 잡초는 작물에 비해 상당한 이점을 누린다. 그도 그럴 것이 작물은 특정한 유형과 수량의 산출을 목표 삼아 편파적이랄 수 있는 방식으로 육종되었기 때문이다. 작물은 이런 사실로 말미암아 타고난 경쟁 능력이 약화되었으며, 인간의 관리와 보호 활동에 의존한다.

대개 잡초는 빠른 성장, 엄청난 복원력, 높은 증식률, 오랜 기간 살아남는 씨앗을 그 특징으로 한다. 많은 잡초의 씨앗이 토양에서 수십 년간 살아남는다. 대다수의 잡초는 토종의 야생 초본 내지 풀로, 오랜 세월에 걸쳐 토양과 기후 조건에 적응했다. 한편으로 다른 지역이나 대륙의 강성 식물ruderal plant〔강인해서 잘 적응하는 일명 "잡초 같은" 식물로, '강성 식물'은 옮긴이가 한국어 사용자 집단에 제시하는 잠정 조어임—옮긴이〕과 다른 아종의 작물이 꾸준히 도입되고 있다. 민들레와 고사리는 적응할 수 있는 기후대가 넓어, 전 세계로 퍼진 식물계의 "세계 시민"으로 유명하다.

체계적으로 윤작을 하면 경작법을 자주 바꾸게 돼, 결과적으로 달갑지 않은 식물의 생육 조건이 끊임없이 바뀌기 때문에 잡초를 통제하는 방법으로 요긴하다. 그런데 현대 농업의 윤작법은 점점 더 단순화·규격화돼 가고 있으며(유럽연합 국가들의 경우 곡물이 전체 작물의 80퍼센트에 육박한다), 결국 정반대의 효과를 낳았다. 잡초 개체군이 번성할 수 있는 생육 환경이 확고하게 구축된 셈이다. 그러나 조건이 더 유리하다고 해도 잡초 통제 노력을 지속적으로 하지 않으면서 작물을 재배하겠다는 생각은 큰 규모든(논밭 농사), 작은 규모든(마당의 텃밭) 꿈도 꿀 수 없는 일이다.

수천 년간 지속되었으니 가장 오래되었다고 할 수 있는 잡초 통제 방법은 직접 손으로 뽑거나 도구(괭이와 써레)로 제거하는 것이다. 지난 수십 년 동안 인류는 잡초를 화학적으로 통제해 버리는 물질(제초제)을 사용했고, 그 활동의 효율성이 대폭 신장되었다. 이 근본적으로 새로운 방법 덕택에 산출량이 크게 증가했다. 하지만 또한 현대의 농업에 상당히 해로운 환경적 요소가 되기도 했다.

그러므로 부작용을 최소로 한 제초제 내성은 흔히 오해되고 있지만 식물 품종 개량의 중요한 목표다. 제초제 사용과 그로 인한 영향의 예를 몇 개 들 텐데, 전후 맥락을 파악하는 데 도움이 될 것이다.

제초제는 합성 화학 물질로, 수백만 가지 화합물을 실험한 후 잡초 통제에 사용해도 좋다는 결정이 경험적으로 내려진 물질이다. 제초제는 화학 구조의 변형을 통해 더 한층 최적화되는 경우가 많다. 제초 효과가 있는 수많은 물질이 현재 사용 중이다. 각각은 화학적 성질과 효과가 크게 다를 수도, 별반 차이가 안 날 수도 있다. 하지만 공통점도 있다. 이것들이 구체적인 작용 방식을 통해 다른 생물체보다는 식물에 더 많은 위해를 가한다는 점이 그것이다. 살충제가 곤충과 벌레를 선택적으로 죽이거나 그 활력을 제한하고, 살진균제■가 곰팡이를 선택적으로 죽이거나 그 활력을 제한하며, 살균제가 박테리아를 선택적으로 죽이거나 그 활력을 제한하듯 제초제herbicide(라틴어 herba는 풀, 잡초이고, -cide는 라틴어 caedere에서 온 말로 죽인다는 뜻이다)도 살생물제biocide의 일종이다.

제초제는 쓰는 방법과 작용 방식에 따라 접촉성contact 제초제와 토양 사용soil-applied 제초제로 나눈다. 둘 모두는 선택적으로 작용해 특정한 식물에만 영향을 미칠 수도, 무차별적으로 작용해 닿는 식물은 뭐든 죽일 수도 있다. 뭐든지 다 죽이는 후자를 우리는 종합 제초제total herbicide라고 한다. 종합 제초제는 온갖 식물에 발휘되는 탁월한 효과 때문에 철로, 주차장, 공용 도로에 흔히 사용된다. 반면 농업 분야에서는 작물보다는 잡초 제거에 더 효과적인 선택적 제초제가 쓰인다. 그러나 제초제도 항생제나 다른 약물과 마찬가지로 문제를 가지고 있다. 부작용이 전혀 없는 주효 물질effector substance 같은 것은 없는 것이다.

농업 분야에서 사용되는 제초제는 갑절로 까다로울 수밖에 없다.

잡초에는 위력을 발휘하면서도 작물에는 그래서는 안 되는 것이다. 다른 생물은 제외하고 잡초에만 위해를 가하려면 광합성 같은 식물 고유의 작동 메커니즘이나 식물 물질대사의 다른 분명한 특성들에 개입해야 한다. "성장 촉진 제초제"growth-promoting herbicide를 사용하면 과대 생육과 조기 고갈을 유도할 수 있는 바, 씨를 퍼뜨리지 못하는 무해한 상태로 만들 수도 있다.

농업에서는 제초제 둔감성이 중요하다. 우리는 상대적으로 둔감한 식물을 제초제 내성이 있는 식물로 간주한다. 비생물학적 스트레스 요인, 가령 제초제, 염분, 건조한 상태, 열, 추위, 기타 온갖 유형의 화학적·물리적 스트레스에 둔감한 정도를 논할 때는 항상 *내성*tolerance이라는 용어를 쓴다. 생물학적 스트레스 요인, 예컨대 병원균, 곤충, 선충 따위를 얘기할 때는 내성이 아니라 *저항력*resistance ■이라는 말을 쓴다는 점도 구별해 두자.

작물이 합성 화학 물질들에 보이는 선택적 내성은 다른 형태의 내성과 비교할 때 꽤나 희귀하다. 이유는 간단하다. 제초제가 식물 보호용으로 사용된 게 몇십 년에 불과하기 때문이다. 오랜 세월 존재해 온 다른 형태의 위협들에 대한 저항력 내지 내성과 비교해 보면, 식물이 자연 진화 과정을 통해 화학 물질 내성 메커니즘을 키웠으리라고는 전혀 기대할 수 없다. 지구상의 식물은 적절한 자기 방어 메커니즘을 개발하는 데 탄생 이후로 4억 년 이상이 걸렸다.

그런데 현대의 농업 활동으로 다수의 병원균과 해충에게 완전히 다른 조건이 창출됐다. 불리하기만 한 상황이 결코 아닌 것이다.

병원균 및 유해 동물과의 싸움

인류와 꼭 마찬가지로, 대규모로 번식된 작물도 천적에게는 광대한 번식의 토양이다. 식물 병원성 곰팡이와 박테리아와 바이러스의 신속 적응형 변종■들이 입지를 구축하고 확산하는 데서 단 몇 개의 주식 작물이 대규모로 경작되는 것보다 더 나은 환경을 생각하기도 쉽지 않은 일이다. 흔히 질병을 매개하는 곤충과 다른 소형 동물들에도 똑같은 얘기를 할 수 있다. 놈들은 숙주 식물이 퍼져나가는 만큼 잎, 열매, 뿌리 해충의 형태로 똑같이 퍼진다(찌르거나 빠는 습성의 특정한 곤충들이 다수의 바이러스도 옮긴다). 일부 곤충, 거미, 진드기, 선충(회충)은 미생물만큼이나 세대 간격이 짧다. 식물의 방어 체계를 돌연변이로 극복할 수 있는 능력이 그만큼 대단하다는 얘기이다.

한쪽으로 치우쳐서 대량 증식된 조건 외에도 식물 육종가들이 식량원에서 거슬리는 향미나 독소를 제거해 버리는 바람에 상황이 크게 악화됐다. 제거된 문제의 식물 구성 성분이 거슬리는 특성을 바탕으로 병원균과 해충에 맞서는 데서 중요한 역할을 하기 때문이다.

농부라면, 아니 아마추어 원예가만 돼도 경험을 통해 누구나 안다. 밭과 정원에 미생물과 작은 동물이 무수히 많고, 놈들이 엄청난 규모의 피해를 야기할 수 있음을 말이다. 진균성 질병fungal disease(마름병, 개선疥癬(옴)), 바이러스에 감염돼 말려 올라가거나 발육이 멎은 잎사귀, 선충·달팽이·진드기·진딧물·감자딱정벌레·초파리·이것들의 애벌레 등의 유해 동물로 인한 산출량 감소는 잘 아는 피해 사례들이다. 일부 지역에서는 일명 "알라의 재앙"이라는 메뚜기 떼가 심각한 위협으로 작용하기도 한다. 1873~74년에는 중유럽의 더 온화한 기후대에서도 메뚜기 떼가 대규모로 출현했다. 큰 동물, 가령 설치류와 조류도 수확물을 놓고 우리 인류와 다툰다. 독소가 제거돼 천연 억제력이 약화된 식물의 경우가 대표적이다.

우리는 다시 한 번 합성 화학 지식을 바탕으로 어느 정도 선택적으로 작용하는 화합물을 썼다. 곰팡이에는 살진균제를, 곤충에는 살충제를, 진드기에는 진드기 구충제를, 선충에는 살선충제를, 쥐에는 특수 제조한 쥐약 등등을 말이다. 엄청난 연구 노력에도 불구하고 바이러스는 여전히 통제하기가 어려운 상황이다. 놈들이 독립적인 유기체가 아닌 데다가 숙주의 세포 속에서만 번식을 하므로 바이러스를 잡으려다 숙주에까지 피해를 줄 수 있기 때문이다.

원리를 따져보면, 잡초에 적용되는 얘기를 여기서도 똑같이 할 수 있다. 화학 지식을 동원해 질병과 해충을 통제하려는 노력이 지배적인 방법으로 부상했는바, 우리는 장기간의 경험 연구로 선택적 효력이 입증된 물질을 사용했다. 하지만 어떤 물질도 부작용에서 완벽하게 자유로울 수는 없고, 선택적 효력이라는 것도 각각의 유기체 집단에 따라(예를 들어, 곤충들) 미흡한 경우가 많기 때문에 해충과 유익한 종 모두가 영향을 받는 일이 비일비재하다. 유익하거나 적어도 무해한 곤충들이 피해를 입은 사례로 꿀벌과 나비를 들 수 있다. 오로지 이 이유 때문만은 아니지만, 꿀벌과 나비 다수가 위험에 처해 있다.

화학 물질로 식물을 보호하는 조치가 성공을 거두었지만 명이 있으면 암도 있는 법. 인류의 먹이 사슬을 포함해 상이한 먹이 사슬들에 독성 물질이 축적됐고, 점점 더 통제하기 어려운 내성 해충 개체들이 늘어났으며, 토양의 미생물상과 소형 동물들이 수축하고 급감했다. 몇 종의 생물만이 기승을 부리는 현실은 그 가시적인 결과다. 예컨대, DDT dichloro-diphenyl-trichloroethane 처럼 강력한 살충제인 몇몇 유기염소제는 그 문제점이 아주 확연했다. 화학 반응을 거의 하지 않아서 자연 분해가 일어나지 않는 것이다. 불과 20~30년 전까지만 해도 탁월한 접촉성 농약으로 칭송받으며 광범위하게 사용되었지만 이제는 대다수의 국가가 강력하게 규제하거나 금지한 상태다.

화학적 식물 보호책을 대체하거나 보충할 유익한 방법으로, 여러 생물학적 해충 통제법이 있다. 이 방법이 매우 유익한 이유는 환경에 미치는 영향이 미미하거나 전혀 없기 때문이다. 이들 방법이 더 일반적인 "생태 농업"의 원리들을 따르지 않을 수도 있지만, 아무튼 아래와 같은 것들이다. 해충의 천적을 이용한다(예컨대, 맵시벌의 유충은 진딧물 속에서 자라며 숙주를 죽인다). 이른바 자멸 유도법이라는 것도 있다. 가령, 수컷 모기에 방사선을 쪼여 불임을 유도하는 것이다. 그런 다음에는 이놈들을 풀어준다. 짝짓기가 실패해 자연 개체군이 더 이상 번식하는 것을 막는 것이다. 이런 유의 생물학적 방법들은 매우 선택적이라는 특장점을 갖는다. 하지만 오늘날까지도 상세히 파악된 몇몇 경우에만 사용된 정도다.

생태 친화적인 방식으로 질병과 해충을 통제하려는 관점은 종이 풍부한 생물 군집을 보존하고 복원해 주는 온갖 요소를 개별 해충을 통제할 수 있는 가장 효과적인 일반 수단으로 보려고 한다. 여기에는 윤작, 대규모 단작 농업 포기, 자연을 보호하는 각종의 추가 조치, 가령 생울타리를 심거나 유지 관리하기, 깨끗한 호수와 연못, 기타 생태적 가치가 큰 비오톱 등을 체계적이고 조화롭게 구축 편성하는 활동이 요구된다.

곡물과 기타 작물을 먹이로 삼는 새들은 농업 산출물과 자연의 종 다양성을 보호하겠다는 상반된 목표가 흔히 얼마나 밀접한 관계인지를 드러내 주는 아주 좋은 예이다. 곤충 세계의 해로운 근연종은 제외하고 꿀벌과 나비는 보호하겠다는 목표에도 기본적으로 똑같은 얘기를 할 수 있다.

그럼에도 불구하고 우리는 편견을 갖지 않고 공평무사하게 사실들을 분석해야 한다. 농업 활동의 “화학화”로 야기된 부정적인 측면을 토론하는 일이 편파적이 되지 않고, 요점을 놓치지 않으려면 말이다. 화학 살충제, 화학 비료, 현대의 식물 품종 개량이 20세기의 농업 산출이 크게 증가하는 데서 결정적 역할을 했다는 데에는 의심의 여지가 있을 수 없다. 그러나 인구가 폭발하는 바람에 이 증가분조차 보조를 맞추기에는 결코 많은 양이 아니었다. 신석기 혁명이 시작된 이후로 밀 생산은 약 20배가 증가했다. 하지만 같은 기간에 인구는 약 600배 늘었다. 무려 30배 차이다.

다른 곡물과 감자의 산출량도 마찬가지로 크게 증가했다. 농업 산출량 증가분과 인구수 사이의 그 커다란 불일치를 주로는 경작 면적을 확대함으로써 벌충해야 했다. 그러나 우리는 이 과정에서 생물권이 견뎌낼 수 있는 한계에 도달하고 말았다(넘어서지는 않았다 할지라도).

농업 생산성이 가장 좋은 유럽과 북아메리카에서 화학 살충제와 시비로 달성할 수 있는 허용 한도는 이미 극상으로, 더 이상 늘리는 게 불가능하다. 이론적으로만 보면, 경작 여건이 모든 면에서(시비, 살충제, 기후, 토양, 관개) 작물들에 최적이라는 전제 하에 현 시점에서 이용 가능한 다수확 품종들을 심으면 지금의 산출량을 두 배로 늘리는 것도 가능은 하다. 예컨대, 독일에서 여건이 가장 좋은 지역에서 가을밀의 최고수량最高收量, top yield은 현재 헥타르 당 약 100데시톤deciton(1데시톤=100킬로그램)이다. 평균 생산량이 헥타르 당 60데시톤임을 참조하라.

하지만 방금 한 얘기는 그렇게 엄청난 성취를 이루기 위해 치러야 하는 비용을 고려하지 않았다. 현대의 재배 품종cultivar(재배종)■은 산출량을 늘리려면 주변 환경에 엄청난 부담을 지운다. 이게 다가 아니다. 그것들은 육종 과정을 거치면서 야생의 선조들이 당연한 것으로 갖추었던 애초의 활력을 상당 부분 잃어버렸다. 최고수량, 한꺼번에 일제히 완숙하는 특성, 높은 영양가, 곡류의 경우 줄기의 길이와 빳빳함 정도, 감자의 경우 적당한 균형의 괴경塊莖 모양 등등은 유전적 다양성과 기타의 물질대사 특성을 희생시키고 얻어낸 것이다. 대다수의 작물이 스스로를 지켜내고 야생 식물과 경쟁할 수 있는 천연의 능력을 잃어버리면서 산출량이 늘어났다.

한두 개 정도의 주곡 작물에서 지속적으로 최고수량을 달성하기 위해 필요한 온갖 조건을 충족하는 활동과 노력을 생각해 보자. 그런 노력은 경제적 관점에서 볼 때 비현실적일 뿐만 아니라 생태적인 이유로도 받아들일 수가 없다. 현재 생산하고 있는 평균 수량으로도 우리는 점점 더 풀기 힘든 문제들에 이미 봉착해 있기 때문이다.

시비와 식물 보호: 집약적 방법–대안적 방법–통합적 방법

지난 몇십 년 동안 농업 활동은 집중 투자 형식으로 이루어졌다. 이런 사태 전개는 무엇보다 선진국에서 두드러졌다. 농사 방법이 대거 표준화됐다. 윤작 체계가 몇몇 작물에만 치중하면서 극도로 단순해졌고, 전문화와 기계화가 증대했다. 종 다양성이 크게 감소한 결과, 농약을 엄청나게 살포했음에도 일부 잡초와 유해 동물과 병원균은 대폭 늘어났다(가령, 뚝새풀, 진딧물, 감자잎마름병, 흰가루병곰팡이). 통제 조치들이 더욱더 정교해지고는 있지만 환경이 받는 충격 때문에 그 조치들이 점점 더 미심쩍어지는 중이라는 사실도 보태놓는다.

작물 재배(와 가축 사육) 활동의 발전만으로 농업의 구조와 체계가 이렇게 크게 바뀐 것은 아니다. 사회와 경제 상황 전반이 근본적으로 바뀌었고(임금 구조, 도시 이주, 자동화, 경제의 집중 및 세계화),

그게 큰 몫을 했다. 이런 것들이 영농 활동의 구체적 전개(새로운 다수확 품종, 비료, 살충제의 도입)에 되먹임되었고, 그런 전반적 추세가 한층 강화되었다.

예를 들어보자. 콤바인 수확기를 사용할 수 있게 되자 수익성이 개선됐다. 서로 다른 요인 몇 가지가 결합해서 그렇게 됐다. 농촌의 인력 부족, 높은 인건비, 폭풍이나 폭우에 쓰러지지 않도록 줄기를 짧게 개량한 곡물, 제초제를 사용해 잡초를 대거 없앤 농지가 요인으로 작용했다. 오늘날 이런 "로봇 수확기"를 사용하면 한 사람이 시간당 2헥타르를 작업할 수 있다. 다 자란 수확 대기 상태의 곡물에서 자루 담기를 완료한 포대 내지 탱크 저장에 이르기까지 말이다. 하지만 투자를 이렇게 대규모로 하려면 은행에서 차입을 해야 하고, 결국 부채를 할부 상환해야 하는데, 그 과제는 합리적 경영과 집약적 운용을 통해서만 가능하다. 일정한 지역에서 기계로 수확하는 것이 가능한 소수의 작물에 집중하고, 영농 기계를 공유하는 것이 단연코 가장 효율적인 방법이 된다.

이렇게 집약적인 농업 생산 활동으로 결국 소규모 농장 경영을 포기하게 됐고, 대형 농장이 확산됐다. 소규모 농장 몇 개가 적은 양이나마 상이한 농산물을 여럿 생산하던 것이 소수의 대형 농장이, 예컨대 제각각 곡물, 사탕무, 채소, 우유, 달걀, 쇠고기, 돼지고기를 전문적으로 생산하는 것으로 바뀌었다.

집약 농업의 사회적, 경제적 효과는 아주 다양하다. 이 책의 관심사를 고려할 때 그 가운데서 특별히 중요한 사안을 꼽자면 생태계에 미치는 영향을 빠뜨릴 수 없겠다. 흔히 간과되는 간접적 효과도 중요하다. 농산물을 장거리 적송하거나(대개 냉장 보관된다) 질소가 들어간 비료를 생산하는 데 많은 에너지가 들어가면서 환경이 받는 충격이 그런 효과의 예다.

처음에는 집약적 영농의 일부인 기계 수확의 전제조건이었던 것이 다음 순간 수익성 때문에 강화되었다. 농약을 써서 잡초를 썩 훌륭하게 제거하는 일은 한편으로 불가피한 출발이었다. 그러나 다른 한편으로 기계 수확이 증가하고, 윤작이 표준화되며, 통제하기 힘든 잡초가 확산되면서, 농약 사용이 점점 더 정교해지고 집약적이게 됐다.

이런 악순환으로 지구 환경이 입는 피해가 커졌다. 화학 살충제, 윤작 체계 단순화, 침출과 불균형 시비로 인한 토양 영양소 조성의 변화가 원인으로 작용했다. 사태가 이렇게 전개되면서 생태계에 다음과 같은 심각한 결과가 야기됐다.

• *자연의 생물 다양성이 감소했다.* 소수의 작물, 짝패가 돼 동반하는 잡초, 유해 동물, 병원균이 직간접으로 대거 증식하면서 말이다. 다른 많은 종이 직간접으로 피해를 입거나 멸종한 것이 원인으로 작용했음도 보태야겠다.

• 토양, 수계, 식량이 *독성 물질에 오염*됐다. 살충제와 질소 화합물이 사용되면서 특히 더(후자는 공장식 영농에 보편적인, 거름이 농축된 액체 시비 활동이 부분적인 원인이다).

• 정체해 있거나 유속이 느린 물의 *부영양화*(인산염이나 질소 화합물 같은 영양소의 공급 과잉). 조류藻類와 동물성 플랑크톤이 지나치게 자라, 고등 동물이 이용할 수 있는 산소가 감소한 결과이다.

이런 문제가 점점 더 밝히 드러났고, 다양한 개선책이 쏟아지면서 대안적 방법을 시험하기에 이르렀다("자연 친화," "생물 역학," "유기-생물," "대체 농법"). 이것들의 목표는 다음과 같다.

• 가급적이면 합성 살충제를 사용하지 않는다.

• 양분 공급과 윤작 계획을 조정하고, 기후와 토양 상태에 주의를 기울여 잡초, 유해 동물, 병원균을 통제한다.

• 시비를 조심스럽게 한다. 유기질 비료(거름, 윤작 때 질소 고정 식물을 심기)와 천연의 무기질 비료(돌가루, 광재 석회, 인광석)를 많이 사용한다.

• 토양 생물상이 가급적 덜 손상되도록 밭을 일군다.

생태계를 개선하기 위해 제안된 합리적이고 실행 가능한 온갖 농업 활동 방안은 그 효과가 두 겹으로 발휘된다. 일반적으로 우리는 그런 제안을 검토하면서 환경을 더 잘 이해하고 파악하게 된다. 더 구체적으로는, 가령 개인 정원이나 공공시설에서 목적에 맞는 적절한 행동에 나서게 된다(독단으로 작용해, 정반대 효과를 내지 않는다면). 토지를 집약적으로 사용하는 일이 더 이상 가능하지 않은 수많은 임계 상태 지역에서 기존의 관행을 바꾸는 데 도움이 되는 것이다. 특별히 보호할 만한 가치가 있는 비오톱과 풍경, 수자원 보호 구역, 지하수가 장기간 위험에 처한 지역 들이 그런 지역들이다.

환경 친화적인 대안적 농업 방법이 기존의 집약적 토지 이용 방법에 얼마나 영향을 미칠 수 있을까? 인구 증가세가 조금도 수그러들지 않아 주식主食 곡물을 계속해서 대량 생산하는 과제가 여전히 미해결인 상태를 감안하면 말이다. 식량을 충분히 생산하면서도 광범위한 개선책을 도입하려는 노력은 이제 *통합적 식물 보호책*integrated plant protection이라는 개념으로 정리되고 있다. 이 개념은 질적 진보를 목표로 한다. 합리적인 생물학적·기계적·화학적 방법을 전부 동원해 작물이나 산출 손실을 줄이고, 적절하게 생태계를 배려하는 것도 목표다.

생태계를 고려하는 게 매우 중요하지만 과잉 인구 때문에 타협이 불가피하다는 사실은 충분히 논의가 됐다. 새 품종을 개발하면 식량을 더 많이 생산하고, 환경과 양립 가능한 방식으로 식물을 보호하는 두 가지 목표를 과연 달성할 수 있을지 여부가 그래서 훨씬 더 중요해졌다.

요약

인류의 역사는 환경과 관련해 세 단계로 나눌 수 있다. 이행의 두 결절점은 신석기 혁명과 과학/기술 혁명이다. 인류 생존의 토대가 놓인 것이 첫 번째 단계고, 그 생존이 안정화된 게 두 번째 단계이다. 우리 인류는 현재 세 번째의 결정적 단계에 놓여 있다. 많은 인구수를 위태롭게 견디며 지탱해 주는 생물권의 안정이 다른 무엇보다 강조되는 시기가 바로 세 번째 단계인 것이다.

인류에게 충분한 식량을 제공하려면 기르는 작물에 충분한 영양을 공급하고, 잡초·질병·유해 동물도 차단해 줘야 한다. 이 목표를 달성하기 위해 과학과 기술의 진보가 이뤄졌고, 산출량이 크게 증가했다. 그러나 환경도 피해를 입었으니, 더 이상은 감당할 수 없는 수준이다. 이제 농업 활동은 환경 보호를 많이 고려하는 입장으로 전환돼야 한다. 생태계를 고려해야 함은 물론이다. 화학적·기계적·생물학적 수단을 개선된 방식으로 통합해 시비하고, 식물을 보호하는 조치가 바로 생태계를 고려하는 일이다. 식물 육종이 이 목표를 달성하는 데서 중요한 역할을 할 것으로 기대된다.

4 농작물 육종

자연계의 종이 진화하는 경로를 유전적 잠재력을 이용해 특정한 방향으로 돌려서, 가령 식량의 산출과 품질을 개선하는 등의 구체적 목표를 달성하는 행위를 육종育種, breeding, 그러니까 식물 품종 개량이라고 한다. 렌즈콩, 완두콩, 보리, 밀의 선구 식물(외알밀과 야생 에머밀wild emmer)에서 작물 육종의 역사가 시작되었을 것이다. 식물을 경작 재배하는 작물화는 문명이 진화하는 새로운 계기였다. 더욱더 많은 식량 작물과 다른 유용한 것들이 이 과정에 편입됐다. 기원전 1500년경에 개발된 거의 모든 작물이 오늘날에도 여전히 전 세계에서 재배된다.

우리는 다채로운 작물을 용도에 따라 몇 개의 커다란 범주로 나누어 파악한다. 식량, 사료, 산업용, 사치품, 향신료, 관상용, 약용, 임산물이 그것들이다. 산업용으로만 재배되는 식물의 경우는 다시 한 번 그것들의 엄청나게 다양한 용도에 따라 목재, 섬유, 섬유소, 전분

(녹말), 고무, 코르크, 유지油脂, 수지樹脂, 타닌산, 염료로 분류된다. 다른 범주에서도 식물의 광범위한 용도는 이에 못지않다.

식물 육종의 가능성 및 한계와 관련해서는 원리상 모든 작물이 앞으로 설명할 개요를 따른다고 할 수 있다. 하지만 그럼에도 불구하고 나는 식량 작물만 논의할 것이다(두세 가지 예외를 제외한다면). 논제를 한정할 필요가 있다고 보기 때문이다. 그러니까, 인류가 생존하는 데 필요한 기본적 수요로 말이다. 전문 용어가 필요한 경우에는 논의 과정에서 설명하겠다. 부록으로 정리해 둔 용어 설명도 활용할 수 있을 것이다.

인류의 식량 수요

우선 첫째로, 작물을 육종하는 이유는 우리에게 먹을 것이 필요하기 때문이다. 식량은 양과 질 *모두에서* 충분하고 흡족해야 한다. 그러므로 모든 육종 활동은 이중의 제약을 받는다. 유전적 소인素因과 그것들이 보이는 변동성■의 한계, 이 두 가지가 육종의 목표를 제한하는 것이다. 식물의 명시적인 유전적 특성 외에도 인류에게 유전적으로 필요한 구체적 영양소가 마찬가지로 중요한 역할을 한다.

인류의 중요한 식량원 가운데 하나인 빵이 예로 들기에 적당하다. 식물을 먹는 다수의 동물과 달리 인류는 섬유소를 활용하지 못한다. 우리의 유전자 구조 때문에 식물의 녹색 부위를 차지하는 주재료를 식량으로 못 쓰는 것이다(중요한 섬유질임에도 불구하고). 반면 인류는 녹말을 아주 쉽게 소화한다. 녹말은 섬유소와 화학적으로 상당히 유사한 탄수화물이다.

밀가루와 다른 곡물 산물의 주요 성분이 녹말인바, 녹말은 질이 아주 좋은 식량원일 뿐만 아니라 양의 측면에서도 가장 중요한 식량원이다. 바로 그렇기 때문에 우리는 밀과 몇 가지 곡물의 육종 역사를 살펴볼 것이다. 하지만 우리는 녹말만으로는 충분하지 않다. 균형 잡힌 영양을 확보하려면 다른 요소가 많이 필요한 것이다.

우리 인류의 유전자 구조가 보여주는 또 다른 확연한 특징도 살펴보자(어느 정도 편차가 있기는 해도 다른 고등 동물에도 똑같이 얘기할 수 있다). 우리의 몸이 건강을 유지하려면 물과 무기염 외에도 다음의 조건을 충족하는 유기 영양소 이상이 필요하다. 일단 그 조건이라는 것은 위와 장이 소화해, 혈액을 타고 운반된 다음, 간에서 인체 물질로 변환될 수 있어야 한다는 것이다. 우리는 "필수" 아미노산, 지방산, 비타민도 계속 섭취해야 한다. 이들 화합물은 비록 소량에 불과하더라도 반드시 필요하다. 그런데 우리 인체는 그것들을 합성하지 못하며(다수의 다른 대사산물과 구별되는 지점이다), 먹는 행위를 통해 섭취하지 못하면 영양이 부족하다는 신호를 보낸다. 비타민 C 부족으로 생기는 괴혈병은 많은 사람이 아는 아주 오래된 예다.

영양학이 현대에 들어와 크게 발달했고, 우리는 최고 품질의 식량을 만든다는 품종 개량의 목표를 더 정확하게 밝힐 수 있게 됐다. 영양 부족 사태를 피하는 데서 균형 잡힌 식단이 중요한 역할을 한다는 사실을 인류는 아주 오래전부터 알고 있었다. 곡물만 먹으면 필수 아미노산인 리신과 트립토판이 부족해진다. 쌀만 먹으면 비타민 A(시력 약화, 면역 결핍), 비타민 B1(각기병), 무기 미량 원소들인 철(빈혈증), 아연, 요오드의 부족 및 몇 가지 필수 아미노산 결핍으로 이어진다.

쌀만 먹고, 그것마저도 불충분한 경우가 많아 악화되기 일쑤인 결핍성 질환은 정말이지 놀라울 지경이다. 질환자의 수가 무척 많은 것이다. 아프리카와 아시아의 발전도상국에서는 매년 수백만 명이 실명을 하고, 아동과 젊은 여성 다수가 죽는다. 이 사안이 6장에서 중요한 역할을 한다.

인체는 생리적으로 결정된—결국 유전적으로 결정된— 수요를 갖고 있다. 이 수요가 식량의 품질과 관련해 필수적인 기준으로 작용한다. 인체는 다음을 충분히 섭취해야 한다.

- 사용 가능한 기초 유기 영양소(탄수화물, 지방, 단백질■)
- 몸이 필요로 하는 무기 영양분 일체(무기염, 미량 원소)
- 필수 유기질 일체(비타민 일절, 몇 가지 아미노산과 지방산)
- 장관腸管, intestinal tract에 적합한 섬유질

모든 음식(식량)은 다음 조건도 충족해야 한다.

- 독소와 불쾌한 향미가 없어야 한다(날 것일 때와 익혔을 때 모두에서).

녹말 함유량
단백질 함유량 및 품질
지방과 유지 함유량 및 품질
기타의 필수적 내용물
광합성 효율
공중 질소 고정
병원균, 유해 곤충(insect pest)에 대한 저항력
제초제, 한발(旱魃), 염분, 열, 추위에 대한 내성
통일적 습성
일제히 열매 맺고, 원숙해지기
독소와 불쾌한 향미가 없을 것

표 1 유전적 특성을 기반으로 이루어지는 작물 육종의 중요한 목표

영양소와 관련된 이런 기초적인 요구와 기대할 수 있는 최고의 산출 말고도 적은 경작 및 가공 처리 비용과 고려해야 할 환경 기준이 품종 개량의 중요한 목표들이다. 그런 목표들을 표 1에 정리해 놨다. 우리가 고르는 유전자형■의 변동성에 따라 목표 달성 여부가 갈린다.

유전자 변동성

다윈의 진화 이론에 따르면 모든 식물—다른 유기체는 말할 것도 없고—은 오랜 세월에 걸쳐 각자가 처한 구체적 환경 조건에 적응한 생명체이다. 이렇게 창조된 온갖 종의 겉모습을 보라. 무작위 돌연변이라는 무수한 가능성과, 구조적·기능적 요구 속에서 유기체 전체가 받는 다양한 제약 사이에서 여러 타협이 이루어졌음을 알

수 있다.

아주 보편적인 예를 들어 설명해 보자. 식물의 기능, 형태, 크기, 꽃·열매·잎·줄기·뿌리의 양은 일정한 한계 내에서 서로 정확하게 조화를 이룬다. 뿌리는 토양에서 물과 영양소를 빨아들여 식물을 먹여 살리고, 지탱해 준다. 근계根系, root system의 너비, 깊이, 분지分枝 구조, 물질대사는 토양의 조성(구조, 물 공급, 영양소 함유 상태)은 물론 식물의 지상부 수요(영양소, 무게, 바람 하중, 증발산)에도 최상으로 적응해야 한다. 유형적 경계 내의 다른 모든 유기체에도 똑같은 말을 할 수 있다.

우세한 환경 조건에 어느 정도 적응하는 과제는 필수불가결하다. 변화무쌍한 기후, 광도와 광질(스펙트럼 구성), 토양 상태를 벌충하려면 당연하다. 같은 종이라도 뿌리가 뻗은 깊이나 새로 돋아나는 순의 길이가 엄청나게 다르다는 것은 널리 알려져 있다. 많은 식물이 건조하거나 영양이 고갈된 토양에서는 뿌리를 깊이 내리고, 어두운 곳에서는 새순이 길게 자란다. 물과 영양소, 적당하게 빛을 얻을 수 있는 조건에 이르러야 하는 것이다. 이런 유의 적응에도 한계는 있다. 구조적, 기능적 제약이 불가피한 것이다. 먼저 구조 측면을 보자. 식물은 모든 부분과 요소가 구조적으로 조화롭게 조직돼 협응해야만 한다. 이 한계를 무시하고 마냥 적응할 수 없다. 둘째, 개별 기관이 불균형적으로 생장하는 데 필요한 물질대사의 최대 수행 능력이 기능적 한계를 부과한다. 이 사실이 품종 개량 활동에 중요한 결과를 낳는다.

• 식물에서 수확되는 부위(열매, 잎, 덩이줄기 塊莖, 뿌리 등등)를 나머지 기관들과 비교해 불균형적으로 크게 만드는 일이 육종에서 가장 중요한 목표이지만 그 과제는 어느 정도까지만 달성할 수 있고, 결국 다른 부문의 물질대사 능력을 희생하는 조치가 불가피하다. 엄청나게 큰 호박(베리의 일종이다)이나 콜리플라워(프로그램을 다시 한 꽃차례이다)를 한번 보라. 영양소와 태양에너지를 일방적으로 몰아줘 단 하나의 엄청나게 불비례적인 기관을 만들어내기 위해 다른 온갖 것을 얼마나 뒤로 제쳐놓았는지 어렵지 않게 짐작할 수 있을 테다. 그로 인해 다른 많은 능력과 활동이 제약을 받는 것은 필연적이다. 병원균, 해충, 여러 유형의 다른 많은 스트레스에 저항하는 능력이 그 예다.

• 생장률을 높이려면 영양소를 적절하게 공급하고, 보호 조치를 강화하며, 기타의 조건, 가령 온도, 빛, 물도 최적으로 제공해야 한다. 빠르게 생장하면 전반적으로 허약해질 수 밖에 없다는 것은 법칙이다.

이제는 식물의 유전 정보가 선보이는 민감성이라는 관점에서 *가소성* plasticity ■과 *변동성* variability 을 비교해 보는 절차가 도움이 될 법하다. 이 두 용어가 항상 명확하게 구분되는 것은 아니지만 다음처럼 정의하면 어느 정도는 분명하게 감을 잡을 수 있을 것이다.

가소성(적응적 변형 또는 변형 적응)은 식물이 주변 환경에 적응해 생장하고 기타의 물질대사를 수행하는 능력이다. 유전자형으로 정해진 유전 정보를 탄력적으로 활용한다는 얘기인데, 구체적 현장의 상황에 따라 새순의 길이와 뿌리의 깊이가 적응적으로 보이는 변화가 그 예들이다. 변동성(유전적 다양성, 곧 변형 가능성)은 이와 다르다. 변동성은 종 안에서 유전되는 개체의 유전적 차이, 다시 말해 차별 분화의 잠재력으로, 동일한 식물 종 내에서 볼 수 있는 상이한 꽃 색깔이나 추위 내성, 또는 인류의 서로 다른 눈동자와 머리칼 색깔이 그 예들이다.

가소성과 변동성은 상이한 방식으로 유전적 잠재력을 활용한다. 가소성은 주어진 유전자 구조를 상이한 환경 조건에 적응시키는 능력인 반면 변동성은 종의 유전자 구성 내에서 개체가 보이는 차이와 변화의 가능성이다.

육종을 통해 유도되는 작물의 진화는 유전 정보의 변동성에 토대를 둔다. 이건 종과 개체의 자연 진화도 마찬가지이다. 유전 정보를 활용할 가능성이 개체마다 다른 것은 가소성 때문이다. 특정한 작물이 특정한 상황에서 보이는 산출량을 떠올려 보라.

그림 16과 17은 식물 육종으로 유전자 변동성의 잠재력이 상이하게 나타난 다섯 가지 예들이다. 첫 번째 그림은 가짓과의 다섯 가지 근연종인데(그림 16), 육종가들이 주안점을 둔 상이한 네 기관 가운데 하나씩을 갖고 있다. 피튜니아의 꽃, 담배의 잎, 피망과 토마토의 열매, 감자의 덩이줄기. 이들 종 모두에서 특색 있는 기관 하나씩이 극단적인 형태로 개량되었다.

다섯 종 모두에서도 유전자 변이가 무수하게 일어났다(품종 또는 재배종). 예컨대, 꽃·잎·열매·덩이줄기가 색깔·모양·크기·맛·수분 함량·영양소 구성·저장 수명·기계 수확 적응성 등등에서 일정하게 차이가 나는 것이다. 그러나 열매와 덩이줄기를 둘 *다* 먹을 수 있는 감자나 토마토 품종은 없다. 다섯 가지 종을 이중 용도로 사용할 수는 절대 없다. 그런데 이 원칙에 위배되는 한 가지 흥미로운 예외가 있다. 감자는 유럽에서 애초에 관상용 식물로 인정받아, 왕궁의 정원에 심겼다. 꽃이 아름다웠기 때문이다. 감자의 덩이줄기가 주식이 된 것은 18세기와 19세기였다.

작물 육종은 항상 특정한 기관에 집중한다. 애초의 야생종과 비교해 형태가 극단적으로 바뀔 수 있는, 그런 기관이 공략의 대상이 되는 것이다. 십자화과의 몇몇 종을 보면 이런 종류의 형태 변형이 특히 두드러진다. 거듭 말하지만 이것들도 근연종이다(그림 17). 콜리플라워의 경우 우리는 극단적으로 확대돼 서로를 압착하는 꽃차례를 이용한다. 유채는 씨앗에서 기름을, 양배추에서는 잎을, 콜라비에서는 부풀어 오른 줄기를, 순무에서는 저장 기관으로 변형된 원뿌리主根를 이용한다. 많은 양배추가 관상용으로도 이용된다. 색깔, 모양, 크기가 매우 다양하기 때문이다.

다수의 식물 과科에서 이런 예들을 확인할 수 있다. 그러나 모든 목록이 상세함은 차치하더라도 불완전할 수밖에 없다. 수천 년의 육종 역사를 거쳐 재배종화되면서 지속적으로 인류의 목적에 따라 진화한 작물의 엄청난 다양성을 감안하면 말이다.

그림 16 가짓과에 속하는 다섯 개의 종. 육종가들이 주안점을 둔 서로 다른 네 개의 기관이 보인다. 피튜니아의 꽃, 담배의 잎, 피망과 토마토의 열매, 감자의 덩이줄기.

그림 17 십자화과의 아주 흔한 다섯 종. 육종가들이 상이한 기관에 주안점을 두었다는 것은 그림 16과 마찬가지이다. 콜리플라워의 꽃차례, 유채의 기름을 함유한 씨앗, 양배추 잎, 콜라비의 부풀어 오른 줄기, 순무의 원뿌리[主根].

인류에 가장 중요한 작물들의 기원

우리가 재배하는 작물의 식물학적·지리적 기원이 다 확실한 것은 아니다. 사정이 그렇기는 하지만, 중요한 작물 다수는 상당히 정확하게 야생의 원종을 소급 추적할 수 있다. 이로써 유전적 다양성이 아주 풍부한 야생 유형들을 대거 확인할 수 있는 원산지를 분명하게 지정할 수 있게 되었다. 재배종화는 대개 이들 "다양성의 중심지"("유전자 센터"gene center 라고도 한다)에서 이미 시작되었다. 그림 18에서 중요한 작물들이 선택된 원산지를 볼 수 있다. 지금은 전 세계의 다른 여러 지역에서도 이 모든 게 재배되고 있다. 기후와 토양 조건이 허용하는 한에서 말이다.

알맞은 품종을 만들어내 상이한 장소의 여러 조건에 적응시키는 일은 항상 식물 육종의 중요한 목표였다. 오늘날에도 이들 "유전자 센터"는 신품종을 개발해 낼 수 있는 시발 토대로서 매우 중요하다. 유전자 센터 토착의 야생 유형 일부에는 현재의 농업 지역에서 재배되는 고도로 개량된 품종에는 없거나 희미해진 특성들이 있다(가령, 특정한 질병 저항력을 보이는 유전자).

원산지의 식물상과 동물상이 유전적으로 매우 다양한 것은 그 중심지의 개별 구역 환경이 매우 다양하기 때문이다. 서로 이웃한 계곡, 고원, 범람원은 기후와 토양 조건이 다르고 같은 종이라도 개별 개체군은 받는 선택압이 다를 수밖에 없다.

FAO Food and Agriculture Organization, 유엔 식량농업기구 산하의 많은

국제 연구소가 수십만 종의 씨앗을 수집·저장해 유전자 자원을 확보하는 것("유전자 은행"gene bank ■ 설립)은 예컨대, 환경이 훼손돼 회복할 수 없는 손실을 입는 사태를 예방하기 위해서다. 이들 종자의 상당 부분이 그림 18의 유전자 센터들에서 확보되었다. 식물 육종가들은 이것들을 원자료 삼아 새로운 품종을 개발할 수 있다.

육종에는 표 1로 정리한 목표 말고도 또 다른 중요한 목표가 있다. 원산지가 다른 작물을 새로운 기후 조건, 생태 환경, 재배 방법 및 가공 처리 기술과 인류의 식생활 습관에 맞춰 바꿔내는 것이 바로 그것이다. 이 가운데 일부는 후속 장들에서 여러 가지 사례를 들며 더 자세히 설명하겠다. 농업 활동이 육종을 시작한 이래로 작물 개량이 취한 원칙적 방향은 표 2처럼 요약하면 대체로 명확하게 알 수 있다.

과학/기술 혁명 덕택에 이들 목표를 추구하는 방법들이 크게 발전했다. 물론 이미 많은 것들이, 우리가 원하는 특성을 우발적으로든 계획적으로든 선택함으로써 성취되기는 했지만 말이다.

다수확
영양학적 우수성
지역적 조건과의 친화성
저장 수명
저항력 및 내성의 구체적 형태
재배 방법 개선
가공 처리 기술 개선

표 2 표 1의 구체적 목표 외에 생각해 볼 수 있는 육종의 전반적 목표

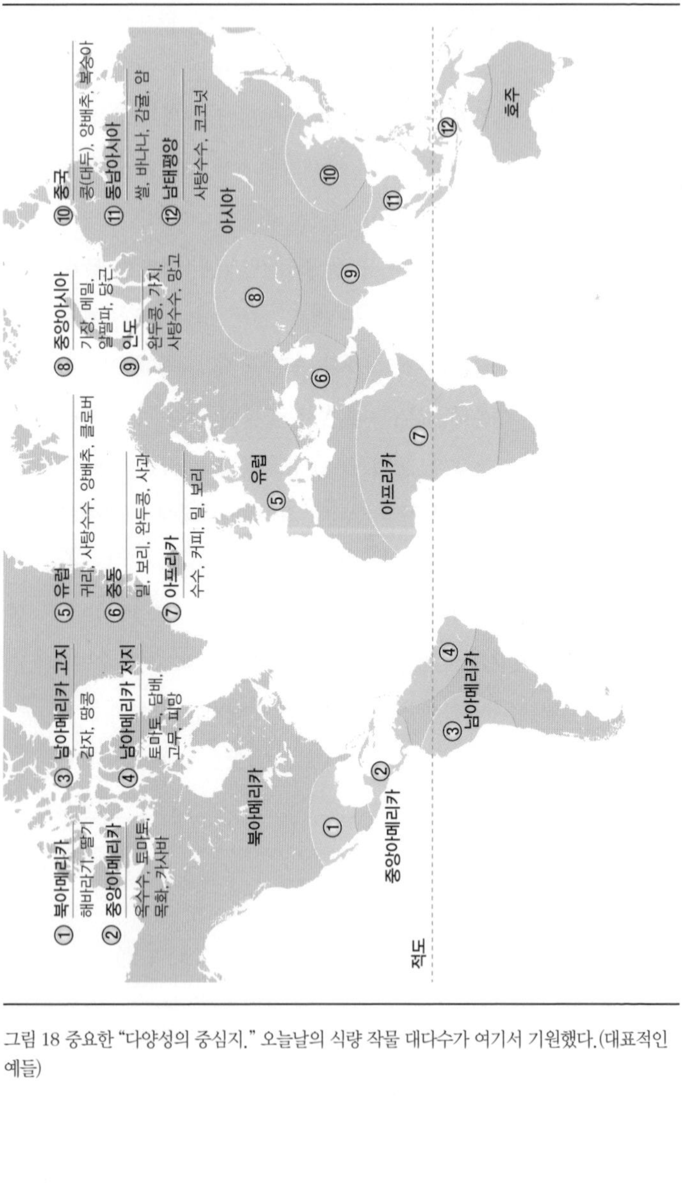

그림 18 중요한 "다양성의 중심지." 오늘날의 식량 작물 대다수가 여기서 기원했다.(대표적인 예들)

선택 육종: 옛날 방법

씨앗을 사지 않는 농부는 선택을 통해 육종을 한다. 수확물에서 일부를 선별해, 다음 계절의 재배 활동에 사용하는 것이다. 의식적으로 선택할 수도 있고, 그렇지 않을 수도 있다. 육종에 관해서라면 통상은 계획적으로 선택해야 더 효과적이다. 하지만 무심결의 선택일지라도 몇 번만 반복하면 초기 개체군이 바뀐다. 새로운 품종이 탄생하는 것이다. 허구적이지만 농업 활동의 초창기에 일어났을 수도 있는 사례를 함께 살펴보도록 하자. 아마도 이러지 않았을까.

비옥한 초승달 지대 어딘가에서 재배되던 보리의 자연스러운 작물 상태를 염두에 두면서 사건을 재구성한 광경이다. 사람들은 여러 해 동안 정착지 근처에서 늦여름에 보리를 수확했다. 얼마간 시간이 흐르자 촌락민들은 수확량이 줄었다는 걸 알았고, 수확물의 일부를 파종함으로써 그 손실을 벌충할 수 있음을 깨달았다. 수확은 이삭이 줄기에서 떨어지기 전에 때를 맞춰 해야 했다. 낟알에 여문 것과 안 여문 게 섞여 있었음은 물론이다. 둘 다 먹는 데는 지장이 없었다. 하지만 심어보면 여문 낟알만이 발아해서 발달했다. 이것들은 조기에 성숙했는데, 그것도 한꺼번에 그랬다. 자연적인 변동성의 한계 내에서 볼 수 있던 유전적 소인素因이었던 셈이다. 다음 세대의 대다수 개체가 조생 특성을 물려받았고, 이 특성이 다음해에 더 현격하게 드러났음은 말할 것도 없다. 폭넓은 시간 대역에 걸쳐 제각각 여물던 초창기의 혼합 개체군은 이제 점점 더 조생 개체들의 균일한 집단으로 바뀌었다.

신품종 보리는 교환물로서 아마 값어치가 상당했을 것이다. 이 보리를 개발한 소규모 공동체의 상인들은 고지대 계곡의 다른 공동체에 숫돌의 원료를 받고 보리 낟알을 팔았다. 그 거래를 통해 새로운 품종은 더 거친 산악 기후 지역에 도입됐다. 이곳은 겨울 날씨가 혹독했고, 보리는 또 다른 선별 기준을 통과하게 된다. 그 결과를 머릿속에 그려보는 일은 어렵지 않다. 이중의 선별 절차를 거쳐 내한성의 조생종 보리가 개발되는 것이다.

차후의 온갖 변화도 동일한 원리를 따랐다. 자연의 개체군 내에 존재하는 유전자 변동성이 활용되는 것이다. 수많은 재배종이 이런 식으로 출현했다. 인류는 처음에는 깨닫지 못했지만, 이후로는 의도를 갖고 계획적으로 선택해 육종하는 많은 절차와 단계를 통해 온갖 먹을 수 있는 야생 식물을 재배종화했다. 길들여진 품종들의 특징이 상당히 분기적인divergent 것은 그런 연유에서다. 이하에서 몇몇 구체적인 사례를 들 텐데 그 범위가 넓다는 게 더 자세히 드러날 줄로 생각한다.

이 육종 방법은 수천 년간 썩 훌륭하게 기능했고, 20세기에 들어와서는 과학적 교배 육종cross-breeding ■이라는 훨씬 능률적인 방법으로 진일보했다. 그때쯤이면 인류의 주곡 작물 모두가 이미 오래전에 재배종으로 안착한 상태로, 더 이상은 야생의 원종과 조금도 경쟁할 수 없는 처지였다. 육종(목표 지향적 유전자 변형)과 인류의 유지 관리 활동이 없었더라면 이들 식물은 진화하지 못했을 것이다.

교배 육종: 유전학 응용

선택 육종은 특정 개체군에 이미 존재하는 개체들을 취급한다. 반면 교배 육종은 이전에 존재하지 않았던 특성들이 결합된 개체들을 계획적으로 만들어낸다. 가령, 앞에서 설명한 내한성의 조생종 보리가 육종되는 경우를 보자. 두 특성 모두의 유전 정보가 적어도 한 개체 안에 들어 있고, 상당수의 후손이 물려받을 때에야 비로소 새로운 개체군이 출범할 수 있다.

선택 육종법은, 애초에 특성들이 결합돼 있지 않으면, 잘해야 자연 교잡natural cross이나 돌연변이mutation로 그 특성들이 무작위 발현되고 나서야 사후적으로 승인하는 선택을 할 수 있을 뿐이다. 신중한 교배 육종은 이와 다르다. 교배 육종은 처음부터 상이한 개체들에 존재하는 특성을 결합해 구체적으로 새 품종을 개발하려고 한다.

생물학의 새로운 분야가 이 새롭고도 상당히 구체적인 절차의 과학적 토대를 놓았다. 유전학이 바로 그것이다. 유전학의 창시자는 아우구스티누스파 수도사 그레고르 멘델Gregor Mendel이다. 유전의 법칙과, 후대에 밝혀진 유전자의 활동 메커니즘은 멘델과 후배들의 교잡 실험으로 밝혀졌는데, 이 책을 읽는 데서 아주 중요하므로 그 기본적 내용을 간단히 설명하겠다.

모든 생명체와, 다세포 유기체의 경우 거의 모든 세포는 수천 개의 유전자 형태로 온갖 유전 정보를 담고 있다. 각각의 유전자가 유전 요인인 셈이다. 이 온갖 유전자의 총합을 *유전체*genome ■라 한다. 유전체에 의해 *유전자형*genotype 이 결정된다. 유전자형은 변화무쌍한 환경과 합세해 개체의 종합적인 겉모습이라 할 *표현형*phenotype ■을 만들어낸다.

개체들의 유전자 구성이 얼마나 다른지는 촌수에 좌우된다. 식물계를 예로 들어보자. 그림 16에 나오는 가짓과 식물들은 다른 과—가령, 그림 17의 상이한 양배추 종들이 속해 있는 십자화과—의 그 어떤 것보다 서로 간에 더 가깝다.

접붙이기이나 꺾꽂이 같은 무성 생식을 시도하면 유전자가 동일한 개체, 곧 *클론*clone ■을 얻게 된다. 그러나 (신중한 교배 육종을 포함한) 유성 생식은 언제나 부모의 유전자를 무작위로 섞는다. 유전자가 다른 개체가 태어나는 것이다.

유성 생식에서는 가장 가까운 관계가 부모와 새끼, 동기同氣 간에 형성된다. 통계적으로 얘기해 보면 이들 경우에는 전체 유전자의 절반이 똑같다. 부계 유전자와 모계 유전자가 서로 다르기 때문에 (예컨대, 꽃이나 눈동자 색깔이나 기타 가시적 유전 특성으로 쉽게 알아볼 수 있는) 무작위 혼합을 거치면 모든 후손이 다른 유전자형을 갖게 된다.

요약해 보자. 실제로 발생한 모든 개체와 가능한 모든 유전자 조합은 독특하며 유일무이하다. 지구의 전 역사에서 이런 일은 두 가지 이유로 반복될 수 없다. 첫째, 수천 개의 유전자가 동일한 무작위 혼합을 두 번씩이나 할 통계적 확률은 무한히 작다. 둘째, 개별 유전자가 자연발생적으로 돌연변이하고, 그것들이 유전체 내에서 차지하는 상대적 위치가 바뀌는 빈도도 낮게 고정돼 있다.

세포 분열 과정에서 일어나는 어느 종류의 돌연변이든 모든 유전자에 영향을 미칠 수 있다. 모든 유전자와 유전체는 서서히, 무작위로, 꾸준하게 바뀐다. 우리는 고등 육생 식물terrestrial plant이 진화하는 데 약 4억 년이 걸린 것으로 추정한다. 고등 육생 식물은 그 장구한 세월 동안의 유전적 부동genetic drift을 바탕으로 변화하는 환경이 요구하는 바에 지속적으로 민감하게 적응할 수 있는 능력을 확보했다("적자생존"). 반면 돌연변이는 기존 종들은 물론이고 새로 진화하는 종들의 경계를 획정할 수 있을 만큼 그렇게 자주 일어나지는 않았다.

동일종의 모든 개체는 각각의 유전자 구조가 유일무이함에도 불구하고 필수적인 특성 일체가 아주 유사하고—다른 온갖 종과는 또 다르다—, 그래서 종을 명확하게 규정할 수 있다. 드물게 예외가 있기는 하지만(그럼에도 불구하고 식물 육종 활동에는 아주 중요하다) 자연 교잡의 장벽으로도 종의 경계는 쉽게 파악된다. 일반적으로 과와 속에도 똑같은 얘기를 할 수 있다. 예컨대, 감자와 토마토, 밀과 보리는 서로 교배할 수 없다.

멘델 시절의 최신 과학 지식도 유전자의 화학적 성질은 몰랐다. 하지만 그 사이에 유전자들의 구조와 기능에 관한 우리의 지식은 아주 풍부해졌다. 유전공학의 토대인 그 지식 내용을 다음 장에서 소개할 예정이다. 새로운 *품종*(=*변종*)을 교잡 개량해 내는 데서 멘델의 법칙이 실제로 응용되었고, 이는 첫 번째 형태의 "유전공학"genetic engineering이라 할 수 있었다. 아직 유전공학이라는 말은 나오지 않았지만 말이다.

교배 육종으로 새로운 기회가 활짝 열렸다. 하지만 그 한계도 명확하다.

교배 육종의 가능성과 한계

교배 육종은 실제적 응용이자 기초적인 연구 활동이다. 실제의 육종 활동에서 유전자의 행동을 멘델의 법칙에 따라 이상적으로 예측할 수 있는 경우는 거의 없다. 생물학적으로 중요한 두 가지 이유가 크게 작용하기 때문이다. 첫째, 교배 대상은 원하는 특성을 담당하는 단 한 개의 특정 유전자만 다른 게 아니다. 개체의 유전자 구조가 추가로 여럿 다르며, 이 차이는 표현형 및 그 강도와 관련해 항상 서로에게 영향을 미친다. 둘째, 특정한 특성이 유전자 단 한 개만으로 발현되는 일은 거의 없다.

드물지만 *단일 인자*로 유전monogenic inheritance ■되는 경우 가운데 하나가 완두콩의 꽃 색깔이다. 멘델이 가지고 실험한 게 바로 완두콩이었고 말이다. 그는 엄청나게 운이 좋았거나, 매우 직관적이었거나, 그 둘 다였다. 육종가가 흥미를 가지고 접근하는 대다수의 특성은 멘델이 선택한 조건과는 아주 다르다. *다인자*로 유전되므로 상황이 복잡해지는 것이다.

육종 전문가는 언제나 연구자였다. 매번의 새로운 교잡을 통해 선호하는 최선의 특성들을 자손에게서 결합시켜 낼 수 있는 실지 응용법을 모색하기 때문이다. 하지만 육종가가 유성 생식 과정에서 유전자가 선보이는 형질과 상호 의존성만 탐구하는 것은 아니다. 진지한 육종가들의 눈에는 뭐랄까, 대상 개체들의 "유전자 배경"도 보인다. 유전자가 개입하는 어떤 유용한 특성이 더 있다든가, 아니면 빠졌다든가 하는 식으로 말이다.

육종이 성공을 거두면 특정한 특성들이 결합된 새로운 변종이 만들어진다. 유전자형이 표준화되는 것은 당연하다. 그래서 당초의 변동 폭도 줄어든다. 육종은 원하는 특성들을 하나의 유전자형으로 조합해 강화하는 시도이자 노력이다. 예컨대 다수확에, 조생종이고, 내한성이 있으며, 이삭이 튼튼하고, 까끄라기가 없고, 제초제에 잘 견디고, 흰곰팡이 저항력까지 우수한 밀 품종을 만들어낼 수 있다면 얼마나 좋겠는가. 그러려면 원래의 개체군에 존재했던 다른 특성들이 약화되거나, 심지어 완전히 없어지는 일도 불가피하다. 하지만 육종가는 그 기타의 특성들을 덜 중요한 것으로 간주해 왔다.

원리적으로는 교배 육종을 하면 교잡 대상의 비가시적 고유 특성은 물론 또렷하게 인지할 수 있는 특성까지 새 변종에서 결합할 수 있다. 하지만 기본 조건이 하나 충족돼야만 한다. 해당 특성들이 원하는 방식과 강도로 발현되게 해주는 적절한 유전자 배경이 확보돼야 하는 것이다. 특정 유전자형이 적절하게 발현되는 데 알맞은 적성은 어느 정도까지만 예측이 가능하다. 저변의 메커니즘에 관한 우리의 지식이 여전히 제한적이기 때문이다.

한동안은 원하는 특성을 발현시키려는 시도가 대개 주먹구구로 이루어진다. 개별적으로 매번 실지 검사를 해야 하는 것이다. 육종가는 복잡한 하나의 특성을 발현시키는 온갖 유전자의 상호 작용에서 단 한 개의 유전자가 얼마나 중요하게 기능하는지를 보통은 모른다(가령, 내한성이나 내건성 耐乾性). 중요한 것은 최종 결과다. 적절한 발현 시기와 지점, 그리고 강도가 중요한 것이다.

(적절한 유전자 배경을 차치한다면) 교배 육종으로 원하는 특성들을 결합해 내는 데 필요한 두 번째 조건은 출처가 되는 교잡 개체가 성적으로 화합할 수 있어야 한다는 점(교배 가능성)이다. 물론 예외도 몇 가지 있다. 하지만 교잡과 번식은 종 내에서만 가능하다. 다수의 식물 종은 동일종 근연 개체들의 성적 불화합성을 통해 근친상간을 예방한다. 마찬가지다. 대다수의 종도 종간 interspecies 수준에서 효율적으로 작동하는 성적 불화합성을 통해 교배-잡종화 cross-hybridization ■를 피한다.

이 "잡종화 장벽" hybridization barrier 에도 예외가 몇 가지 있다. 종간 잡종 interspecies hybrid 이 생기는 것은 이 때문이다. 하지만 종간 잡종 동물은 대개의 경우 불임이다(예컨대, 버새와 노새는 말과 당나귀의 종간 잡종이다). 잡종화 장벽은 동물보다는 식물이 덜 엄격하다. 번식이 가능한 속간 intergeneric 및 종간 잡종은 그렇게 해서 만들어진다. 하지만 그것들 가운데 육종에서 중요한 역할을 하는 것은 거의 없다(168쪽 이하 참조).

교배 육종은 위의 예외들에도 불구하고 자연의 종 경계에서만 가능하다. 종 사이에서 성적 불화합성이 만들어져 유지 고수되도록 하는 메커니즘이 무엇인지에 관한 우리의 지식은 아직 상당히 불완전하다. 계속해서 논의를 진행하려면 교배 육종이 이 장벽을 거의 넘지 못한다는 점을 지적해 둬야겠다. 반면 유전자 기술이 동원된 육종법은 원리상 그 가능성에 한계가 없다.

육종가가 연구자인 이유는 또 있다. 육종가는 더 이상은 개입할 수 없어서 결국 무작위로 빚어지는 온갖 유전자형을 위해 조금씩 다른 특성들의 가능한 조합을 찾고 분석한다. 그러다가 "가동적operational"이라 규정할 수 있는 단 하나의 유전자를 통해 특정한 특성이 멘델의 법칙에 따라 전해졌다는 것을 발견하기도 한다. "가동적"이라는 말은 여기서 육종을 실현시킨다는 얘기이다. 하지만 특성들은 다인자 유전■이 더 흔하고, 더 복잡한 이전移轉 메커니즘을 따른다.

분자 생물학이라는 방법으로 개별 유전자를 상세하게 분석하는 것은 물론 유전공학으로 유전자를 옮기는 오늘날의 혁신은 육종의 결과에 따라 유전자를 가동적이라 규정하던 작업에 크게 빚지고 있다.

인위적으로 돌연변이를 일으킬 수 있게 되면서도 또한 유전자 연구가 크게 신장됐다. 화학적·물리적 *돌연변이 유발 요인*mutagen■ (자연 물질 또는 합성 물질, 그리고 고에너지 방사선)이 알맞게 작용하면 돌연변이율이 크게 증가한다. 유전 정보가 바뀌어 전해지는 일이 더 이상 자연의 낮은 빈도가 아니라 여러 자릿수의 빈도로 증가하는 것이다(유전자 10만 개 내지 10억 개에 돌연변이 1개가 아니라 유전자 100개에 돌연변이 하나). 개체의 특정한 특성이 더 이상 나타나지 않으면 돌연변이가 필시 해당 유전자에 영향을 미쳤을 것이다.

작동하던 유전자를 인위적 돌연변이로 정지시킬 수 있을 뿐만 아니라 거꾸로 불활성 상태의 유전자를 가동시키는 것도 가능하다. 두 번째 경우는 덜 보편적이다. 하지만 두 가능성 모두를 통해 우리는 유전적 다양성의 자연스러운 범위를 크게 확장할 수 있게 됐다. 지난 수십 년 동안 이 돌연변이 *육종법* mutation breeding 이 실제로 활용됐다.

교배 육종의 가능성과 한계 얘기는 이쯤에서 끝내자. 교배 육종으로 선택 육종이 더 이상 필요 없어지지는 않았다. 두 방법은 과학에 기초한 새로운 식물 육종 개념으로 철저하게 통합됐고, 무작위적 결과를 선택하던 관행은 원하는 특성을 결합하려고 목적의식적으로 설계하는 활동으로 대체되었다.

이 새로운 육종법은 재배 및 수확 기술, 식물 영양, 작물 보호 상의 커다란 변동과 생산적이고 유익하게 상호 작용했다. 이미 언급했듯이 그 결과 20세기에 농업 생산량이 엄청나게 증가했다. 계속해서 몇몇 사례들을 통해 식물 육종 활동의 중요한 성취와 특징을 더 자세히 설명하고자 한다.

곡류: 하나의 사례

농업 활동이 시작된 신석기 시대 이래로 곡류는 인류 소비의 관점에서 가장 중요한 작물이었다. 곡류가 이렇게 특별한 지위를 차지하게 된 이유는 아주 많다. 열매(작은 낟알)가 영양가가 높고, 수분 함량이 적어 오랫동안 저장할 수 있으며, 다양한 방법으로 조리해 먹을 수 있는 것이다. 대다수의 곡류, 특히 밀, 옥수수, 보리는 길들여 작물화하는 과정에서 상이한 기후 및 토양 조건에 적응할 수 있는 능력이 대단하다는 게 드러났다. 이것들은 다른 여러 작물과 비교해 경작, 관리, 수확 과정에서 요구가 많지 않아 힘이 덜 들고, 헥타르 당 산출량도 많다. 곡류는 해충 저항력이 비교적 강하고, 잡초와도 능히 경쟁한다.

수확량이 많은 순서에 따라 가장 중요한 곡물은 차례대로 밀, 쌀, 옥수수, 보리, 귀리, 수수, 호밀, 기장이다. 목록의 상위 세 개 곡물은 단연코 우리 인류가 가장 광범위하게 경작한 식량원이다.

외알밀과 에머밀(현재는 드물게만 재배되는 밀의 조상)과 함께 가장 오래전에 길들여진 작물은 보리였을 것이다. 우리는 이들 곡류의 장구한 육종 역사를 통해 작물 육종의 목표와 결과를 소상히 알 수 있다. 이들 식물이 비옥한 초승달 지대 및 이웃한 북아프리카와 중앙아시아 등 다양성의 중심지에서 기원했다는 것은 그림 18에 나와 있다.

우리가 현재 기르는 보리와 밀의 야생 조상은 이삭 축이 잘 부러

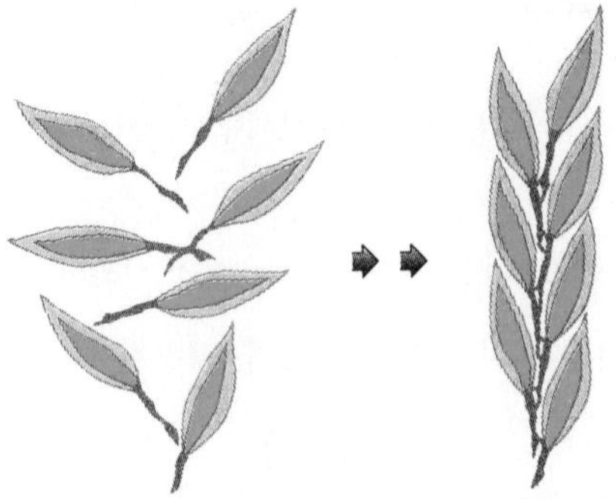

그림 19 잘 부러지는 이삭(왼쪽)에서 튼튼한 이삭(오른쪽)으로 바뀌는 과정을 보여주는 도해. 작물화의 초기 단계에서 자연발생적 돌연변이가 일어나 모든 주곡 작물의 이삭이 튼튼해졌다.

졌다. 이런 특성은 자연 상태에서라면 낟알이 퍼지는 데 도움이 된다. 그림 19는 야생종의 이삭이 익으면 정해진 파열 위치에서 어떻게 떨어지는지를 보여준다. 각각의 낟알은 이를 통해 개별적으로 운반된다. 바람, 곤충, 새, 그리고 기타의 동물도 털에 묻혀 그 전파에 기여했다. 최적의 확산이라는 자연 상태의 이 목표는 손쉽게 많이 수확하고자 하는 인류의 바람과 뚜렷하게 대비됐다. 이삭 축이 튼튼해지는 돌연변이가 보리와 밀의 작물화에서 결정적 단계였던 이유다. 이 돌연변이가 이른 시기에 자연발생적으로 일어나, 여문 낟알을 온전한 이삭의 형태로 수확할 수 있었던 게 틀림없다.

내한성의 조생 보리가 선택 육종되는 과정을 앞에서 얘기했다. 이를 상기한다면 인류가 이삭이 튼튼해진 새로운 성취를 발탁했으리

그림 20 현대의 다수확 재배종 보리와 야생의 친척을 비교해 볼 수 있다.

라고 상상하는 것은 어려운 일이 아니다. 좋은 특성을 선택해 온 아주 오래된 절차에 다음도 보태보도록 하자. 우수한 발아 능력, 꼿꼿하게 자라는 습성, 튼튼한 줄기, 질병 저항력, 다수확(여기에 굽기, 양조, 사료용으로 적합한 양질良質도 추가), 간단한 가공 처리(가령, 도정을 통해 알곡과 껍질穎苞을 쉽게 분리할 수 있을 것)를. 그러면 야생의 원종과 오늘날의 재배종이 크게 다르다는 것을 또렷하게 느낄 수 있으리라. 그림 20에서 이렇게 확연히 구분되는 두 개의 보리 품종을 볼 수 있다.

가장 우호적인 조건에서도 없던 특성을 보태 새로운 품종을 만들고 승인 절차를 거치려면 최소 5~10년이 걸린다. 그보다 훨씬 더 걸리는 경우도 잦고 말이다.

밀: 자연 잡종

밀은 우리에게 가장 중요한 식량 식물일 뿐 아니라, 별개의 잡종화가 무려 세 번씩이나 자연스럽게 일어난 복잡한 육종의 역사를 자랑하는 아주 좋은 예다. 오늘날 재배되는 밀 종류로는 외알밀, 에머밀, 듀럼밀durum wheat, 스펠트밀spelt, 참밀common wheat이 있다. 이것들 가운데서 인간의 영양 섭취에 단연코 가장 중요한 것은 듀럼밀과 참밀이다.

듀럼밀은 파스타, 통보리pearl barley, 세몰리나semolina의 원재료로 선호된다. 반면 참밀은 무엇보다 빵을 굽는 데 사용되고, 사료로도 쓰인다. 밀 녹말, 밀 맥주, 좁실 위스키grain spirit, 위스키는 해당 목적을 위해 개발된 특정한 품종을 사용해 만든다.

어떤 종류의 밀은 인위적인 육종 노력이 가해지지 않아도 자연스럽게 잡종이 되고, 생식력도 완벽하다. 야생 외알밀이 야생 에머밀의 두 조상 가운데 하나임을 우리는 이제 안다. 이 자연 잡종, 곧 야생 에머밀이 인위적인 육종 과정을 통해 재배종 에머밀과 듀럼밀로 개발됐다. 에머밀의 또 다른 조상을 우리는 알지 못한다. 에머밀은 근연의 들풀野草과 잡종화되기도 했는데, 그렇게 해서 나온 것이 참밀과 스펠트밀이다.

비옥한 초승달 지대의 고고학 유적을 살펴보면 이미 기원전 7000년에 모든 단계의 잡종이 작물로 활용 중이었음을 알 수 있다. 밀은 잡종화를 통해 토양과 기후 조건이 상이해도 잘 자랄 수 있는 특성을 확보했다. 잡종화로 야기된 또 하나의 중요한 결과는 변형되지 않은 채 재배되던 조상 밀에서 얻을 수 있는 것보다 생산량이 훨씬 많아졌다는 사실이다.

다수확과 제각각인 환경에의 적응성 외에도 육종가들에게는 밀의 가공적성 processing quality 을 개선해야 한다는 목표가 점점 더 중요해졌다. 기실 밀과 기타 곡물의 육종 목표는 열매(알곡)이다. 물론 작물의 지상 부위를 전부 사료로 사용할 수는 있지만 말이다.

오늘날의 곡물을 보면 낟알은 대개가 녹말을 함유한 배젖이다. 배젖의 기능은 씨앗에서 싹이 틀 때부터 묘목의 녹색 부위에서 광합성이 시작될 때까지 배아(번식에서 가장 중요한 열매의 부위)에 영양을 공급하는 것이다. 육종가들은 작물화 과정에서 지속적으로 배젖에 초점을 맞추었고, 이제 알곡은 녹말 함유량이 약 70퍼센트이다. 단백질 함량은 약 12퍼센트이며, 다수의 무기물과 비타민도 포함돼 있다.

어쨌든 다시 한 번 강조하고 싶은 게 있다. 인위적 육종으로 배젖이 엄청나게 비대해진 것은 비정상적인 과정이었다. 밀이 자연스럽게 번식하는 능력에 큰 지장이 초래되었음은 말할 것도 없다. 그림 16과 17에 나오는 식물들에도 똑같은 얘기를 할 수 있다. 그 작물들도 필요한 부위를 많이 수확하려면 해당 기관의 물질대사 능력이 커져야 한다. 동물을 육종하는 경우에도 유사한 목표가 추구된다. 예컨대, 젖소가 그렇다.

참밀을 육종하는 데서는 산출량과 기타의 여러 특성 외에 알곡의 분쇄 효율grinding efficiency과 밀가루의 빵 굽기 적합성도 중요하다. 오늘날의 주방과 빵집은 완벽한 기술과 합리적 작업을 목표로 하며, 거기 맞춰져 있다. 이곳들은 표준화된 밀가루를 원한다. 특정한 밀가루가 담긴 모든 부대가 정확하게 규정된 제빵 조건 하에서 원하는 유형의 빵, 롤, 케이크를 정확히 똑같은 모양과 크기로 내놓아야 하기 때문이다. 그러려면 표준화된 빵기 공정과 최대한 시종일관한 품질의 밀가루가 요구된다. 그래서 필요할 경우는 애시 매스ash mass가 미리 정해진 값에 정확하게 도달할 때까지 밀가루를 섞기도 한다. 각양각색의 밀가루 제품에 정체가 그렇다고 알리는 상표를 붙이는 기준을 애시 매스라고 한다.

애시 매스는 무기물 함량을 측정해서 얻는다. 그리고 무기물 함량은 빻은 밀가루의 고운 정도로 파악한다. 예컨대, 흔히 사용되는 405 밀가루(독일에서 쓰는 밀가루 번호다)는 애시가 0.405퍼센트이다. 더 가무잡잡한 밀가루는 덜 곱고, 영양가가 높은 구성물이 더 많이 들어 있고, 해서 종류를 알려주는 유형 번호도 크다.

그림 21 밀(왼쪽)과 라이밀(중앙)과 호밀(오른쪽)의 이삭 크기 비교

라이밀: 극단적인 잡종화의 예

참밀과 스펠트밀의 경우는 잡종화의 가능성이 아직도 더 남아 있다. 어떤 밀의 경우 19세기에 이미 저절로 또 다른 잡종화를 거치는 것이 확인되었다. 심지어 호밀과도 잡종화가 이루어졌다. 육종의 한 관점에서 볼 때 가장 흥미로운 변종은 밀(트리티쿰 Triticum)을 어머니로, 호밀(시케일리 Secale)을 아버지로 해서 만들어진다. 라이밀 triticale 이라고 하는 새로운 작물이 바로 그것이다. 라이밀의 영어 이름이 어려운 것은 부모 작물의 라틴어 명칭을 합쳐서 만들었기 때문이다.

사람들이 라이밀 재배에 점점 더 많은 관심을 보이는 것은 호밀에서 파생한 몇 가지 저항 형질 때문이다. 우수한 밀 품종들조차 항상

이 점이 문제시되었던 것이다. 라이밀은 밀과 비교해서 전반적으로 내한성이 향상되었고, 호밀처럼 기후 및 토양 조건이 덜 우호적이어도 잘 자란다. 밀보다 물이 덜 필요하다는 점도 보태야겠다.

라이밀을 시험 재배해 본 결과에 따르면 헥타르 당 소출량이 항상 밀만큼 나오지는 않았다. 하지만 비슷한 경우도 꽤 됐고, 호밀의 소출량보다는 훨씬 많았다. 그림 21에서 라이밀, 밀, 호밀의 이삭 크기를 비교해 볼 수 있는데, 계속해서 육종을 시도해 볼 수 있겠다는 낙관적인 생각이 든다. 라이밀은 온대 지방에서 곡물 사료grain feed로 이미 중요한 역할을 맡고 있으며, 아열대 지방에서는 인간의 식량원으로 점점 더 밀을 대체해 가는 중이다.

잡초가 작물이 된 예: 귀리와 호밀

귀리와 호밀은 라이밀과 비교하면 오래된 작물이지만 밀 및 보리와 비교하면 신참 작물이기도 하다. 귀리와 호밀은 "부차적인 작물"이고, 실상 오랫동안 대개는 잡초로 간주됐다. 밀밭 또는 보리밭에서 제거하기가 어려웠던 탓이다. 기원전 1000년에 중앙유럽의 기후가 악화했고, 두 작물이 밀 및 보리와 비교할 때 내한성이 탁월하다는 게 장점으로 부각됐다. 귀리와 호밀은 기장과 함께 유럽의 서늘하고 축축한 기후대에서 잠깐이나마 식량 식물로 중요해졌다.

귀리와 호밀은 영양가가 뛰어나다. 그러나 두 곡물 모두 현재는 주로 가축의 먹이로 이용되고 있다. 각각의 생산량은 전 세계 밀 총생산량의 10분의 1에도 못 미친다. 귀리와 호밀은 잡초에서 다양한 중요성을 지니는 작물로 비교적 빠르게 발전했고, 우리는 이 사실을 통해 상이한 환경적·정치적 상황에서 그 두 작물의 상대적 가치가 요동했음을 알 수 있다. 현재도 다른 곡물 경작을 억제하려고 밀과 보리의 고정 가격 방침을 고수하는 정부들을 떠올려보라.

옥수수, 유채, 사탕무의 특성

육종의 목표와 그 결과, 그리고 방법은 식량 식물 자체만큼이나 다양하다. 세 가지 사례를 간략하게 더 살펴보자. 이 세 작물이 다른 많은 작물을 대표한다고 할 수도 있다. 나는 또 다른 특수한 사례인 감자를 살펴본 다음 이 장을 마무리하려고 한다. 세 작물은 모두 특별히 성공한 사례들이다. 옥수수는 수확량이 개선됐고, 유채는 영양상의 품질이 향상됐으며, 사탕무는 재배 기술이 나아졌다. 우리는 세 작물을 통해 종 특유의 특성을 어느 정도까지 고려해야 하는지도 알게 됐다.

옥수수는 *교잡 육종*hybrid breeding(잡종화 육종)이 실제에 적용된 대표적 사례이다. 동일종의 상이한 두 가지 근교 계통을 교배한 것이다. 그 결과 산출이 아주 많고, 교배 대상이 지닌 형질들이 유리하게 결합한 잡종이 만들어졌다. 그런데 이 다수확 특성은 첫 세대에서만 발현된다. 아직 그 이유는 밝혀내지 못했다. 결국 근교 계통 육종은 매년 반복해야만 한다. 자가 수정을 막으려면 "웅성 불임" male-sterile 을 시킬 수도 있고, 수꽃을 잘라내는 방식으로 거세를 할 수도 있다. 실제에서는 웅성 불임법이 훨씬 쉽다. 자연 돌연변이를 활용한 육종을 통해 그렇게 할 수 있다. 옥수수 외에 다른 몇몇 식물에서도 이 방법은 아주 효과적이다.

근교 계통 교배로 수확량이 대폭 증가하는 현상을 보이는 식물은 많다. 옥수수 외에도 쌀, 사탕무, 수수, 해바라기를 재배하는 활동에서 이 방법이 점점 더 많이 사용되는 이유다. 하지만 잡종 씨앗은 값이 비싸다. 상응하는 교배를 통해 거푸 만들어내야만 하기 때문이다. 하지만 그럼에도 불구하고 경제적으로는 매력적인 일임에 틀림없다. 수확량이 엄청난 변종이 광범위하게 쓰이는 이유다.

두 번째로 *유채*도 보자. 하지만 여기서는 생산량을 늘리기보다는 달갑지 않은 특성을 없애기 위해 활용된 육종에 집중해 보도록 하겠다. 유채는 가장 중요한 유지 식물 oil plant 가운데 하나로, 전 세계적으로 그 중요성이 날로 커지고 있다. 당초의 유채씨유에는 에루크산 erucic acid 이라는 흔하지 않은 지방산이 들어 있었다. 가령 대두, 땅콩, 해바라기에서 나오는 다른 식물성 기름에는 에루크산이 없는 것이다. 유채씨유는 에루크산이 차지하는 몫이 50퍼센트까지 육박하는 바람에 식용유로 쓰기에는 열등한 것으로 오랫동안 간주됐다. 유채씨유가 과거에 주로 등잔용 기름이나 도료 및 세제 산업에서 사용된 이유다.

에루크산을 없앤 유채 품종이 육종되었고, 그렇게 해서 탄생한 "0-품종들"은 식용유로서 품질이 아주 좋다. 하지만 이런 조치도 두 종류의 달갑지 않은 성분 가운데 하나만을 제거한 것에 불과했다.

압착해서 기름을 짜내면 찌꺼기가 남는다. 유채씨 깻묵이라고 하는 유박油粕이 그것이다. 이 잔여물에는 단백질이 많이 들어 있고, 해서 사료로서 가치가 아주 높다. 그러나 최근까지도 이 사료는 제 기능을 못 했다. "겨자씨 기름"(글루코시놀레이트glucosinolate)이라고 알려진 달갑지 않은 독소가 많이 들어 있었던 탓이다. 십자화과 종들(양배추, 무, 겨자 등등)에서도 화학적으로 비슷한 글루코시놀레이트를 볼 수 있는데, 그로 인해 특유의 맛이 나는 것이다. 이 사안도 광범위한 육종 노력으로 해결됐다. 그렇게 탄생한 "00-품종들"은 에루크산이 거의 없는 기름을 생산하고, 유채씨 깻묵에도 글루코시놀레이트가 거의 없다.

사탕무 육종가들은 완전히 다른 유형의 도전 과제에 직면했다. 사탕무의 원산지는 지중해 지방이고, 이것은 오랫동안 원예 식물이었으며, 후로는 사료 작물로 이용됐고, 이윽고 17세기 말에야 설탕 공급원으로 부상했다. 사탕무의 설탕 함량은 꾸준하고 체계적인 육종 노력의 결과 7퍼센트에서 23퍼센트로 증가했다.

최근까지도 사탕무를 재배하는 활동은 일이 힘겹고, 비용도 아주 많이 들었다. 작물이 아직 어릴 때 손으로 직접 솎아줘야 했기 때문이다. 꽃의 형태 때문에 이렇게 꼼꼼하고 까다로운 일 처리가 요구된다. 사탕무는 착생着生형(꼭지가 없는) 꽃이 통상 두 개에서 네 개까지 송이로 결합돼 있다. 발생하는 씨앗 송이에는 같은 수의 밑씨胚珠가 담긴다. 육종가들은 이것을 하나로 줄이는 데 성공했다. 결국 씨앗이 *단배종자*monogerm seed, 單胚種子 ■로 바뀌었고, 솎아내기 작업은 더 이상 필요하지 않게 됐다.

오늘날의 단배종자는 살충제를 코팅한 알갱이 형태로 출시된다. 그렇게 하면 농약을 조금만 사용해도 되고, 결국 더 환경 친화적인 방식인 셈이다.

감자

육종의 다양한 목표를 보여주는 마지막 사례로 이 장에서는 감자를 살펴보려고 한다. 감자의 덩이줄기는 지배적 형태의 곡물(밀, 쌀, 옥수수)을 제외하면 세계에서 가장 중요한 식량원이다. 남아메리카의 안데스 지방이 감자의 원산지이다. 감자는 이 2,000년도 더 전에 초기의 원주민 선진 문명(모체와 나스카)의 주된 영양 공급원이었다. 작물화의 기원도 수천 년 전으로 거슬러 올라간다.

스페인의 정복자들이 16세기 말에 남아메리카의 한 재배종 감자를 유럽에 들여왔다. 얼마 지나지 않아 30년 전쟁(1618~48)이 발발했고, 감자는 산발적으로 재배되면서 유럽을 경유해 북아메리카로 전파됐다. 하지만 감자는 북반구에서 한동안 주식으로서 그 중요성을 인정받지 못했다. 사람들은 처음에 감자를 완전히 잘못 이해했

그림 22 야생종 감자와 오늘날 재배되는 다수확 품종 감자의 괴경(덩이줄기) 크기 비교

다. 정원에 관상용 식물로 심었던 것이다. 이게 다가 아니다. 사람들은 덩이줄기를 송로松露 같은 자실체字實體로 오해했다. 독일어로 감자는 카르토펠Kartoffel인데, 처음에는 타르튀펠Tartüffel이라고 불렀다(송로라는 뜻의 이탈리아어 타르투포tartufo에서 왔다).

프리드리히 대제는 중앙유럽이 감자를 받아들이는 데서 최종적으로 중요한 역할을 한 것으로 흔히 간주된다. 그러나 전하는 바에 따르면 그도 농민들이 이 신작물의 이점을 믿고 받아들이도록 하기 위해 색다른 방법을 동원해야만 했다. 프리드리히 대제는 주간에 밭에 병사들을 배치해 파수를 보게 했고, 당연하게도 농민들은 궁금해했다. 농민들은 야음을 틈타 귀중할 게 틀림없는 감자를 훔쳐다가 심었고, 프리드리히가 기대한 것도 바로 그것이었다. 불과 몇십 년 후(1845~48) 유럽의 여러 지역에서 감자가 흉년을 기록함으로써 심각한 기근이 초래됐다는 사실을 통해서도 프리드리히 대제의 노력이 성공을 거두었음을 능히 짐작할 수 있다.

약 200년에 걸쳐 육종 활동이 집중적으로 이뤄졌고, 가늠할 수 없을 정도로 많은 감자 품종이 만들어졌다. 덩이줄기의 크기와 생산량이 야생의 원종과 비교해 극적으로 커졌다(그림 22). 다른 모든 작물처럼 감자도 종 고유의 특징과 이용자 특정의 특색 말고도 육종의 전반적 목표가 많았다.

육종의 전반적 목표들은 전형적이라 할 수 있다. 상이한 기후 및 토양 조건에 최대한 내성을 가질 것, 질병 저항력, 일제히 성숙할 것, 오랜 저장 수명 등등. 맛, 요리 적합성, 색깔, 형태, 기계로 편리하게 가공할 수 있을 것(프렌치프라이, 얄팍한 감자튀김, 으깬 감자용 가루, 경단 가루, 껍질을 벗긴 통조림, 녹말, 주류 제조) 등이 감자에서 고려되며, 여러 상이한 방식으로 덩이줄기가 이용된다.

감자가 어떤 수요 속에서 육종되는지 제대로 알려면 통상의 여러 요구 조건을 살펴봐야 하겠다. 독일 요리사들은 노란 감자를 선호한다. 반면 영국인들은 하얀 감자를 반긴다. 얄팍한 감자튀김을 만들려면 덩이줄기의 지름이 일정해야 하고, 검은 부분이 있어서는 안 된다. 프렌치프라이를 만들려면 감자가 가급적 길어야 하고, 통조림용 감자는 될 수 있는 대로 작아야 할 것이다(저장했는데 갈색으로 변색되어서도 안 된다). 갓 수확한 감자라면 단백질 함량이 많아야 하고, 전분이나 술을 만드는 데 쓰이는 감자는 최대한 많은 녹말을 함유해야 한다.

농사에서는 대개 덩이줄기를 사용하는 무성 생식법(영양 번식)으로 감자를 번식시킨다. 반면 육종 활동에는 유성 생식법이 동원된다. 씨를 받아 유묘幼苗를 키워내는 것이다. 영양 번식은 동물은 불가능한 식물의 독특한 특성이다. 감자는 영양 번식이 아주 쉽다. 덩이줄기를 사용하거나 꺾꽂이로도 가능할 뿐만 아니라 작은 조직이나 단 한 개의 세포로도 번식을 시킬 수 있는 것이다.

몇 개의, 아니 심지어 단 한 개의 *체세포* somatic cell ■(*생식 세포*■가 아니라)로 식물 개체 전체를 재생시키는 이 방법이 식물 유전공학을 포함해 식물 육종 활동에서 중요한 수단으로 부상했다. 해서 조직 및 세포 배양 문제를 짧게나마 살펴보는 것으로 이 장을 마무리하고자 한다.

조직 및 세포 배양

식물 연구 분야에서 조직 및 세포 배양 지식은 100년 전부터 알려져 있었다. 이 지식은 여러 연구 분야로 폭넓게 확장됐고, 실제의 응용 사례도 많다. 이제는 많은 식물 육종 회사가 유묘를 만들고 번식시키는 데 그 지식을 일상으로 사용한다(그림 23).

식물, 동물, 인간 등 고등한 다세포 생물의 세포를 이제는 천연 조직 바깥에서 일정 시간 배양하는 게 가능하다. 가령, 의료 및 제약 연구 분야에서는 살아 있는 생명체에 실험을 할 수 없으므로 자주

그림 23 식물 육종 회사에서 배양 세포를 바탕으로 사탕무를 번식시키고 있다. 배양된 유합 조직에 적당한 식물 생장 조절제를 순차적으로 투여하면 먼저 새순이 나고(왼쪽 위), 다음으로 뿌리가 자란다(오른쪽 위)

유묘는 실외에 심어 가꿀 준비를 마칠 때까지 온실에서 키운다.

활용된다. 인간과 동물의 경우는 세포나 조직의 조각을 피부(살갗), 근육, 골수, 간, 신장 및 기타 기관에서 떼어내고, 식물의 경우도 마찬가지로 여러 상이한 조직에서 떼어낼 수 있다.

많은 경우 세포들은 적당한 영양 용액 속에서 오랜 기간 분열 증식한다. 그러나 인간과 대다수 동물의 세포는 각각의 자연스러운 세포 환경 속에서 분화된 프로그램을 대폭 변경할 수가 없다. 손상된 조직은 세포 분열을 통해 복구할 수 있다. 예컨대 피부, 뼈, 근육, 힘줄을 치료하는 과정이 그렇다. 하지만 뼈 세포가 피부 세포로 바뀔 수는 없으며, 그 역도 불가능한 것이다.

이 점이 식물과 동물의 커다란 차이이다. 간단한 예로, 식물은 꺾꽂이로 번식시킬 수 있다. 잘라내서 땅에 파묻은 가지에는 뿌리 세포가 단 한 개도 없다. 그러나 가지로 분화된 다른 유형의 세포들이 단기간에 분열과 재프로그램을 통해 뿌리를 만들어낸다. 이렇게 만들어진 뿌리는 씨앗에서 정상적으로 발달한 뿌리와 하등 다를 바가 없다.

그림 24는 식물 세포 배양과 동물 세포 배양의 상이한 잠재력을 비교해 보여준다. 식물의 대표적인 예가 감자다. (잎이든, 줄기든, 뿌리든, 괴경이든, 다른 무엇이든) 기관에서 작은 조직을 떼어내, 세균 오염을 막기 위해 살균을 한 다음, 액체 또는 고형의 영양 매개물培地에 둔다. 이 배지에는 예컨대, 설탕 같은 탄소원, 각종 필수 무기물, 몇 가지 비타민과 식물 생장 조절제가 들어 있다.

작은 세포 조직은 유합 조직callus ■이라는 미분화 상태의 세포 덩어리로 자란다. 식물에 상처가 났을 때 일어나는 치유 과정과 비슷하다고 할 수 있겠다. 잘려나간 나뭇가지에서 생기는 유합 조직을 떠올려보라. 영양 용액의 유합 조직을 흔들어주면 그 덩어리가 작은 조각 내지 한 개의 세포들로 쪼개진 후, 계속해서 무한 분열한다. 물론 영양 물질이 지속적으로 공급된다는 전제 하에서 말이다.

식물 세포에서는 또 다른 특징도 볼 수 있다. 식물 세포는 일부

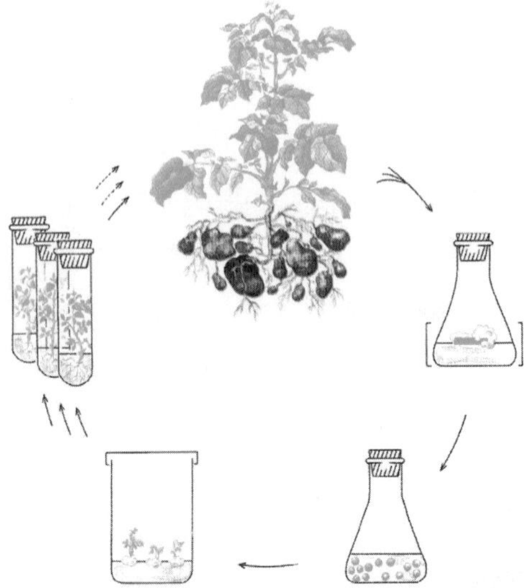

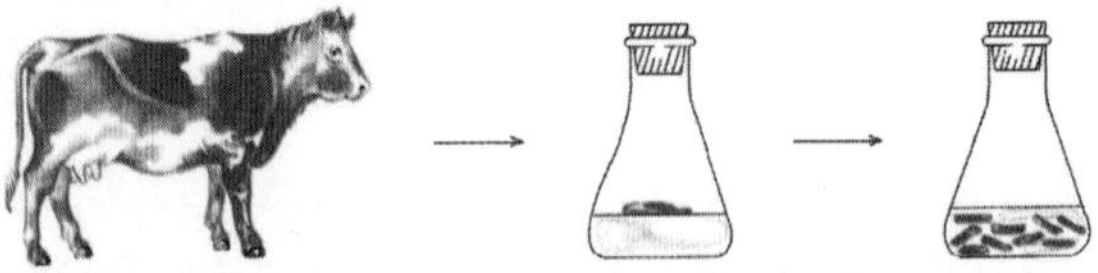

그림 24 단 한 개의 세포들이나 조직 조각들은 완벽한 식물 개체로 재생할 수 있는 능력을 지녔다. 원래 식물과 유전자가 똑같기 때문에 복제 식물, 곧 클론이다.

인간과 대다수 동물의 체세포에는 이런 능력이 없다.

특수 미생물만 깨부술 수 있는 단단한 세포벽으로 둘러싸여 있다. 세포벽을 관장하는 효소■는 외부로부터 쉽게 차단될 수 있다. 세포벽을 제거했지만 전혀 손상되지 않은, 막으로만 둘러싸인 세포를 만들어낼 수 있는 것이다. 이런 원형질체protoplast ■는 유전자를 변형할 수 있기 때문에 매우 귀중한 과도 단계라 할 수 있다. 다음 장에서 원형질체를 집중적으로 다룬다.

영양 매개물 안의 식물 생장 조절제를 단계적으로 바꿔주면 단일 세포 또는 크고 작은 유합 조직 내지 조직 조각으로 온전한 식물을 다시금 만들어낼 수 있다. 이렇게 순차적으로 조치를 취하면 세포들이 재프로그램되고, 이어서 새순과 뿌리가 만들어지며(그림 24), 땅에 심을 수도 있는 것이다. 꺾꽂이로 뿌리를 내린 개체나 유성 번식으로 만들어진 유묘와 다름이 없는 셈이다. 이것들 모두는 단일 개체에서 유래했기 때문에 유전자가 똑같은 복제 식물, 곧 클론이다. 접목, 포복 덩굴, 꺾꽂이에 대해서도 같은 얘기를 할 수 있다.

단 한 개의 잎사귀조차 세포가 수백만 개임을 감안하면 이렇게 식물을 번식시키는 방법이 엄청난 잠재력을 갖고 있음을 더욱더 분명하게 깨달을 수 있다. 원형질체를 바탕으로 소중한 식물 개체를 거의 무한정 번식시킬 수 있다(예컨대 새롭고 희귀하며 저항력이 탁월한 변종, 또는 달리 통제하기가 쉽지 않은 바이러스나 미생물 병원체에 구애받지 않는 식물).

하지만 그럼에도 불구하고 한 식물에서 나온 모든 개체는 극단적인 동종 번식의 사례임을 명심해야 한다. 유전자가 같은 클론이기 때문이다. 이런 개체는 자연스러운 유전자 다양성을 결여하고 있으며, 따라서 필요하다면 복원해야만 한다.

세포 및 조직 배양■이 엄청난 잠재력을 발휘할 수 있는 한 가지 응용 분야가 유전공학이다. 다음 장에서는 이 주제를 다뤄보도록 하자.

요약

식량 식물 육종 활동은 특정한 환경 및 농업 조건에서 고품질의 식량을 최대한 많이 산출해 내는 재배종을 만들어내는 걸 목표로 삼는다. 이 목표가 약 1만 년 동안 추구됐다. 처음에는 그저 선택할 뿐인 "맹목적" 육종이었다. 그러던 것이 과거 100년 동안 구체적 목표를 설정하고, 과학을 참조해 교배 육종하는 방식과 선택 육종을 결합하는 단계로 진일보했다. 더 최근에는 교배 육종에 화학적·물리적 돌연변이 유발과 더불어 조직 및 세포 배양 기술이 더해졌다.

인류에게 가장 중요한 식량 식물들의 원종은 "생물 다양성의 중심지들"(유전적 다양성이 아주 풍부한 지역)에서 길들여져 재배종화됐다. 주요 식량 작물은 이들 거점을 출발해 전 세계로 퍼져나갔다. 무역 거래, 식민화, 육종 활동에 따른 적응의 방식이 동원됐다. 현대의 다수확 품종들은 야생의 원종과 겉모습(표현형) 및 유전자 구조(유전자형)가 크게 다르다. 육종가들이 야생의 원종을 의도한 방향으로 강제 진화시키지 않았다면 이 개량종들은 결코 존재하지 못했을 것이다. 현대의 개량종은 야생종과 비교할 때 자연 상태의 경쟁력이 현저히 떨어지기 십상이다. 기계적·화학적 보호 활동이 집중되어야 하는 이유다.

5 유전공학: 연구와 응용

20세기 말에 유전공학이 출현했고, 식물 육종과 다른 많은 분야의 생물학 연구 및 응용 활동에 새 시대가 도래했다. 유전공학은 인류의 보건과 농업 활동에서 중요한 역할을 담당하고 있으며, 따라서 그 방법과 초기의 성과를 간략히 살펴보는 것도 향후의 논의에 보탬이 될 것이다.

유전공학: 생명공학의 새 분야

지난 수십 년 동안 생물학의 신생 분야인 분자 생물학이 크게 발달했고, 그 과정에서 출현한 다양한 실지 응용 방법들이 유전공학이다. 이 새로운 학문과 그 방법론적 토대에는 특이한 이력이 있다. 이론 물리학자들의 중요한 기여를 논외로 한다면 생화학, 미생물학, 세포 생물학, 유전학 등 오랫동안 엄격하게 구분되는 개별 학과였던 몇 개의 생물학 분야가 포개지면서 유전공학이 탄생한 것이다.

분자 생물학만큼이나 급격하게 발달해 엄청난 성과를 낸 생물학 분야는 일찍이 달리 없었다. 다른 무엇보다 유전공학이 짧게나마 독립하는 듯싶더니 다시 출처 학문들과 융합돼, 기원이 되었던 학문들이 근본적인 수준에서 혁신을 맞이했기 때문에 이런 일이 가능했다. 유전공학은 연계 고리로서, 효율이 탁월한 방법적 수단을 제공했다.

이렇듯 새로운 학문에서 발달한 유전공학은 고래로부터의 생명공학 기술이 뻗어낸 가장 어린 가지라 할 수 있다. 생각해 보라. 생물학적 과정을 실제로 응용하는 일이 생명공학 아니던가? 예컨대, 우리 인류는 지난 수천 년 동안 유산균, 효모, 기타 미생물을 특정하게 증식해 우유를 치즈로 만들었고, 빵을 구웠으며, 알코올 발효 과정을 통해 맥주와 포도주를 생산했다. 현대 의학은 미생물을 특수 배양해 지속적으로 항생 물질과 기타 약물을 생산한다.

용어의 의미를 포괄적으로 적용해 보면 이 모든 과정이 "유전공학"이다. 생명공학적 목표를 설정하고 유기체를 육종 개량하거나 그 유전자를 변형(최적화)하는 것이니 말이다.

생물-분자적 관점에서 바라본 유전

가장 작은 박테리아에서부터 가장 커다란 삼나무나 코끼리, 고도로 육종된 재배종 밀이나 인간은 모두 유기체다. 이 모든 유기체의 유전자는 모두 똑같은 네 개의 기본 요소, 곧 뉴클레오티드로 구성된다. 모든 유전자에는 이들 뉴클레오티드가 수천 개 들어 있다. 유전자를 구성하는 뉴클레오티드는 상이한 순서로 길쭉하게 이어져 있는데, 그 양상이 모든 개별 유전자의 독특한 유일무이성을 빚어낸다. 기본 요소 1,000개가 늘어서 있다고 해보자(대부분의 유전자가 훨씬 길다). 네 개의 집짓기 블록이 만들어낼 수 있는 조합의 수(4의 1,000승)는 이미 상상을 초월한다. 이 사실을 명심하면 존재하는 모든 연쇄상이 전 우주에서 한 번 이상 발생할 수 없으리라고 어렵지 않게 추론할 수 있다. 그렇게 해서 모든 유전자가 유일무이해지는 것이다. 모든 유기체는 말할 것도 없고.

유전자는 각각의 세포 안에서 긴 사슬 모양으로 서로 연결돼 있다. 그렇게 빽빽한 묶음으로 꾸려진 유전자가 *유전체*다. 유기체의 완벽한 유전 정보 꾸러미가 유전체인 셈이다. 세포가 분열할 때 유전체의 완벽한 사본이 만들어진다. 새로운 세포가 매번 이 정보를 물려받는다(모든 후속 세포에서 이 과정이 반복된다). 드물지만 한 가지 중요한 제한 조건이 있는데, 복제 과정에서 가끔 실수가 일어나 지대한 영향을 끼치기도 한다는 점이다.

생물의 모든 세포(드물지만 여기서는 별 의미가 없는 예외도 존재한다)에는 정확히 완벽하게 동일한 유전 정보가 들어 있다. 이 정보가 정교한 메커니즘을 통해 단백질로 전환된다. 각각의 단백질은 세포에서 특수한 기능을 담당하고 말이다. 대부분의 단백질이 세포를 구성하는 집짓기 블록이거나 촉매 활성 효소(숙련된 "분자" 노동자로 세포 물질대사를 담당한다)이다. 모든 효소는 특정한 촉매(반응 촉진제)로, 특정한 물질대사를 담당한다. 가령 꽃의 색소, 곡물 낟알 배젖의 녹말, 세포가 분열하면서 새로 복제되는 유전자 등등이 형성되는 한 단계를 담당하는 것이다.

상이한 여러 물질대사가 이루어지는 강도는 각기 다른 유형의 조직에서의 세포들의 기능 분화, 유기체의 나이와 발달 단계, 외부 조건(빛, 온도, 영양과 물의 공급)에 달려 있다. 해당 효소 분자의 수와 전반적인 활동도 그에 따라서 바뀐다. 유전자가 단백질로 전환되는 것을 자세히 조절 통제하는 것은 유전자 구조의 이분二分 양상이다. 모든 유전자에는 단백질 합성을 암호화한 지령이 담겨 있는 조각(구조 유전자■) 외에도 프로모터promoter 유전자■라고 하는 제어 단위가 있다. 프로모터 유전자는 세포핵으로 유입되는 모든 신호를 등재해, 유전자의 활동을 조절 통어한다.

이런 식의 데이터 처리는 무한히 다양하다. 신호 분자, 프로모터 체계, 조절 회로의 수많은 조합 순열이 작용과 반작용의 상호 길항을 고도로 정교하게, 다면적으로 조직 편성하는 것이다. 세포는 물론이고 전체 유기체 내에서 이루어지는 물질대사 전반이 얼마나 복잡한지 알 수 있는 대목이다.

오늘날 생명의 기초만큼 집중적으로 연구되는 생물학 분야도 없다. 지금까지의 모든 연구 결과는 생물 구조의 온갖 다양성, 복잡성, 역동성, 변동성, 가소성이 이렇게 분자 수준에서 파악될 거라는 오랜 정설을 확인해 줬다.

게다가 우리는 분자의 조절 기제를 더욱더 자세히 알아냈고 유전자, 세포 유형, 세포의 상태에 관해 더욱더 많이 이해하게 됐다. 기초 연구와 유전공학의 바탕인 분자 생물학으로 우리가 알게 된 가장 중요한 사항은 아마도 서두에 언급한 결론일 것이다.

> 가장 단순한 박테리아에서부터 인간에 이르는 모든 유기체에 보편적인 것이 바로 "유전 암호"(화학적 성질을 띠는 집짓기 블록 네 개로 만들어진 유전자)이다.

계속해서 몇 가지 사례를 통해 이 "보편적 유전 암호"가 유전공학에 얼마나 지대한 영향을 끼쳤는지 제시해 보도록 하겠다. 하지만 유전공학의 절차와 과정을 바르게 이해하려면 먼저 그 방법적 수단을 짧게나마 살펴볼 필요가 있겠다.

유전자 이식 기술

유성 번식을 떠올려 보자. 각각의 교배 대상을 출처로 하는, 대개는 모르는 유전자 수천 개의 절반씩이 독특한 무작위적 조합으로 섞이는 과정에서 유전공학은 그 기능을 아는 유전자를 한 개 내지 두세 개 이식할 수 있다. 가장 중요한 단계들은 그림 25로 도해해 놨다.

원하는 유전자를 갖고 있는 생물로부터 유전 물질(DNA=디옥시리

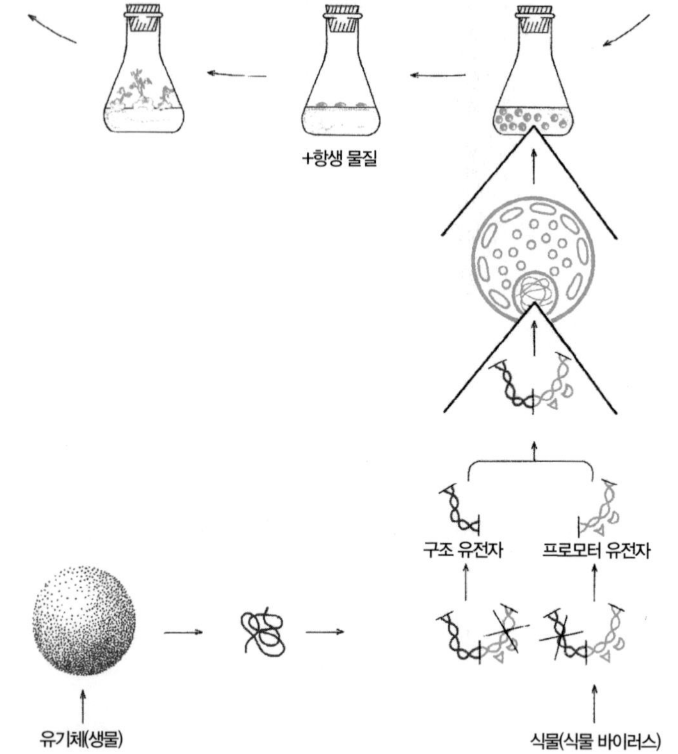

그림 25 유전자를 식물 세포에 이식하면 온전한 식물로 자란다. 그림에서는 유전자가 이식된 식물만 얻기 위해 바뀌지 않은 세포는 항생제로 죽인다.

보핵산)■을 분리해 내는 것이 제1단계이다. 긴 사슬을 잘라낸 유전자 절편(DNA 조각)은 *제한 효소* restriction enzyme ■를 사용해 얻는다. 이 분자 절단 장치는 특정 뉴클레오티드 서열을 상당히 정확하게 찾아내, 그 인식 부위에서 사슬을 찢는다.

제한 효소는 맨 처음 박테리아에서 발견됐다. 외래 DNA(가령, 바이러스의)가 침투하는 것을 막는 자연 기제였던 것이다. 이제 제한 효소는 상업적으로 대량 생산된다. 제한 효소를 활용하면 어떤 유전자라도 특정 유전체 부위로부터 잘라낼 수 있고, 필요하다면 두 개의 기능 부위, 곧 구조 유전자와 프로모터 유전자로 분리하는 것도 가능하다.

구조 유전자를 적당한 프로모터 유전자와 결합하는 것이 작업의 두 번째 단계(그림 25의 오른쪽)이다. 목표로 하는 유기체 내에서 새롭게 구성된 유전자는 조건이 적당하면 원하는 바대로 발현이 된다. 유전자가 *이식*된 식물에서 외래 유전자가 발현되었음을 알 수 있는 예들로는, 병원체 감염 부위나 곤충이 베어 물어서 훼손된 부위가 있겠다.

마지막 단계에서는 그렇게 마련한 유전자를 목표 세포나 유기체에 이식한다. 식물을 대상으로 그 일을 하려면 몇 가지 기술이 필요하다. 원형질체 현탁액에 DNA를 직접 첨가하는 것이 가장 간단한 방법이다.■ 배양 조건이 적절하면 대부분의 세포 유형은 기꺼이 추가 DNA를 수용한다.

이런 방법들이 개발되던 초기에 중요한 발견이 이루어졌다. 유전공학이 더 한층 굳건하게 확립되는 데 결정적이었을 뿐만 아니라, 이식된 유전자의 생사 및 그것이 처한 새로운 환경과도 밀접한 관련이 있는 발견이었다. 표적 세포가 상이한 유형의 외래 유전자를 받아들일 뿐만 아니라 표적 세포의 유전체에 그 외래 유전자들이 견고하게 통합된다는 사실이 밝혀졌던 것이다. 이게 무슨 말인가? 외래 유전자가 유전된다는 얘기이다. 유전자 변형 내용이 누대에 걸쳐 유지 보전된다는 의미인 것이다.

하지만 다음의 둘을 명심해야만 이 그림이 완벽해진다. 이식 유전자■의 통합, 발현, 유전은 일정한 통계적 확률로만 일어난다. "견고한" 통합이 무한정 지속되는 것은 아니다. 그러나 이런 한계보다 더 중요한 것은 현상 그 자체이다. 유전자들과 유전자 절편들이 다른 유전체에 들어가 통합되어도, 새로운 생물학적 환경에서 원래대로 작동하고, 후대에 전해짐이 증명되었음을 잊어서는 안 된다.

또 다른 관찰 결과도 매우 중요하다. 새로 이식된 유전자가 외래 프로모터를 가지고 있다면, 그 유전자는 기능적으로 유사한 자체의 프로모터를 갖는 토착 유전자와 동일한 방식으로 표적 유기체 내에서 발현될 것이다.

그림 25의 윗부분과 후속 단계라 할 그림 24는 완전한 식물 개체로 성장해 가는 그다음 순서를 보여준다. 이렇게 바뀐 유전자형은 하나 내지 두세 개의 유전자만 이식되었을 뿐으로 그 외에는 달라지지 않은 채 그대로이다.

장내 대장균E. coli 박테리아의 특별하게 구성된 실험주 균주에서 매 단계에 필요한 만큼 DNA를 충분히 증식시킬 수만 있다면 이 다단계 절차를 성공적으로 완료할 수 있다. 인위적인 환경에서만 살 수 있는 돌연변이 박테리아가 이 복제 과정에 사용된다. 이것들이 통제를 벗어나 실험실 밖으로 퍼져 나가는 사태를 상당히 확실하게 배제할 수 있도록 말이다.

이쯤에서 유전공학을 통해 개별 유전자의 활동을 중단시킬 수 있음도 얘기해 두고 싶다. 이런 또 다른 선택지의 유명한 사례로 유전자 변형 토마토 "플레이버세이버"FlavorSavor가 있다. 관련 유전자 가운데 하나를 활동 정지시키는 방법을 동원해 토마토가 물러서 썩는 것을 크게 늦출 수 있었다. 이 토마토는 더 이상 익기 전에 수확할 필요가 없었다. 화학 약품을 써서 인위적으로 숙성시킬 필요도 없었다. 플레이버세이버는 이내 썩지 않고도, 온전한 맛과 영양이 자연스럽게 발현될 수 있었다.

전반적으로 보아, 분자 생물학과 유전공학이 발달하면서 우리의 생물학 지식이 수십 년 만에 완전히 일신되었다. 막스 플랑크, 알베르트 아인슈타인, 기타 인물들이 거의 한 세기 전 우리의 세계 인식에 대변혁을 가져온 것과 비슷하다고 할 수 있을 것이다. 모든 과학혁명은 예기치 못한 일련의 성과들에 바탕을 두었고, 다시 한 번 예측하지 못한 실제 응용으로 이어졌다.

그 광범위한 목록은 차치하자. 엄선한 사례 몇 가지면 유전공학이 초기에 어떻게 응용되었는지 생생하게 감을 잡을 수 있을 것이다.

박테리아 유전공학

박테리아는 유전공학이 처음 발달하는 데서뿐만 아니라 최초의 실지 시험에서도 모델이 되는 생물로서 기여했다. 박테리아는 기초 연구 과정에서 상대적으로 쉽게 활용할 수 있는 첫 번째 대상이었을 뿐만 아니라 처음부터 DNA 복제의 필수적 조력자였다.

유전적으로 정해진 기존의 특성을 변형(강화, 제거, 대체)하거나 대상 생물이 통상은 만들어내지 않는 새로운 산물을 형성해 내야 실제 응용이라는 것을 할 수 있다. 기존의 육종 방법으로도 유전자를 변형하는 게 가능하기는 하다. 하지만 몇 가지 특별한 경우를 예외로 하면, 종에 이질적인 산물을 만들어내는 일은 유전공학을 통해서만 가능하다. 이 방법은 원칙적으로 식물 원형질체에 유전자를 이식하는 것과 똑같다(그림 25).

유전공학으로 유전자 이식 박테리아에서 인간의 인슐린을 생산한 일은 최초여서 더욱 유명한 사례이다. 인슐린은 췌장에서 분비되는 호르몬으로, 고등 동물과 인간의 혈당 수치를 조절하는 데서 중요한 역할을 한다. 인슐린이 부족하면 당뇨병에 걸린다. 당뇨병은 만연했을 뿐만 아니라 유전까지 잘되는 병으로, 특히 성인기 발증형發症型 당뇨병 형태로 발병률이 꾸준히 증가 중이다. 시도해 볼 수 있는 유일한 치료법은 엄격한 식이요법과 정기적인 인슐린 주사뿐이다.

그러나 수백만 명 규모의 환자를 고려해 볼 때, 망자의 췌장에서 분리해야만 하는 소량의 인간 인슐린만으로는 턱없이 부족했다. 대체물로 사용한 돼지 인슐린은 화학 구조가 인간 인슐린과 완전히 똑같지는 않아서 부작용이 일어난다. 화학적으로 합성한 인간 인슐린도 매우 복잡하고, 값이 비싸다. 또한 부산물을 비용 효율적으로 그리고 완벽하게 분리해 내는 일은 사실상 불가능하다.

인간 인슐린은 매우 작은 단백질이다. 이론적으로 얘기해, 유전공학적 생산 방법을 개발하는 게 제격인 의료 물질인 셈이다. 그렇게 해서 이 새로운 방법에 역사의 이정표가 세워졌다. 미국에서 1976년에 세워진 한 유전공학 회사가 대장균으로 생산한 인간 인슐린을 1979년에 공개했다. 그 제품은 1983년 한 제약 회사에 의해 휴물린 Humulin 이란 이름을 달고 출시됐다. 유전공학으로 제조된 사상 최초의 의약품이었던 것이다.

휴물린은 화학 구조와 임상 효과 모두가 인간 인슐린과 동일하다. 휴물린 제조법은 이후로 더욱 개량되었고, 이제는 전 세계적으로 안전하게 매일 대량 생산되고 있다. 그러나 여러 나라에서 대중의 수용과 정치적 허용이 상당히 지체되었다. 예컨대, 독일에서도 수요가 엄청났지만, 또 생산 시설이 1980년대에 이미 지어졌지만 당시 정부가 사용을 금지했다. 그들이 그렇게 하는 바람에 유전공학을 활용한 제약 연구 및 생산 활동이 장기적으로 다른 나라들로 이전되었다. 독일이 당시까지만 해도 세계를 이끌었던 한 산업 분야의 일자리와 세수가 막대한 타격을 입었다. 인슐린의 독일 국내 수요는 다른 나라에서 유전공학 제품을 합법적으로 수입해 충당했다!

의료용과, 대규모의 산업적 목적을 포함하는 기타 용도의 유용한 물질들이 박테리아와 유전공학을 활용해 점점 더 많이 생산되고 있다. 7장과 9장에서 후속 논의를 이어갈 텐데, 지금까지의 경험에 기초한 두 가지 결론이 중요하다.

- 인류와 환경에 유해할 수도 있는 유전자 변형 생물이 확산되는 사태는 특수한 실험실 조건에 의존하는 박테리아만을 사용해 효과적으로 차단해 왔다.
- 달리 쓸 수 없거나 이용하기 어려운 수많은 호르몬, 성장 인자, 혈액 응고 인자, 기타 인명 구조 의약품이 사상 최초로 이 방법에 의해 활용 가능해졌다.

의료 연구

유전공학으로 문이 활짝 열린 새로운 응용 분야가 많다. 가령 고등 단세포 생물체(효모균)라든가 식물, 동물, 인간 세포의 현탁액 배양이 그렇다. 의학 연구에서는 동물과 인간의 세포를 배양하는 일이 그 무엇으로도 대신할 수 없는 지원군으로 부상했다. 연구가 잘된 몇몇 모델 유기체들(초파리, 제브라피시 zebra fish, 생쥐, 쥐)은 유전자의 기능도 밝혀졌는데, 그 지식이 인간 질병의 원인과 치료법 연구에 점점 더 중요해지고 있다.

지금까지의 성과로 보면 유전공학을 유용하게 쓸 가능성의 스펙트럼은 매우 넓다.

• 유전공학을 응용하면 질병의 원인과 치료법을 연구하는 데서 커다란 질적 도약을 이룰 수 있다.

• 인체 내부로 바이러스의 유전 정보가 들어와 확산돼 생기는 바이러스성 질환(예컨대, 에이즈)은 분자 생물학과 유전공학으로만 제대로 연구할 수 있다. 유전자가 제대로 기능하지 않으면 종양이 생기는 바, 이런 온갖 종류의 암에도 똑같은 얘기를 할 수 있다.

• 대다수의 인간 질환과 질병은 아직도 제대로 치료하지 못하고 있다. 집중적인 연구에도 불구하고 구체적인 원인들을 전혀 모르거나 기껏해야 불충분하게 아는 정도다. 그런 질병들로 인플루엔자, 류머티즘, 관절염, 암, 에이즈, 알츠하이머병, 동맥경화증(심장병과 순환계 질병)이 있다. 이들 만성적 질병은 증상이 아주 복잡한 경우가 많다. 다수의 유전병과 전염병은 덜 흔하지만, 결코 덜 심각하지 않다.

• 부작용이 거의 없는 구체적이고 유효한 치료법은 질병의 원인을 정확히 알아야만 가능하다. 기초 연구는 실제의 치료법을 안출해 낼 수 있는 절대적 전제조건이다.

• 인간을 포함해 유전체가 전체든 부분이든 해독된 생물의 수가 빠르게 증가하고 있다. 그 성과를 서로서로뿐만 아니라 인간 유전학 및 실험실의 동물 질병 연구(가령, 암에 걸린 쥐)와 비교하는 과정에서 질병을 분자 수준에서 이해할 수 있는 완전히 새로운 토대가 마련됐고, 치료법도 도출됐다. 인간 유전병 다수의 기초 사실들을 다른 방법으로는 절대 알 수 없을 것이다.

유전공학과 식물 육종

기초 생물학과 의학 연구, 의약품과 기타 유용한 제품을 제조하는 것 외에 유전공학을 응용할 수 있는 세 번째 커다란 분야는 식물 육종이다. 지난 여러 해에 걸쳐 유전자 기술이 지원하는 식물 육종 활동("식물 유전공학")이 효율적일 뿐만 아니라 환경까지 고려하는 농업이 발달하는 데서 점점 더 중요한 역할을 담당했다. 이하와 다음 장에 나오는 많은 예를 통해 식물 유전공학의 잠재력을 깨달을 수 있을 것이다.

상업화된 최초의 육종 성과는 유전공학이 아니었다면 결코 이룰 수 없었다. 해충 저항력과 제초제 내성이라는 특수한 형태가 그 주인공이다. 이 두 가지 특성 모두는 박테리아 유전자를 식물에 이식해 얻었다. 그렇게 유전자가 이식된 품종이 여러 해에 걸쳐, 예컨대 미국, 캐나다, 브라질, 아르헨티나, 중국에서 사용됐고, 재배 면적이 빠르게 증가하고 있다.

해충 저항력

투린지엔시스균Bacillus thuringiensis, Bt은 특정 해충들에 고도의 독성을 발휘하는 단백질을 분비하는 주목할 만한 특성이 있다. 이 단백질을 해당 박테리아의 단축명을 활용해 Bt-독소Bt-toxin라고 부른다. Bt-독소는 독성을 선택적으로 발휘한다. 몇 종의 해충에만 그 효과가 국한된다는 말이다. 생물학적 해충 통제 계획이라는 견지에서 이 박테리아를 농업 활동에 대규모로 사용하는 이유다.

Bt-독소는 매우 큰 단백질이다. 하지만 절반 크기만으로도 독성 효과는 여전하다. 그래서 박테리아의 해당 유전자를 짧게 끊어, 적당한 프로모터 유전자와 결합한 다음, 식물에 이식할 수 있었다(그림 25). 그러자 해충이 공격할 때마다 이 특성이 발현되었다.

이런 식의 보호책은 몇몇 주요 작물에 시범적 적용을 거친 후 도입되었다. 예컨대, 옥수수와 목화는 각각 조명충나방과 목화다래벌레의 극심한 공격에 시달려왔다. 알을 낳으면 부화한 유충이 식물의 줄기 안에서 먹이를 취하며 발달 과정을 거친다. 이때 커다란 피해가 발생하는데, 곰팡이 감염까지 가세하면 상황이 걷잡을 수 없이 악화되기도 한다. 매우 강력한 진균 독소가 만들어지기 때문이다.

식물 줄기의 내부는 재래식 살충제가 쉽게 접근할 수 있는 곳이 아니다. 그러나 유전자가 이식된 식물은 Bt-독소가 공격당한 부위에서 바로 만들어진다. 해충과 진균독■이 더 이상 퍼져 나가는 것을 차단해 버리는 것이다. 그림 26을 보면 시험 대상이 얼마나 탁월한 효율성을 자랑하는지 바로 알 수 있다.

이렇게 간접적인 생물학적 해충 통제 방법을 상업적으로 적용하기에 앞서 몇몇 Bt-독소를 실험해 봐야 했다. 그것들이 익충과는 별 문제 없이 양립할 수 있을지 확인하는 절차가 필수였다. 현재 사용되고 있는 모든 Bt-독소는 독물학적으로 안전하다는 것이 입증됐다.

이 일련의 과정을 거치며 Bt 작물Bt crop이 다수의 산업 선진국

그림 26 대조 식물(왼쪽)과 Bt-독소를 생성하는 유전자 이식 담배(오른쪽)에 해충의 공격을 가한 결과 비교

과 발전도상국에서 경작됐다. 클라이브 제임스Clive James의 조사(『생명공학/유전공학 작물 상업화의 세계 현황』*Preview: Global Status of Commercialized Biotech/GM Crops*)에 따르면 2004년 현재 중국에서 경작되는 전체 목화밭의 3분의 2에는 유전자가 이식된 Bt 목화 식물이 심겼다. 알다시피 중국은 세계에서 가장 중요한 목화 생산국 가운데 하나이다. 남아프리카공화국에서는 이 수치가 무려 85퍼센트였다. 클라이브 제임스는 2007년에 나온 가장 최근의 상황 보고를 통해 Bt 목화 재배가, 특히 인도와 중국에서 더욱더 증가했음을 알리고 있다.

마틴 카임Matin Qaim과 아이라 마투슈케Ira Matuschke는 『유전자 변형 작물이 발전도상국에 미친 영향 조사』*Impacts of genetically modified crops in developing countries: a survey*라는 책에서 유전자가 이식된 목화 재배 활동으로 발전도상국과 환경이 실질적으로 어떤 혜택을 얻게 됐는지 하는 부수적인 문제를 고찰했다. 아르헨티나, 중국, 멕시코, 남아프리카공화국의 구체적 자료가 취합되었다. 이에 따르면 Bt 목화 재배로 살충제 사용량이 평균 50퍼센트 감소했고(남아프리카공화국 33퍼센트, 멕시코 77퍼센트), 평균 산출량은 20퍼센트 증가했다. 사용자들은 종자 값이 더 비쌈에도 불구하고 이를 바탕으로 해서 상당한 소득을 올렸다. 남아프리카공화국의 경우 헥타르당 18미국달러였고, 중국은 무려 470미국달러였다. 종자 회사와 비교해 농민들이 차지하는 이윤의 몫은 아르헨티나 21퍼센트에서 중국 94퍼센트까지 다양했다. 5개국 전체의 평균은 65퍼센트였다. 소농의 수익이 중규모 및 대규모 영농을 하는 업자들의 수익보다 훨씬 많았다는 사실은 주목할 만하다(8장을 보라).

목화는 전 세계의 다른 어떤 주요 작물보다 살충제를 더 많이 필요로 하기 때문에 환경도 크게 개선되었다. 농약을 칠 때 적절하게 보호 수단을 강구해야 한다는 것조차 모르는 경우가 많은 농부와 농업 노동자 들의 건강 상태가 긍정적으로 향상되었음은 말할 것도 없다.

제초제 내성

제초제 내성은 여러 가지 방법으로 달성할 수 있다. 작물은 견디지만 잡초에는 독성을 발휘하는 특정한 농도의 합성 작용제를 우리는 제초제라 한다. 제초제 반응 민감도는 공격을 받는 식물 단백질의 미세 구조가 보이는 유형학적 차이에 따라 다양하게 갈린다. 정의상 식물에는 독성을 발휘하지만 다른 생물에는 그렇지 않은 게 제초제다. 식물에서만 볼 수 있는 단백질 때문에 이런 일이 가능하다. 예컨대, 광합성과 결부되는 단백질이나 식물 특유의 메커니즘을 통해 제초제를 흡수, 운반, 해독하는 것과 관련된 단백질을 떠올려보라. 육종 활동은 유전공학적 방법을 사용해 구체적으로 이런 과정을 겨냥한다. 예컨대 다음을 이식하는 방법들을 생각해 볼 수 있다.

- 제초제 둔감성 단백질을 암호화한 유전자를 추가로 복제해 대량 생산하면 제초제의 효과가 약화된다.
- 유전공학을 활용해 식물 유전자를 변형하면 미세 구조가 달라, 제초제 민감성이 줄어든 단백질을 암호화하게 된다.
- 비슷한 효과를 가지는 미생물의 유전자.
- 유전자 이식 식물에 원래는 없던 효소를 생산해, 제초제를 무용한 화합물로 만들어버리는 미생물 유전자.

그림 27 유전 공학으로 탄생시킨 유채(왼쪽)와 기존의 대조 유채(오른쪽)가 보여주는 각기 상이한 제초제 내성

그림 27은 그 전형적인 결과이다. 당연히 여기에서도 상이한 작물들을 대상으로 시범 사업이 이루어졌다. 흔히 하는 광범위한 검증 절차와 공인 과정을 거쳐 시장 작물에 확대 적용되었음은 말할 것도 없다.

전 세계에서 경작되는 유전자 이식 식물의 4분의 3 이상이 제초제 내성 대두, 유채, 옥수수, 목화이다. 이 가운데서도 현재 전체 유전공학 식물의 가장 많은 몫을 차지하는 것은 대두이다. 유전자가 이식된 제초제 내성 작물을 재배해서 얻는 경제적 이득이 Bt 목화보다는 훨씬 작을지도 모른다. 그러나 환경에 더 나은 제초제를 사용하기 때문에 생태계의 이득을 무시할 수 없다.

여러 해 동안 상업적으로 활용되며 가치를 입증한 유전자 이식 식물 종으로 바이러스 저항성의 파파야도 있다. 파파야는 식물 바이러스 저항 메커니즘을 성공시킨 새로운 응용 사례이다. 다음 장에서 그 내용을 소개한다.

분자 진단학

현대의 육종 활동을 보면 육종의 중간 단계나 새로운 품종들에서 유전되는 특성을 알아내는 방법이 크게 발달했다. 분자 진단학molecular diagnostics이라는 새로운 수단을 활용함으로써 이게 가능해졌다. 그 전까지는 매번 교배를 한 후 다음 단계로 넘어가기 전에 정교한 분석 절차와 철저한 검사를 통해 원하는 특성이 적당한 조합과 강도로 발현된 것들을 개체군 전체에서 골라내야만 했다. 여기에 얼마나 많은 노력이 들어갈지는 안 봐도 충분히 짐작할 수 있다. 개별적으로조차 검사하는 게 쉽지 않은 특성을 두 개 이상 한꺼번에 추적한다고 상상해 보라(예컨대, 질병 저항력과 내한성을 목표로 감염증과 유상有霜 기간을 적용하고 분석하기).

"DNA-표지 기술"이 동원된 분자 진단학으로 이 절차가 크게 간소화되었다. 우리는 실험실에서 간단한 분자 생물학적 방법을 동원해 발현된 특성의 원인 유전자를 지정 확인할 수 있게 됐다. 이 기술은, 고도로 특정特定적이기 때문에 원하는 유전자나 유전자 조합을 지닌 개체를 정확하게 찾아낼 수 있는 유전자 단편이나 DNA를 사용한다.

식물 육종 활동에서는 이제 이 기술이 방법적으로 탁월하게 정립된 상황이다. 하지만 현재까지는 분명하고 확실한 DNA 표지를 제한된 수의 육종 목표에만 활용할 수 있을 따름이다. 구체적 개별 특성과 담당 유전자 사이에 인과 관계가 있다고 명확하게 드러난 것은 몇몇 경우에 불과하기 때문이다. 그럼에도 불구하고 이 새로운 특성 파악 방법으로 작업이 엄청나게 간편해졌고, 비용-효율까지 대폭 향상됐다. 이 분야의 유전자 기술이 급속하게 발달하리라고 예상해 볼 수 있는 이유다.

요약

분자 생물학이 실지 응용된 것이 유전공학이다. 선택 및 교배 등의 전통 육종법은 관찰 가능한 유전 특성을 통해 유전자를 간접적으로만 파악한다. 반면 유전공학은 기능이 파악된 개별 유전자를 이용한다. 이론적으로는 모든 유전자를 모든 생물에 이식할 수 있다. 유전자에는 종 고유의 조절 단위가 있어야 한다. 이 프로모터 유전자가 개별 세포 환경의 신호를 인식해 발현을 구체적으로 조절한다.

식물은 동물과 달리 거의 모든 종류의 조직(잎, 줄기, 뿌리 등등)에 유전 정보를 변경해 담을 수 있다. 가령, 체세포 배양을 통해 그렇게 할 수 있다. 어떤 유전자에서도 프로모터 유전자를 분리해 낼 수 있기 때문에 프로모터 유전자를 적절하게 선택하기만 하면 유전자를 이식하는 대상 식물 안에서 그 조절 단위의 작용에 따라 외래 유전자가 발현된다.

유전공학의 상업적 이용은 박테리아 덕택에 크게 발달했다. 유전공학이 기초 생물학과 의료 연구 분야, 의약품 제조 생산, 식물 육종 분야에서 엄청난 잠재력이 있음도 밝히 드러났다.

전통 육종법과 비교해 유전공학이 거둔 가장 중요한 혁신은 다음과 같다. ① 특정 종에 이질적일 수도 있고 그렇지 않을 수도 있는 유전자를 한 개 또는 그 이상 이식할 수 있다(유성 교배로는 얻을 수 없는 유전자이다). ② 프로모터 유전자와 구조 유전자를 자유롭게 결합해 대상 세포에서 원하는 특성이 발현되도록 할 수 있다. ③ 구체적 개별 유전자를 선택적으로 제거하거나 활동을 정지시킬 수 있다. ④ 유전자의 특정 부위를 고쳐서 구체적 특성을 변형할 수 있다.

6 육종의 목표: 과거와 현재

육종가들이 계속해서 많은 노력을 기울여 품질과 산출량을 개선하고, 식량과 사료 작물을 최대한 다양하게 생산해야 하는 중요한 이유들이 있다.

- 꺾이지 않는 인구 증가
- 도시 개발과 기반 시설 확충은 물론이고 다른 여러 형태로 토지가 사용되거나 악화하면서 농지 이용 가능성이 줄어들고, 더불어서 농지 자체마저 감소하는 실태
- 일부 주식 작물의 형편없는 영양학적 가치
- 농업 활동이 야기하는 환경 오염
- 빈번하고 광범위하게 재배되는 작물들에 해충이 빠르게 적응하는 실태
- 자연의 생물 다양성 및 재배 품종 다양성이 집약 농업 지역에서

생태계에 경고를 발할 만큼 추락하는 현실

유전공학이 혁신적 지원군으로 전통적 육종 방법들과 결합했다. 유전공학의 실지 응용에 한계가 있다는 것은 보통 말하는 그런 의미의 기술 한계가 아니다. 기능이 확인된 유전자의 수와 유전자의 조절 메커니즘에 관한 지식이 한계 요인으로 작용하는 것이다. 그렇기 때문에 특히 복잡한 다인성 유전 특성과 관련해 집중적인 기초 연구가 계속되어야 한다.

연구의 필요성

기초 연구와, 그 성과를 식물 육종에 적용하는 활동이 따로 놀아서는 안 된다. 이것은 의료 분야와 꼭 마찬가지다. 폭넓은 기본 지식이 없으면 어떤 육종가도 제대로 작업할 수 없다. 하지만 대개는 다른 육종가들이 기본 이론을 개발, 구축해 놓았다. 식물 육종 회사와, 과학 지식 증대를 목표로 순전히 기초 연구만 하는 기관 사이의 전통적 업무 분장分掌이 떠오르는 대목이다. 기초 연구 기관이 낸 성과들은 육종의 방법적 수단 개선과 새로운 분야의 응용에 꼭 필요한 전제조건이다.

이런 상호 연관성 속에서 앞 장과 직접적인 관계가 있는 예들을 몇 개 제시했다. 우리는 유전자의 구조 및 기능을 이제 상당히 자세하게 알고 있다. 하지만 이런 커다란 성과에도 불구하고 우리가 많은 기본적 사안을 여전히 잘 모른다는 사실도 엄연하다. 그러나 다시 한 번 우리는 다음의 미해결 질문들을 구체적인 방식으로 던져 볼 수 있다. 연구 프로젝트를 명확하게 수립하면 이제는 답하는 게 가능할 수도 있는 것이다. 가령,

식물 세포는 외래 유전자를 유전체에 어떻게 수용하는가? 통합은 특정한 위치에서 일어나는가, 아무데서나 일어나는가? 통합의 안정성, 유전 가능성, 발현은 유전체 내의 위치에 좌우되는가? 몇 안 되는 신호 분자가 어떻게 상이한 유전자 수천 개를 한꺼번에 정확하게 통합적으로 조절하는가? 각각의 미세 조정은 세포, 조직, 기관의 고도로 분화된 다양한 기능과 생물 개체의 발달 단계 및 전반적인 환경과 영양 상태를 어떻게 파악하는가? 외래의 프로모터 유전자는 피이식 식물의 뉴클레오티드와 서열이 다른데 옮아간 식물에서 어떻게 출처 식물과 정확히 동일한 방식으로 유전자를 발현시키는가?

구체적인 개별 사례들만큼이나 답이 많을 질문도 보도록 하자. 육종가들이 흥미로워하는 다인성 유전 특성들의 경우 어떤 유전자가 관여하고, 어느 정도까지인가? 유전자들이 최적의 방식으로 상호작용하려면 어떤 조건이 충족돼야 하는가?

이것들은 여러 미결 문제 가운데 일부일 뿐으로, 여기에 효과적으로 답할 수 있다면 육종 활동과 과학 진보 모두에 매우 유익할 것이다. 새롭고도 강력한 수단인 유전공학이 계속해서 빠른 속도로 중요해질 것이다. 사람들이 흔히 오해하지만 유전공학은 전통적 육종법을 대체하는 것이 아니라 보완한다.

유전공학: 전통적 식물 육종의 대체자가 아니라 지원군

식물 유전공학으로 가능한 육종 활동의 범위가 상당히 넓어졌지만 그렇다고 해서 종래의 식물 육종이 대체되는 것은 아니다. 종에 이질적일 수도 있는 구체적 개별 유전자를 이식해 내는 실질적 혁신도 시장에 내다 팔 수 있는 새로운 품종을 개발하는 도정에서 활용되는 상호 보완적인 두 절차 가운데 하나인 것이다. 막 개발된 초기 제품은 승인에 필요한 모든 기준을 충족할 때까지 추가로 또 고치고 개발해야 한다.

종래의 육종 활동이 이 두 번째 단계를 수행한다. 제1단계—원하는 특성의 도입 또는 개선—가 유전공학적 방법을 채택했는지 아닌지는 상관이 없다. 현재 활용 중인 유전자 이식 목화, 옥수수, 유채, 대두 일체는 해충 저항력과 제초제 내성을 지니는데, 전통적 방법으로 추가 개발돼, 허가 승인을 받은 것들이다.

그러므로 종래의 교배 행위는 새로운 품종을 개발하는 활동에서 여전히 중요한 일부로 남을 것이다. 하지만 그럼에도 불구하고 나는 식물 유전공학이 중요한 역할을 하는 다음의 몇 가지 예에 집중하겠다. 유전공학에서 기대할 수 있는 혜택이 명확하게 드러나리라는 판단에서다.

하지만 그에 앞서 전통 육종 활동의 필수 불가결하지만 흔히 간과되는 또 다른 상시 임무를 지적해 둬야겠다.

보전 육종

기후 조건과 토양 상태가 매우 좋고, 해서 식량이 아주 많이 생산되는 유럽에서는 흔히 이런 질문이 제기된다. 우리한테 도대체 왜 식물 육종 활동이 필요한가? 기존의 다수확 품종만 활용해도 식량이 남아돌아 폐기해야 하는데 말이다. 요컨대, 경제적·생태적 견지 둘 다에서 매우 의심스럽고 미심쩍은 활동이라는 것이다.

이런 식으로 보면 그 문제 제기는 정당해 보인다. 하지만 거기서는 세계의 다른 많은 지역 상황이 고려되지 않고 있다. 또한 신품종에서 이루어진 온갖 특성 결합은 육종을 통해 선택압이 지속될 때만 최초의 형태와 강도가 유지된다는 생물학의 기초 사실도 무시하고 있다. 이런 이유로 보존할 가치가 있는 모든 재배종은 *보전 육종* maintenance breeding을 해야 한다. 고유한 특성이 사라지는 것을 막으려면 당연하다. 그것이 이미 개선되거나 다른 방식으로 변형된 새로운 품종의 개발을 위한 출발점으로 사용되지 않는 한 말이다.

살아가는 생물이라면 그 무엇을 막론하고 끊임없이 일어나는 진화 때문에 보전 육종이 필요하다. 모든 단계의 유성 번식에서 부모 세대 유전자가 새롭게 결합하고, 돌연변이도 자연스럽게 일어난다. 선택압이 감소하면 재배종 고유의 특성 조합이 계속 없어지면서 유전자의 순도도 꾸준히 삭감되는 결과를 피할 수 없게 되는 것이다.

그래서 육종가들에게는 보전 육종이 드넓은 활동 분야가 된다. 보전 육종은 앞서 언급한 두 번째 단계의 육종과 실질적으로 같다.

보전 육종은 그렇게 재래식 육종 기법만을 사용한다.

식량의 품질

작물 재배의 초기 단계에서는 보전 육종이 의식적으로 추구된 목표가 아니었음에 틀림없다. 선택 행위의 의도치 않은 부작용에 가까웠으리라. 그러나 품질 향상이라는 목표는 처음부터 틀림없이 중대한 역할을 했다. 형편없이 개발된 작물로 불균형한 식사를 하게 되면서 영양이 결핍되고, 독소에 노출되기도 하면서 여러 질병이 출현했을 것이다.

인류는 장기간에 걸친 육종 활동에서 혁혁한 성과를 많이 냈다. 하지만 오늘날 고도로 개발된 주요 식량 작물에조차 필요한 영양소가 충분히 들어 있지 않다. 직접적인(미생물이 야기하는 것 말고) 식중독을 점차 대체해 온 식품 알레르기food allergy (음식 과민증)도 못지않게 심각하다.

식량 및 대표적인 몇몇 결핍성 질병과 관련해 가장 중요한 품질 수요는 이미 언급했다.(266쪽) 알레르기 문제는 맥락을 약간 달리해 앞으로 논의할 것이다. 여기서는 아주 특별한 품질 개량 사례를 통해 한편으로는 재래식 육종법이 가지는 한계를 지적하고, 다른 한편으로는 식물 유전공학이 성취한 수준과 단계를 알려주고자 한다.

쌀은 세계 인구 약 절반의 주식이다. 상황이 좋아서 채소, 과일, 고기, 생선을 보충해 먹을 수 있다면 쌀은 영양학적으로 나무랄 데가 없는 균형 잡힌 음식물이자 식사가 된다. 그러나 아시아, 아프리카, 라틴아메리카의 빈민 수억 명에게는 이들 보충물이 일부 또는 일체가 없다. 심각한 결핍증은 그 결과다.

쌀만 먹거나 쌀을 주로 먹어서 생기는 두드러진 결핍 가운데 하나는 프로비타민 A 부족이다. 베타-카로틴과, 비타민 A와 화학적으로 비슷한 전구물질precursor들의 혼합물이 프로비타민 A이다. 인간의 몸은 이 화합물을 자체 생산하지 못하며, 비타민 A로 전환시킬 수 있을 뿐이다.

비타민 A는 다른 다양한 기능 외에 시력을 발달시키고, 면역 체계를 온전히 유지하는 데 필수적이다. 그래서 프로비타민 A가 부족하면 시력이 나빠지고 눈이 완전히 멀기까지 하며, 면역 방어 체계도 약화돼 감염의 위험이 커진다. 소아, 임신부, 수유 중인 어머니가 특히 위험하다. 발전도상국에서는 비타민 A 결핍으로 매년 수십만 명의 미취학 아동이 실명을 한다. 그 가운데 절반은 1년 안에 죽는다. 매년 100만~300만 명이 영양실조로 죽는 것으로 추정된다.

라틴아메리카와 아프리카의 일부 국가 빈민들도 옥수수와 고구마가 거의 유일한 영양 공급원이다. 그러나 고구마의 경우 육종 노력의 결과 프로비타민 A 함량이 매우 많은 품종들이 개발됐다. 고구마에는 프로비타민 A가 소량이지만 존재한다.

반면 쌀에는 프로비타민 A가 조금도 들어 있지 않다. 따라서 재래식 육종 방법으로는 프로비타민 A의 양을 증가시키려 해도 아예 할 수가 없다. 유전공학이 가능한 유일한 해결책이었다. 박테리아나 식물에서 적당한 유전자를 가져다가 이식하면 되니까 말이다. 그렇게 해서 탄생한 유전자 이식 쌀 품종은 먹을 수 없는 녹색 부위에서뿐만 아니라 이제는 낟알에서도 프로비타민 A를 생산했다. 이 쌀은 색깔이 황금색이어서 "황금쌀"Golden Rice로 알려지게 된다.

신품종이 허가 승인을 받는 여러 단계뿐만 아니라 육종 과정 자체도 유전공학이 작금의 발전 단계에서 직면하는 많은 도전 과제를 살펴볼 수 있는 흥미로운 기회이다.

황금쌀

낟알에 프로비타민 A가 든 신품종 유전자 이식 쌀이 만들어졌다는 소식은 2000년에 처음 보고되었다. 낟알 1그램 당 1.6마이크로그램의 프로비타민 A 함량은 적당한 영양 공급 수준에는 한참 못 미쳤다. 하지만 중요한 첫걸음을 내딛은 셈이었다. 새로운 육종법을 활용해 추가 실험과 최적화를 시도할 수 있다는 증거가 제시되었으니 말이다.

프로비타민이라는 생리적 전구물질이 대상 식물 종에 아예 없었기 때문에 최소 두 개의 유전자를 이식해 생합성 절차를 보완할 필요가 있었다. 이렇듯 사정이 복잡하고, 해서 연구 개발에 많은 노력이 필요했지만, 프로비타민 함량은 불과 몇 년 만에 그램 당 30마이크로그램으로 증가했다(그림 28). 살림 알-바빌리Salim Al-Babili와 페터 바이어Peter Beyer가 『황금쌀, 걸어 온 5년과 가야

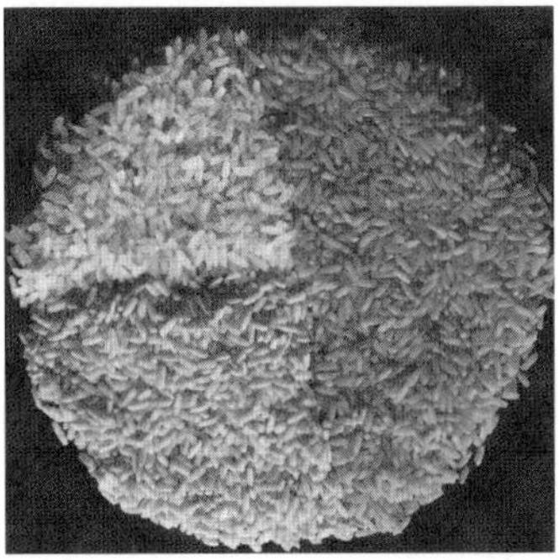

그림 28 프로비타민 A 함량이 각기 다른 쌀의 낟알: 기존의 쌀(왼쪽 위), 그램 당 1.6마이크로그램(왼쪽 아래), 그램 당 30마이크로그램(오른쪽)

할 5년?』*Golden Rice—five years on the road—five years to go?* 이라는 책을 통해 그 구체적인 절차와 단계를 자세히 설명하고 있다.

황금쌀은 몇 가지 중요한 점에서 지금까지 언급한 모든 식물 유전공학 산물과 다르다. 유전자 이식 식물에 일반으로 적용되는 사항 외에도 이런 특수한 지점들을 반드시 고려해야 한다.

• 새로운 특성을, 딱 한 개의 유전자가 아니라 서로 의존하며 상호 작용하는 여러 개의 유전자를 이식해서 얻었다.

• 새로 얻은 산물은 인류 식단diet의 일부다(예컨대, Bt 목화와는 다르다).

• 유전자 이식에 사용된 물질과 절차를 많은 특허가 보호하고 있다.

• 유전자 이식 작물을 제공받는 표적 집단이 발전도상국의 주민과 가난한 소농이다.

• 논의 대상인 발전도상국 대다수는 유전공학 기술을 시행하는 것과 관련해 각기 상이한 규제 법률을 가동하고 있다.

• 새로운 특성을 지닌 작물을 발전도상국에서 경작하려면 해당 지역에 이미 적응한 품종과 교배해야 한다.

• 낯설고 생소한 유형의 음식을 수용하는 양태에는 전통적 식생활 습관이 상당한 영향력을 발휘한다.

쌀의 배젖(난알의 먹을 수 있는 부분)에 있는 최종 전구물질이 프로비타민 A가 되려면 유전자의 유형과 기원에 따라 다섯 단계의 생합성을 거쳐야 하기 때문에 두 개 이상의 유전자를 이식해야 했다. 없는 유전자라도 다른 데서 가져올 수는 있다. 하지만 생각해 낼 수 있는 유전자의 온갖 조합을 개별적으로 다 검사해야만 과연 그 결과가 긍정적인지 부정적인지 알아낼 수 있다. 앞에서 언급한 대로 프로비타민 A 함량은 1.6마이크로그램에서 30마이크로그램으로 늘어났다. 이것은 일련의 육종 노력이 최선으로 발휘된 결과인데, 아직 다 끝난 게 아니며 필요하다고 판단되면 더 늘리는 것도 가능할 것이다.

쌀이 인류 식단의 일부이기 때문에 유전자 기술을 동원해 전에는 없던 프로비타민 A를 집어넣는 기술은 엄격한 시험을 받았다. 그렇게 만든 프로비타민이 인체에서 부작용 없이 제 기능을 다한다는 것을 확신할 수 있으려면 그런 조사 절차가 필수적이다.

또 다른 기준은 "생체 가용성"bioavailibility 과 "생체 효율성"bioefficiency 이다. 무슨 말인가? 음식물로 먹는 프로비타민의 영양학적 유효성 말이다. 사람의 몸은 프로비타민 A를 흡수해 비타민 A로 전환한다. 이 두 과정 모두는 식단의 구성, 특히 가용화제solubilizer 로 쓰이는 동반 지방의 유형과 양에 크게 좌우된다. 현재 수행 중인 시험 검사들을 통해 황금쌀의 유효성이 평균적인 혼합 식단의 효율성과 대체로 일치함이 증명된다면(1:12) 그램 당 30마이크로그램 정도의 함유량만으로도 충분할 것이다.

유전자 이식 품종을 개발하는 데는 막대한 비용이 든다. 발전도상국의 가난한 소농들이 이례적이라 할 만큼 특별한 수단을 통해서만 이에 접근할 수 있는 이유다. 그들 대다수는 비교적 저가인 전통의 쌀 재배종 종자마저 구매할 능력이 안 된다. 해서 처음부터 기업 이윤을 배제한 방식이 선택되었다.

연구 개발자, 민간 재단, 민간 부문, 정부가 특이한 방식으로 협력하며 해결책을 모색했다. 공적 자금의 지원을 받는 (독일과 스위스) 대학의 과학자들이 정교한 장기 연구 프로젝트를 수립하고, 유전자 이식 쌀 품종의 견본을 만들어낸 게 제1단계였다. 기금의 상당 부분은 록펠러 재단이 댔다.

후속의 추가 개발로 프로비타민 A 함량을 꾸준히 증가시킨 주체는 한 종자 회사였다. 그 기업은 이렇게 개선한 품종을 일정한 요건이 충족될 경우 무료로 나눠줄 작정이었다. 황금쌀을 빈농이 재배할 경우 수많은 특허 보유자들이 관련 물질과 방법 들의 사용료를 포기하는 데 동의하는 것도 그 가운데 하나였다.

특허가 보호된다면 종자를 무료로 배포하는 게 불가능해질 터였다. 결국 관련 당사자 모두에게 인도주의적 지원을 납득시키는 게 필수였다. 그 목표를 달성하기 위해 "황금쌀 인도주의 위원회"Golden Rice Humanitarian Board가 구성되었다. 과학계, 산업계, 인도주의 단체, 외국 원조 기관, 세계 각지의 쌀 연구소 등 국제적으로 저명한 인사들의 명예직 위원회였다. 타협이 이루어졌고, 독특한 해결책이 제출됐다. 참여 기업과 특허 보유자 모두는 수혜 소농의 연간 소득이 미화 10,000달러 이하일 경우 수익을 포기하기로 합의했다.

그렇게 해서 높았던 진입 장벽이 제거됐다. 하지만 그게 마지막이 아니었다. 유전자 이식 식물의 활용과 관련해 영향을 받게 될 모든 발전도상국의 법률과 시행 규칙이 제각각이었던 것도 문제였다.

유전자 이식 식물을 상업적으로 활용할 수 있게 허가를 내줄지 여부—내준다면 어떤 조건 하에서—는 유전공학과 그 세부 시행을 규정한 당해 국가의 법적 규제 장치가 정한다. 그러나 그 법률들에는 굶주려 영양실조에 걸린 사람들의 필요와 요구는 거의 안 담겨 있고, 오히려 이익 집단의 의도와 영향이 관철돼 있다. 유력한 국제 무역업자와 그들의 정부가 대표적이다.

정책 입안자들과 일반 대중이 유전자 변형 식품을 받아들이는 양상도 못지않게 중요하다. 결국 둘은 서로에게 상호 영향을 미친다. 위험 평가와 관련된 법률과 시행령이 역설적이게도 국민에게는 잠재적 위험을 알리는 것으로 비치기 때문이다(안전성이 증대했다는 믿음을 낳기보다는). 객관적 지식이 결여돼 생겨난 두려움이 강화될 뿐인 것이다. 긴급한 보건상의 문제에도 불구하고, 황금쌀 승인 허가의 필요조건이 거의 모든 곳에서 아주 복잡한 데다 시간까지 엄청나게 잡아먹는 이유다.

교배를 통해 새로운 특성을 현지 적응 품종들에 이식하는 것은 궁핍한 사람들이 실질적으로 사용하게 되는 절차의 마지막 단계이다. 국가 및 국제 단위의 몇몇 쌀 연구소들이 이런 노력과 활동에 최선의 조건을 제공한다. 각급 연구 기관들은 적당한 육종 자원이 있고, 필요한 현장 경험도 풍부하다. 하지만 무엇보다 공적 자금을 지원받는 연구소들은 비영리 조직이기 때문에 농민들이 무료로 결과 산물을 이용하도록 보장할 수 있다.

그러나 결과 산물의 수용 정도는 여전히 전통적인 식생활 습관이 발휘하는 위력과 강도에 좌우된다.

전통적인 식습관에 따라 낯선 음식이 얼마나 수용될지가 결판난다. 그런 양태는 심지어 기근 때에도 마찬가지다. 나중에 이 놀라운 관찰 결과를 살펴볼 것이다. 다른 사례들의 경험을 통해서도 우리는 모든 곳에서 흰쌀 대신 노란 쌀을 기꺼이 먹겠다고 당연하게 나서는 것은 아님을 알 수 있다.

현재는 다음의 세 단계가 방점이 찍혀 도모되고 있다. 나라마다 제각각인 허용 승인 기준을 마련, 정비, 통일하기. 새로운 특성을 현지에서 활용 중인 쌀 품종에 도입하기, 수용 과정에서 발생하는 문제들을 극복하기. 최종 결론을 내리거나, 언제쯤 의미 있는 성과를 낼지와 관련해 믿을 만한 예측을 내놓기에는 때가 너무 이르다.

황금쌀이 프로비타민 A의 결핍을 일소하겠다는 애초의 목표를 완전히 충족해 준다 할지라도 그것은 기존 쌀 품종들의 여러 품질상의 문제들 가운데 하나를 해결한 것에 불과하다. 게이츠 재단Gates Foundation이 다른 결함들을 고치고 보완하기 위해 현재 대규모 후속 프로젝트에 많은 재원을 투자 중이다. "프로비타민라이스" 컨소시엄ProVitaMinRice Consortium이 이 사업을 수행하고 있다.

인위적인 냄새가 물씬 나는 프로비타민라이스ProVitaMinRice라는 용어에 시행 사업의 목적이 잘 요약돼 있다. 단백질protein, 비타민vitamin, 무기질mineral의 품질을 개선하고, 생체 가용성을 향상시켜 영양학적 가치를 최대로 끌어올린 쌀rice 품종을 개발하겠다는 게 목표인 것이다. 구체적으로 보도록 한다.

1. 유전공학 기술을 사용해서 (밀과 비교해) 상대적으로 낮은 단백질 함량을 증대시킨다. 동시에 필수 아미노산의 양도 늘린다.

2. 프로비타민 A 외에 비타민 E의 함량도 늘린다. 이를 통해 프로비타민 A의 생리적 안정성과 생체 가용성이 향상되는 것을 기대할 수 있다.

3. (다른 무엇보다 면역계를 강화해 주는) 철과 아연의 생체 가용성

기제를 연구하고, (빈혈을 예방해 주는) 생체 가용적 철의 함량을 늘린다. 이는 상응하는 육종 전략을 개발하는 데 있어서의 전제조건이기도 하다.

4. 유전자를 이식한 견본 품종을 현지의 쌀 품종과 교배하고, 경작 활동의 허용 승인을 받는다.

이렇게 대규모이고 부담이 큰 프로젝트는 각자의 분야에서 탁월한 기량을 자랑하는 전문가들의 협력을 통해서만 성공시킬 수 있다. 프로비타민라이스 컨소시엄이 독일, 미국, 중국의 연구진은 물론이고 인도, 베트남, 필리핀의 쌀 연구 및 쌀 육종 연구소들까지 참가해 구성된 이유다.

이 구체적인 개별 목표들이 달성될지, 달성된다면 어느 정도일지 앞으로 판가름이 날 것이다. 하지만 우리는 황금쌀을 이미 경험했고 이들 목표가 비현실적이지도, 공상적이지도 않다고 생각한다. 영양 만점의 밀 알곡은 쌀 개량의 귀감이자 모범이다.

이 사례를 염두에 둔다면 인류 식량원의 다른 품질 향상 기도 사례들도 어렵지 않게 궁구해 볼 수 있다. 일단은 다른 주요 작물을 비슷한 방식으로 개발하는 일에 초점을 맞춰볼 수 있을 것이다. 카사바, 수수, 특정 바나나 종은 모두 결함이 있어 불균형한 식단이 되고, 이미 구체적인 프로젝트가 진행 중이다. 유지 식물에서 나는 기름의 조성을 질적으로 개선하는 작업도 육종 활동의 중요한 목표이다.

이런 노력과 활동에서 유전공학이 거듭되는 성공을 바탕으로 대중을 납득시켜야만 재래식 육종법만으로는 어렵거나 불가능한 다른 과제도 추진해 볼 수 있을 것이다.

산출 잠재력

작물 생산량은 두 가지 상호 보완적인 조건에 좌우된다. 식물의 유전자 구조에 소인으로 내재한 산출 잠재력과 그 잠재력이 결실을 맺도록 해주는 외부 조건, 곧 기후, 토양 상태, 시비 활동, 보호 조치, 물 공급 등이 그 두 가지다. 이들 사안 가운데 많은 것을 이미 앞에서 다루었다.

단 하나의 특성을 변형해 산출 잠재력을 비약적으로 증대시킨 드문 사례 한 가지를 보도록 하자. 1960년대에 키가 작은 밀dwarf wheat과 쌀을 성공적으로 육종해 낸 일이 바로 그것이다. 이 돌연변이로 물질대사 활동의 많은 몫이 줄기에서 알곡 생산으로 돌려졌는바, 녹색 혁명Green Revolution으로 기록된 급격한 생산 증가는 여기에 힘입었다(288쪽).

이득을 많이 볼 수 있다며 자주 천명되는 육종 목표 두 가지는 광합성 효율 증대와 생물학적 질소 고정이다. 곡물과 다른 주요 식량 작물 일부에서 후자가 강조된다. 두 목표 모두 육종 프로젝트를 구체적으로 어떻게 시작해야 할지 아직 모르는 상태다. 하지만 그것들이 중요할 거라는 점을 감안하면 언급하지 않을 수 없다.

광합성(빛 에너지를 활용해 이산화탄소와 물을 에너지가 풍부한 유기 화합물로 전환하는 일)은 생화학적 연쇄 반응으로, 식물의 녹색 부위에 있는, 엽록체라고 하는 특화된 세포 구획에서 일어난다. 엽록체를 구성하는 가장 중요한 요소는 빛을 흡수하는 색소인 엽록소로, 잎과 줄기가 녹색을 띠는 것은 엽록소 때문이다.

식물의 산출 잠재력이라는 관점에서 볼 때 광합성은 매우 중요하다. 하지만 다른 여러 생화학 과정과 비교할 때 광합성은 효율성이 낮고, 육종가들이 엄청난 노력을 기울였지만 오늘날까지도 개선이 거의 이루어지지 않았다. 이론적으로만 보면 광합성 효율을 증대하는 방식보다 더 효과적으로 산출 잠재력을 끌어올리는 것을 생각하기가 힘들다.

많은 연구 집단이 광합성 효율이 왜 더 나아지지 않는지, 또 거기서 알아낸 사실로 유전자를 변형할 수 있는 단서를 끄집어 낼 수 있을지 모색하는 작업에 열렬히 매달리는 이유다. 성공 가능성을 전망하는 의견은 제각각이다. 회의론자들은 광합성이 수십억 년 전에 일어난 생명 진화의 산물이라는 사실을 지적한다. 가능성이 있었다면 이미 오래전에 자연 발생적 돌연변이로 효율성이 증대했으리라는 것이다.

이런 불확실성을 제거하고 가능한 육종 활동의 출발점을 온전히 파악하려면 광합성의 유전적 기초와 분자 수준 메커니즘을 종합적으로 파악해야 한다.

콩과 식물은 공중 질소를 자가 고정할 수 있는 몇 안 되는 식물이다. 콩과 식물은 질소 고정 박테리아와 함께 고도로 분화된 공생 기관을 만든다. 이 기관, 곧 뿌리혹nodule은 박테리아에 안전한 공간을 제공하고, 박테리아는 거기 살면서 번식하고, "작업을 수행해," 식물에 귀중한 질소 화합물을 선사한다. 식물은 그 보답으로 박테리아에 광합성 산물, 그러니까 유기 탄소를 제공한다.

뿌리혹이 만들어지려면 두 가지 요건이 충족돼야 한다. 식물이 질소 고정 박테리아를 순순히 있는 그대로 인식하고 받아들여야 한다. 미생물을 격퇴하는 식물의 정상적인 방어 활동이 억제돼야 하는 것이다. 그러려면 두 생물 사이에 고도로 분화돼, 통합 조정되는 의사소통 시스템이 필요하다. 이 교신은 종 고유의 신호 분자와 표면 구조를 통해 이루어진다.

온갖 종류의 곡물과 다른 대다수의 식량 식물은 이런 분화가 이루어지지 않았고, 그래서 그런 공생을 못 한다. 하지만 이 메커니즘을 동원해 산출 잠재력을 증대시킬 수 있다면 생태계와 경제에 엄청 이로울 것이다. 합성 질소 비료를 대량 사용하는 현실을 고려하면 더욱.

재래식 육종법만으로 이런 목표를 달성할 가능성은 거의 없다. 광합성 효율 증대와 더불어 질소 고정 사안이 식물 유전공학의 위대한 미래 희망으로 흔히 운위되는 이유다. 그 미래의 희망을 실현하려면 분자 메커니즘과 그것의 유전적 기초를 자세히 알아야 한다.

식물의 생육 능력과 산출량 신뢰도

농업 활동에서는 식물의 생육 능력과 기대할 수 있는 확실한 산출량이 다른 무엇보다 중요하다. 3장에서 이미 언급하기도 했다. 생육 능력과 산출량 신뢰도는 각기 다른 현상을 기술하지만 그럼에도 불구하고 관계가 밀접하다. 생육 능력은 환경에 대한 전반적 적합도이자 적응성일 뿐만 아니라 종 및 품종 고유의 수행 능력이자 내구성이다. 생산량 신뢰도는 이런 특성들이 농업 활동의 조건에 따라 실제 구현된 결과이다.

생육 능력은 이렇게 복잡하게 정의되기 때문에 육종에서 고려해야 하는 많은 특성과도 필연적으로 관계를 맺는다. 여기서도 몇 가지 전형적인 사례를 살펴봐야만 그 복잡성을 제대로 파악할 수 있다. 나는 그 사례들을 통해서 식물 유전공학이 중요한 역할을 하고, 또 그럴 가능성이 아주 많다는 것을 거듭 강조하고자 한다.

먼저 소개할 두 가지 사례는 진균 및 바이러스 저항력을 키우는 데 새롭게 유전공학을 동원한 일이다. 또 다른 두 가지 사례는 실지 실행이 보류 중이지만 그럼에도 불구하고 엄청나게 중요한 육종의 목표, 곧 가뭄과 염분 내성 얘기다.

진균 저항성은 생육 능력과 확실한 산출량의 중요한 기준이다. 유럽과 같은 온대 기후대에서는 더욱 그렇다. 감자가 좋은 예다. 감자 잎마름병을 야기하는 가장 중요한 병원균(진균과 비슷한 난균卵菌인 감자역병균phytophthora infestan)이 유럽에 처음 등장한 것은 1840년대였고, 유럽 감자의 대부분이 후속 연간에 여러 차례 절멸하다시피 했다. 수백만 명이 굶어 죽었고, 어쩔 수 없이 이민을 떠났다.

오늘날조차 감자 잎마름병의 저항성을 육종하는 일은 매우 힘겨운 과제이다. 그 병원균이 돌연변이를 통해 계속해서 새로운 악성 변종을 만들어내기 때문이다. 야생종을 이용하든 다른 재배종을 이용하든 단일 인자 유전형 저항성을 길러낼 수도 있고(단기적으로만 효과를 발휘한다), 더 오래 지속되는 다인자 유전형 저항성을 육종하는 것도 가능하다(쉽지 않은 과제다). 하지만 감자 농사는 오늘날 대규모로 지어지고, 그로 인해 문제가 상당히 악화되었다.

이런 어려움들 때문에 유전자를 이식해 새로이 질병 저항력을 갖게 만든 감자의 견본 품종이 개발되었다. 이 저항력은 진화의 역사에서는 한 번도 존재해 본 적이 없는 인위적 메커니즘에 토대를 두고 있으며, 프로모터 유전자와 구조 유전자의 현대적 연구 성과를 바탕으로 수정 변형할 수 있는 가능성 또한 무수히 많다.

그 결과 원래 식물과 비교해 감자역병균의 번식이 크게 줄었다(그림 29). 밭에서도 감자 잎마름병이 줄었음은 당연하다.

이 프로젝트는 세 가지 목표를 추구했다. ① 돌연변이 병원균이 나와도 이겨내기 어려울 새로운 저항성 메커니즘을 개발하기. ② 다용도 항생제처럼 다양한 진균과 박테리아에 효과를 발휘할 여러 메

그림 29 유전자 이식 감자(왼쪽)와 그렇지 않은 감자(오른쪽) 비교(감자 잎마름병의 병원을 처치한 후)

그림 30 유전 공학 반대자들이 유전자 이식 감자 시배지를 망쳐놓았다.

커니즘을 설계하기. ③ 유전자 이식 견본종을 개발해 저항력을 지닌 감자 품종들을 육종하기.

이 프로젝트에는 구 서독의 연구기술부Ministry for Research and Technology가 지원하는 공적 자금이 투입되었다. 프로젝트가 성공해 환경에 피해를 입히는 살충제를 조금이라도 덜 사용하도록 하기 위한 조치였던 것이다. 그러나 환경 정책의 목표가 이러했음에도 불구하고 공식 승인을 받은 최초의 시배지field trial는 유전공학 반대자들에 의해 망가지고 말았다(그림 30). 과학적 평가와 감정을 할 수 없었음은 물론이다. 이 프로젝트는 그렇게 중단됐다.

자연 발생적인 바이러스 저항성 유전자는 알려진 게 하나도 없다. 재래식 육종 시도 역시 현재까지는 거의 다 실패했다. 육종가들마저 유전자 이식 식물 만들기에 관심을 보인 이유다. 이 경우의 유전자 이식 식물에는 바이러스 단백질을 발현시킬 수 있는 유전자가 들어 있었다. 육종가들은 이를 통해 식물 세포가 자유롭게 이용할 수 있는 자체의 피막 단백질coat protein이 바이러스 복제를 차단하는 현상을 활용했다.

바이러스는 독자적인 세포 생물이 아니기 때문에 적당한 숙주 생물을 찾아야 번식을 할 수 있다. 바이러스는 숙주의 세포와 비교할 때 구조가 아주 간단하다. 보호용 단백질 피막을 포함한 구조적 구성 요소 및 몇 가지 추가 기능에 관한 유전자 정보만으로 이루어져 있는 것이다.

바이러스는 규칙 바르게 복제를 수행하기 때문에 정확히 개별 요소를 조립하는 데 필요한 양만큼만 피막 단백질을 생성한다. 그런데 피막 단백질이 이미 식물 안에 존재해 그 양이 지나치게 많아지면 바이러스의 복제가 차단되는 것이다.

일부 식물의 경우 유전공학으로 바이러스의 피막 단백질을 암호화한 유전자를 이식해 거의 완벽하게 바이러스 저항성을 확보했다. 지금까지 수행된 각종 조사 연구에 따르면 이런 유형의 저항성은 다른 피막 단백질을 갖는 여타의 바이러스에도 얼마간 적용할 수 있다. 유전자 이식 식물을 더 자세히 분석한 결과, 상응하는 대조군 식물과 비교해 봐도 생육이나 산출량 감소가 없었다. 이것은 유전자 이식 식물에 자체의 세포 단백질보다 바이러스 단백질이 더 많을 때조차 그랬다.

1998년 하와이에 처음 상업적으로 도입된 이래 점점 더 시장을 넓혀 온 바이러스 저항성 파파야는 그 첫 번째 실지 응용 사례이다. 이 유전자 이식 파파야가 현재 하와이에서 재배되는 사실상 유일한 파파야다. 이것들에는 파파야 윤문병輪紋病 바이러스papaya ringspot virus, PRSV의 피막 단백질을 만들어내는 유전자가 들어 있다. 파파야 윤문병 바이러스가 1990년대 초에 하와이에서 가장 중요한 재배 지역에 급속히 퍼졌고, 수확량이 크게 감소했다.

몇 년의 연구를 거쳐 마침내 유전자 이식 견본종의 실지 시험을 수행하는 중에 상당 규모의 바이러스 감염이 최초로 일어난 것은 우연의 일치였다. 유전자 이식 품종들(그림 31)은 몇 년 만에 허가 승인 기준을 전부 충족했고, 수확량의 일시 하락을 신속하게 벌충

그림 31 유전자가 이식된 바이러스 저항성 파파야(오른쪽)와 유전자를 변형하지 않은 대조군 파파야(왼쪽) 비교

할 수 있을 정도로 커다란 성공을 거두었다. 이들 품종은 PRSV 저항력을 가질 뿐만 아니라 애초의 품종들보다 산출량마저 더 많았다. 더 자세한 내용을 알고 싶은 사람들은 데니스 곤살베스Dennis Gonsalves의 『하와이의 유전자 이식 파파야』*Transgenic Papaya in Hawaii and Beyond*를 보라.

가뭄 내성(더 정확히 말하자면 건조 스트레스 내성)은 농업 생산성의 필수적 전제조건이다. 평균 강수량이 적고 건기가 오래 지속되는 지역에서는 특히 더 그렇다. 빠르게 확대되고 있는 사헬 지대Sahel Belt와, 그 자체가 말라가고 있는 아랄 해Aral Sea 및 주변의 건조 지역은 이 문제가 얼마나 극적으로 진행 중인지를 생생하게 보여준다. 이런저런 구체적 사례는 나중에 설명하고, 여기서는 육종의 현황과 관련된 몇 가지 얘기로 논의를 한정해 보도록 하자.

재래식 육종은 가뭄 내성 문제에 계속해서 크게 기여할 것이다. 유전공학은 혁신적이기는 하지만 기초 연구를 통해 먼저 더 정확한 지식을 확보해야 한다. 이쪽 연구가 복잡하고 힘겨운 것은 식물의 생리에서 물이 차지하는 특수한 역할 때문이다.

물은 식물이 수행하는 모든 물질대사의 보편 용제이다. 근계를 통해 온갖 영양소를 흡수하는 것이나 뿌리에서 잎 끝까지(또는 그 역으로) 각종의 대사산물을 장거리 운반하는 과정을 떠올려 보라. 물은 그 자체가 광합성에 필요한 기질基質로서 많은 양이 필요한 중요한 영양소이다. 식물은 거의 전적으로 물을 증발산시켜 온도를 조절한다. 그렇게 온도 균형을 맞춤으로써 물질대사와 생장이 간접적으로 조절된다.

평형 상태를 정확하게 유지하려면 식물 내부는 물론이고, 식물과 주변 환경 사이의 모든 체계 요소들이 수문학적hydrologic으로 정교하게 균형을 이뤄야 한다. 이 정교한 메커니즘이 고강도 건조 스트레스를 지속적으로 받으면 대다수의 식물이 탈진해 버리고 만다.

진화는 몇 개의 식물 종을 만들어내 이런 사태에 대응하는 놀라움을 보여줬다. 돌나물sedum, 선인장, 가시관목camel thorn은 상이한 건조 지역들에 특수하게 적응한 사례들이다. 이들 식물은 기본적으로 다른 세 가지 메커니즘을 개발했고, 건조 스트레스에 대응한다. 표면의 구조를 바꿔 수분 손실을 줄이기, 뿌리를 광범위하게 뻗어 수분 흡수를 증대시키기, 물질대사를 조절해 체내의 수분 함량이 크게 줄었을 때도 제대로 작동할 수 있는 능력 배양하기.

이들 메커니즘을 조사해 보면 그 상호 작용의 복잡성이 아주 흥미롭다. 하지만 그렇다고 해서 해결책이 쉽게 도출된 것은 아니다. 유전공학적 육종의 새로운 가능성이 얼마나 열릴지는 아직 불확실하다. 하지만 조금이라도 진보가 이루어진다면 그 가치는 엄청날 것이다. 가뭄 내성과 염분 내성 사이에, 그리고 어느 정도까지는 서리 내성 사이에도 밀접한 관계가 있기 때문이다. 모든 경우가 세포에서 물이 빠져나가는 사태를 적절한 구제 방법으로 대응해야만 하는 것이다.

염분 내성은 식물의 수문학적 균형이라는 관점에서 가뭄 내성과 관계가 있을 뿐 아니라, 육종가들에게도 점점 더 중요한 사안이 되고 있다. 물의 균형적 공급과 연관이 있음은 자명하다. 토양으로부터 흡수하는 거의 모든 영양소는 물에 녹은 상태의 무기염이기 때문이다. 용해된 무기염은 식물의 내부 또는 외부에서 일정한 농도 이상으로 진해지거나 이하로 묽어지면 반드시 물질대사에 부정적인 영향을 끼친다.

식물을 관개하는 데는 담수가 사용된다. 소금물보다 염도가 훨씬 낮기는 하지만 담수에도 여전히 상당량의 무기염이 들어 있다. 관개되는 물은, 특히 온난한 기후대일 경우 많은 양이 증발하고, 결국 토양 표면에 소금이 쌓인다. 단단한 층이 생기는 경우까지 있다.

수문학적 균형에 직접 영향을 미치지는 않는 또 다른 형태의 염분 스트레스도 살펴보자. 토양이 산성화돼 독성 알루미늄염이 방출되거나 공업 분야에서 중금속염이 유입되면 그런 일이 일어난다. 이런 경우는 탈수와 건조 사태 때문이 아니라, 직접적인 독성으로 스트레스가 발생한다. 현하의 농업에서는 이 문제도 점점 증가하고 있다.

특수한 내성 메커니즘을 지닌 몇 종의 식물만이 이런 상황을 견뎌낸다. 그런 식물들은 서로 다른 원리에 바탕을 두고 내성을 발달시켰다. 흡수율 감소, 특수한 배출 메커니즘, 저장 능력 증대가 그런 것들이다. 이 모든 경우에서 우리는 저변의 메커니즘을 너무나 모르는 형국이다. 유망한 육종 전략을 끌어내려면 지속적이고도 집중적인 탐구가 필요한 이유다.

확실한 산출량 개념은 밭에서 이루어지는 수확 활동으로 끝나지 않는다. 많은 저장 식량이 해충이나 병원균 감염으로 망실된다. 열대 지방의 고온다습한 기후에서는 특히 더 그렇다. 식량이 부족해 고통을 받는 지역들에서는 이런 손실이 자못 심각하다. 이 사안을 효과적으로 해결하려면 지금까지 얘기한 접근법을 뛰어넘어, 수확 이후의 해충 통제와 병원체 저항성을 목표로 육종 노력을 강화해야만 한다. 저장 및 운송 조건을 개선하는 조치는 말할 것도 없다(8장을 보라).

식품 백신

사람이 먹을 수 있는 부위에 차단이 어려운 감염성 질병을 막아주는 백신이나 의학적으로 쓸모가 있는 기타 물질이 들어 있는 식물은 육종가들에게 완전히 새로운 목표이다. 발전도상국들에 흔한 질병을 치료할 수 있는 백신이 담긴 유전자 이식 식물을 개발하는 과정에서 엄청난 진보가 이루어졌다.

몸의 자체 면역 기능을 자극해 항체를 만들게 하는 백신은 전통적으로 죽었거나 약화된 병원체이거나 거기서 분리한 항원이었다. 이런 백신은 전부 주사를 맞거나 입으로 복용해야 하는데, 다수의 발전도상국에서는 시행하는 게 매우 복잡하고, 해서 많은 경우 거의 불가능한 절차가 돼 버린다. 대규모 면역 예방 프로그램의 경우에는 더욱 그렇다.

백신이 식품에 들어가, 매일 섭취하는 인구 집단에 영향을 미칠 수 있다면 훨씬 나은 해결책이 될 수 있을 것이다. 이를 위해 병원성 바이러스 내지 박테리아에서 유전자를 가져다가 식물에 이식했고, 그러자 항원으로 기능하는 단백질 내지 단백질 조각이 만들어졌다. 이런 프로젝트 몇 개는 실험실 동물을 면역시키는 데 성공했고, 이제 임상 시험 단계를 밟고 있다.

육종가들은 식품 백신 개발 초기에 방법적 차원에서 쉽게 활용할 수 있는 식물과 병원균에 집중했다. 예컨대, 장관 감염이나 B형 간염에 면역 효과를 발휘하는 유전자 이식 감자가 대표적이다. 지금까지의 성과를 보면 이 스펙트럼이 빠르게 확대될 것으로 보인다. 항원 함유 바나나와 쌀은 프로젝트가 큰 성과를 낸 것들이다. 쌀의 경우는 꽃가루 알레르기 면역 요법으로도 유용하다.

발전도상국: 주요 표적 집단

나는 이 장에서 발전도상국을 가장 중요한 표적 집단으로 여러 차례 강조했다. 다음 장들에서는 발전도상국도 중요한 역할을 할 것이다. 식량 품질 개선(황금쌀), 가뭄 및 염분 내성, 해충 및 병원균 저항력, 식품 백신은 발전도상국 국민이 더 혜택을 보게 될 프로젝트이다(발전도상국들의 유전자 이식 식물 연구 개발 프로젝트 현황을 자세히 알려면 조엘 I. 코언Joel I. Cohen이 2005년에 발표한 논문 「GM 작물로 나아가는 빈국들」Poorer nations turn to publicly developed GM crops을 보라).

내가 유전공학 육종을 거듭 강조하는 것은 서로 매우 다른 두 가지 이유 때문이다. 첫째, (직접 관계가 없는 사람들의 경우) 인구가 전반적으로 증가하는 가운데 영양실조와 기아로 고통받는 사람들의 수가 꾸준히 늘고 있는 극적 현실을 모르고 있다. 둘째, 대책 마련에서 식물 유전공학의 중요성이 점점 더 커지고 있다. 세계은행, 각종 보조 기구, 정부의 대외 원조 기관, 민간 재단 등 국제 기구들의 지원 프로그램과 현황 보고서가 굶주림과 유전공학의 잠재력 두 사안을 강조하는 모습은 매우 인상적이다.

케냐의 수도 나이로비에 있는 "ISAAA 애프리센터"ISAAA AfriCenter 소장 플로렌스 왐부구Florence Wambugu가 『아프리카에 농업 생명공학이 필요한 이유』*Why Africa needs agricultural biotech*에서 한 절절한 호소를 보자. "기근, 환경 파괴, 빈곤에 대응하려면 아프리카도 시급히 농업 생명공학을 개발하고 활용해야 한다." 이렇게 시작된 왐부구의 선언문은 다음과 같이 끝난다. "과거에는 외국 기부자들이 자원을 많이 투입해야 하는 프로젝트들에 돈을 댔지만, 이것들은 하나 같이 지속되지 못하고 실패했다. 문화적 관행의 변화 같은 사회 경제적 사안을 해결하는 데 실패했기 때문이다. 유럽에서 이루어지는 농업 생명공학 제품 비판 활동은 사회 경제적 사안이지, 식품 안전의 문제가 아니다. 지금까지의 그 어떤 증거도 유전자 이식 작물을 아프리카에 줘서는 안 된다는 일부 유럽인의 견해를 정당화 해 주지 않는다. 아프리카 사람들도 스스로 나서서 발언할 수 있다."

요약

식량 식물 육종 활동은 농업이 시작된 그 순간부터 두 가지 커다란 목적에 의해 추동됐다. 인류가 먹는 음식물의 질과 양이 바로 그것이다. 환경 보호라는 세 번째 목표가 더해진 것은 최근의 일이다. 살충제를 적게 사용해도 되는 식물을 육종하는 일을 예로 들 수 있다. 작물의 산출량은 유전적으로 결정된 요인들(산출 잠재력과 생육 능력)로도 정해지고, 재배 활동의 여건에 의해서도 정해진다.

육종가들이 재배 품종을 유지 보전하려고 노력하는 일은 보편적이지만 그런 재배종 고유의 특성 대다수는 지역의 필요와 조건에 따라 중요성에서 차이가 난다. 식물 유전공학이라는 기술 혁신으로 인해 전통적 방법으로는 이룰 수 없던 구체적 육종 목표 다수에 새로운 가능성이 열렸다. 몇몇 사례를 본문에서 자세히 설명했다. 영양을 개선한 쌀, 새로운 형태의 진균 및 바이러스 저항력, 가뭄 및 염분 내성, 식품 백신 등등. 이런 활동의 주된 표적 집단은 발전도상국들이다.

육종 활동은 분자 생물학의 기초 연구 성과를 바탕으로 크게 발전했다. 분자 생물학 연구는 혁신의 잠재력이 엄청나다.

7 유전공학: 윤리적 평가

유전공학계 바깥에서는 유전공학의 실체와 목표에 관한 토론보다는 유전공학을 책임감 있게 활용하는 사안에 관한 논쟁이 더 흔하게 벌어진다. 이런 차이와 불일치에는 나름의 이유가 있다. 신기술의 가능성을 무책임하게 다루는 것에 대한 두려움이 보편적으로 깊게 자리하고 있는 것이다. 과학과 기술이 혁명적으로 전진하는데도 관련 윤리가 거의 제기되지 않는 상황이라면 이런 공포심이 놀라운 것은 아니다.

이런 유의 불일치를 보면, 우리가 합리적으로 행동한다고들 말하지만 구래의 본능적 생존 전략을 얼마나 많이 따르고 있는지가 밝히 드러난다. "대담하게 시도하는 자가 승리한다"who dares wins라는 모토(과학과 기술 분야라면 "지혜는 경험에서 나온다" 내지 "물을 잘 아는 사람은 물을 헤치고 나온 자이다.")는 호모 사피엔스 종이 성공적으로 생존하고, 생태계에서 자신의 지위를 확고히 할 수 있었던 근본적인 논리이자 이유였음에 틀림없다. 그런데 이런 유의 전략이 "영원히" 유효할 것 같던 오랜 세월이 끝나버렸다. 더구나 그 태도를 바꾸는 게 매우 어렵다는 것까지 드러났다. 담대함이라는 성공 원리가 급작스럽게 책임감이라는 담대함 억제 원리로 바뀌었다. 이 전환이 완벽한 180도 전향일까?

그렇기도 하고, 아니기도 하다. 매번의 모험이 실행자들의 예상을 뛰어넘어 심각한 파급을 일으킬 만큼 중대한 것으로 드러나는 단계에 과학과 기술이 도달했다는 점에서는 '그렇다'이다. 유전공학으로 사태가 이렇게 전개된 것은 아니다. 더 한 층의 진보가 일어날 때마다 일반적으로 더 큰 책임감이 요구되는 것이다. 하나의 주의(신조)에서 대립되는 다른 주의로 넘어간 것이 아니라 한 묶음인 요소들 중 일부를 더 유연하게 강조한 것일 뿐이라는 점에서는 '아니다'이다. 과학, 기술, 책임감은 밀접한 관계를 맺고 있다. 유전공학은 이런 필연성을 새삼 강조해 주는 오랜 기술 혁신의 목록에서도 막내의 지위를 차지할 뿐이다.

철학자 한스 요나스Hans Jonas는 『기술, 의료, 윤리』*Technik, Medizin und Ethik*에서 과학, 기술, 책임감의 관계에 매우 철저한 태도를 취한다. 그가 정식화한 "책임의 원리"Principle of Responsibility에서는 주로 유전공학이 언급된다. 그가 논한 유토피아는 이 책에서도 짚고 넘어갈 만하다. 책에 나오는 유토피아는 사회-정치적으로 인류를 이상화된 모습으로 그리며, 과학과 기술을 개발하는 활동에 어떤 제약도 두지 않는다. 이 점에서 "책임의 원리"는 기술과 책임성의 직접적 상호 의존성에 대한 분석인 동시에 에른스트 블로흐Ernst Bloch의 『희망의 원리』*Das Prinzip Hoffnung* —마르크스의 유토피아적 요소가 있는—에 대한 답변이기도 하다.

이와 함께 중요한 관점이 주목을 받게 됐다. 유전공학을 식물 육종 활동에 책임감 있게 응용하는 사안만큼이나 실제의 결과에 중점을 두는 윤리적 질문은 기존의 현실에 바탕을 둬야 할 뿐만 아니라 유토피아적 이상도 감안해야 하는 것이다.

윤리적 판단과 평가는 신기술의 원천인 과학과 함께 시작해, 각각의 개인이 공통의 미래와 관련해 내리는 의사 결정에 직간접으로 참여하면서 마무리된다.

과학과 책임

과학은 지식을 탐구하고 증대하는 활동이다. 과학의 특성 가운데 하나는 진보다. 과학은 지식의 상태에 따라 적절하게 질문을 하며, 그 대답과 함께 다시금 지식이 확장된다. 이렇게 필연적으로 진보가 성취된다. 과학은 스스로를 책임져야 하고, 진보도 책임지지 않을 수 없다. 새로운 과학 지식은 뭐가 됐든 매번 과학이 어떻게 얼마나 책임을 져야 하는가의 문제를 제기한다(또는 그럴 필요가 전혀 없다는). 과학을 실제로 응용하는 사안이라면 훨씬 더 그렇다. 과학 지식과, 이를 책임감 있게 다루는 활동이 결합돼야만 진정한 진보를 성취할 수 있다.

마르틴 부버Martin Buber는 『대화: 변증법적 삶』*Zwiesprache: Traktat vom dialogischen Leben*에서 이 "책임감"이라는 손에 잘 잡히지 않는 개념을 매우 유려하고 포괄적인 방식으로 설명한다. 우리 모두는 의식적이든 무의식적이든 관계를 맺는 모든 것에 책임이 있다. 우리가 다음과 같이 구체적으로 대답하는 것을 보면 확실히 책임이라는 것이 있음을 알 수 있다. "자기한테 일어나는 일, 보는 것, 듣는 것, 느끼는 것에 …… 진정으로 답이 존재할 때에야 진짜 책임감이 생기는 것이다." "개가 당신을 바라본다. 당신의 개의 눈길에 책임감을 느낀다. 아이가 당신 손을 붙잡는다. 당신은 아이의 손길에 책임감을 느낀다. 당신 주변의 사람들이 동요한다. 당신은 그들이 처한 곤란에 책임감을 느낀다."

이 논의를 우리 책으로 가져와 보자. 약 10억 명이 굶주리고 있고, 우리는 그들의 궁핍에 책임이 있다. 기근으로 매년 수백만 명이 죽는다. 우리는 그들의 극심한 곤궁에 책임이 있다. 우리의 환경은 인구가 계속 늘어나면서 질식당하고 있다. 우리는 자연을 무시하는 인류의 행태에 책임이 있다. 지구는 인류의 자원 강탈로 상처를 입었다. 우리는 인류의 생활양식에 책임이 있다. 우리는 실질적인 행동이 긴급하게 요구됨을 안다. 우리는 우리의 무대책에 책임이 있다.

하지만 과학의 맥락으로 돌아와 보면, 책임이 구체적으로 무엇일까? 책임을 져야 하는 것은 누구이고, 또 무엇에 대해 져야 하는가?

논의를 계속하려면 가능한 한 종합적으로 규정할 필요가 있겠다. 활동을 하는 분야 전체로서의 과학뿐만 아니라 개인으로 종사하는 모든 과학자가 여기서의 "누구"에 해당한다. 과학 활동의 대상과 방식, 결과를 다루는 양상은 "무엇"일 테다. 모든 과학자 — 다른 모든 사람도 똑같다 — 는 자신의 직업 활동 — 이 경우에는 과학 활동 — 에 대해, 하는 일의 성격에 관해, 사회에 끼칠 가능한 부정적 영향을 대중에게 알리는 임무와 관련해 직접적으로 책임이 있다.

개별 분야 안에서는 과학자들 스스로가 기술 평가를 통해 과학 활동의 성격과 지위를 정한다. 그들은 그렇게 함으로써 일반 대중에게 공동으로 책임을 진다. 모든 과학자는 이미 정해져서 널리 받아들여지는 경계 내에서 자유롭게 자신의 연구 분야를 선택한다. 이 경계는 예컨대, 연구진의 주제 관련 목표처럼 흔히 볼 수 있는 순전히 실용적인 것일 수도 있고, 상위의 차원에서 미리 정해진 경제적 우선순위일 수도 있다. 그러나 이 경계가 법률적·윤리적으로 부과되는 경우도 많다. 가령 불필요한 동물 실험이나 인간의 생식세포를 이용한 유전공학 실험을 금지하는 조치가 그런 예다.

유전공학이 발달하는 필수 전제조건으로 작용한 분자 생물학은 목표 따위는 세우지 않고 진행된 순수 기초 연구의 성과였다. 이들 성과 가운데서 예측할 수 있었던 것은 하나도 없었다. 분자 생물학의 여러 요소를 다 합친 게 유전공학이 아니라는 것도 틀림없는 사실이다. 분자 생물학은 의도적으로 더듬어 찾고 그래서 찾아진(발명된) 것이 아니라 순전히 지식을 추구하는 과정에서 발견된 대상으로, 나중에야 그 요소들이 결합돼 기술로 거듭난 것이다.

모든 과학자는 자연과 우리 인류에 관한 지식을 추구하는 자신의 활동에 책임을 져야 한다. 더 정확하게 말하자면 연구의 대상, 성격, 방법에 대해 책임을 져야 한다. (순수하게 지식을 추구하는 활동에서는 기본적으로 실용적 목적이 배제된다. 경제적 이익은 목적이고, 따라서 응용을 지향한다. 지식 증대의 가능성이 제약을 받는 이유다.)

대학이나 상응하는 연구 기관의 기초 연구는 통상 공적 자금의 지원을 받는다. 그 성과를 대중이 이용할 수 있게 한다는 전제 하에서 기초 연구가 수행되는 것이다. 가령, 무료로 볼 수 있는 학술지에 발표되는 내용이 그런 사례이다. 기초 연구는 정말이지 조금치도 제약을 받지 않을 수 있다(앞에서 언급한 경계 내에서). 그러나 내부적으로 연구의 질을 관리하고 기금을 할당하려면 연구 성과가 정기적으로 발표돼야 한다. 특정 전문 분야에서 연구 대상과 유형에 대한 책임성은 이런 식으로 담보된다.

그러나 과학자들은 각자의 구체적 연구 대상과 유형 이상에 대해서 책임이 있다. 유능한 전문가인 과학자들은 그들이 개발한 지식의 활용에 대해서도 연대 책임이 있다. 그들은 이런 책임 속에서 해당 분야의 발전이 제공하는 기회와 위험, 가령 농업 활동과 환경 보호, 방사선 치료와 방사능의 위험, 합성 약물과 독성 화학 폐기물처럼 상충하는 문제들이 있는지 여부를 대중에게 알리는 일을 주로 한다. 요(要)는 둘을 비교 평가하는 것이다. 할 것인가, 말 것인가. 특정한 목표를 위해 어떤 방법을 쓸 것인가, 말 것인가.

그러나 실제에 있어 과학이 일반 대중에게 이런 식으로 책임을 다하는 경우는 거의 없다. 적어도 민주 사회에서는 대중이 기초 연구의 공식 후원자이다. ("공적인" 세금이 투입된다는 사실을 떠올려 보라.) 때문에 대중은 정보를 제공받을 권리가 있다. 하지만 대중이 능동적으로 나서서 그 권리를 행사하는 일은 매우 드물 뿐 아니라 서툴다. 이 문제는 유전공학처럼 혁신이 단행 중인 분야의 경우 엄청난 중요성을 지닌다. 유전공학은 조금 후에 따로 다루겠다. 하지만 그에 앞서 현 상황을 조금 더 자세히 분석해 보자.

기술, 경제, 국가, 정치

직접 참여하지 않는 "일반 대중" 다수의 처지에서 볼작시면, 기초과학과 그들 사이에는 일련의 집행 권력에 익명의 고리가 여럿 존재한다. 응용(기술), 활용(경제), 집행(정부), 통제(정치)가 그것들이다. 대다수가 이 익명성으로 인해 자신의 역할을 전혀 모른 채 살아가면서도, 그렇다는 사실까지 모르는 이유다.

문화철학자 호세 오르테가 이 가세트José Ortega y Gasset는 유럽에 파시즘의 유령이 배회하며 영향력을 확대하던 시절에 유명한 에세이 『대중의 반역』*La rebelión de las masas*을 썼다. 그는 이 책에서 현대의 대중을 분석하고, 다음과 같은 결론에 도달한다. "시대의 온갖 대변자들 중에 권리는 다 갖고 의무는 하나도 없다고 믿는 것으로 삶의 태도를 국한하지 않는 집단은 단 하나도 찾을 수 없을 것이다. …… 부정행위를 한두 번 거치면 결정적으로 의무는 죄다 무시하고, 권리는 무제한으로 갖고 있다고 …… 느끼는 데서 그 정신 상태를 확인할 수 있는 것이다."

사람이 스스로에게는 아무것도 요구하지 않은 채 연쇄상의 다른 모든 고리에 책임을 요구하기만 한다면 그것은 각자 개인의 자유를 포기하는 치명적인 실수를 범하는 것이다. 사람들이 "과학," "기술," "경제," "정부," "정치" 분야에만 책임을 추궁한다면(물론 *거기에도* 책임이 있다) 자신의 책임을 포기하고 권력을 내주는 것과 다름없다.

개인의 권력은 정부와 경제, 나아가 특정 기술의 적용 여부와 관련해 집단적으로 의사를 표출하는 데서 나온다(선거와 투표). 군중 속에서 개인은 많은 책임을 지지 않는다. 하지만 개인들이 모여서 모든 결정을 한다. 개인들이 정보에 어두울수록 더 취약해지고, 의심이 더 많아지며, 더 쉽게 영향을 받는다.

이 논의에서 개인의 권력과 책임이 맺고 있는 관계가 분명히 드러났으면 한다. 그렇다고 해서 과학, 기술, 경제, 정부, 정치 분야 종사자들처럼 선택받은 집단들에 권력과 책임이 집중돼 있다는 사실을 외면해서도 안 될 일이다. 특히 정치인의 경우는 중재인과 창도자라는 도드라지는 역할과 임무가 입법 기간에 일시적으로 표명된다.

제10대 독일 하원의 조사위원회Commission of Inquiry of the Tenth German Bundestag로 하여금 유전공학의 위험성과 기회를 평가하도록 한 의회의 법안 발의가 이런 역할을 맡았다.

유전공학의 위험성과 기회

이 위원회는 전문가들이 수 년에 걸친 조사 연구를 마친 1987년에 최종 보고서를 발표했다. 그 최종 보고서는 400쪽이 넘는 분량으로 나왔다. 보고서의 제목 『유전공학의 위험성과 기회』*Chancen und Risiken der Gentechnologie*를 보면 두 가지 용어가 대체로 함께 사용된다는 것을 분명하게 알 수 있다. 위험성과 기회라는, 정해진 답이 없는 두 개념이 대비되면서 기대가 되는 긍정적 측면과 두려움이 생기는 부정적 측면 둘 모두가 당시의 대체적인 미래 인식으로서 얼마나 큰 부분을 차지했는지가 밝히 드러났다.

유전공학이 개발된 것은 유전공학이 제공해 줄 기회 때문이었다. 유전공학은 그동안 생물학 및 의학 연구에서(암, 에이즈, 유전성 질환), 제약 분야에서, 작물 육종 활동에서 자신이 명명백백하게 유익하다는 것을 증명했다. 이제는 유전공학을 활용해 얻을 수 있는 이점을 줄줄이 읊는 게 어려운 일이 아니다. 하지만 위험성을 추정하는 일은 추측에 훨씬 더 많이 의존한다. 이 작업이 여러 논의에서 나온 질문과 대답의 목록 형태로 수행돼야 하는 이유다. 하지만 먼저, 위험의 개념과 지식의 제반 상태를 간략히 살펴보는 게 도움이 될 듯하다.

기회와 혜택의 개념 쌍처럼 위험과 피해도 가능성과 확실성의 경계를 나타낸다. 그런 면에서 위험은 피해를 입을 가능성이 있는 모험이다. 혜택이 다른 측면에서는 항상 피해일 수도 있다는 것을 깨달으면 도움이 될지도 모르겠다. 우리는 현재 집약 농업의 혜택을 받고 있다. 하지만 집약 농업으로 자연의 생물 다양성과 미래 세대는 피해를 입는다. 진균류 및 해충 저항성은 식물과 인류에게 혜택을 가져다준다. 하지만 그 영향을 받는 생물들은 피해를 입는다. 기회와 위험성이 기본 원리로서 서로 완벽하게 분리될 수 없는 이유다.

윤리학의 모든 분야가 이렇게 명료하지 못하다. 위험의 크기와, 위험을 감수하고 어느 정도까지 나설 수 있는지에 관한 토론이 제대로 이루어지지 않는 이유이기도 하다. "위험률"이라는 무분별하고 무의미한 개념이 특히나 해롭다. 위험성은 정의상 계산 산정할 수 없기 때문이다. 전혀 위험하지 않게 사는 것이 도저히 상상할 수 없는 일이라는 데 이의를 제기할 사람은 아무도 없을 것이다.

나는 논의를 계속하기 위해 유전공학의 식별 가능한 위험은 이점과 난점 모두를 적절히 고려하면 피할 수 있다고 전제할 것이다. 불가피하게 자유재량에 따른 결정이 내려지리라는 사실은 위험 분석이 실천 윤리학의 다른 온갖 측면과 공유하는 문제이다. 상황과 관련해 최대한 많은 것을 알아내고 편견 없이 판단하려는 노력이 그래서 훨씬 중요해진다.

공포와 무지

판단 능력이 있어야 편견 없이 판단할 수 있다. 판단 능력은 관련 기본 지식과 독자적인 사고 능력을 전제로 한다. 둘은 서로에게 기대고, 의존한다. 기본 지식은 전문 지식이 아니고, 일반 보통 교육의 산물이다. 기본 지식은 한 가지 중요한 점에서 전문 지식과 다르다. 기본 지식은 자세하게 파고들기보다는 우리가 살아가는 기본적인 조건들과 그것들이 맺는 관계를 다룬다. 이런 기본 지식이 없으면 균형 잡힌 판단이 들어설 자리가 없으며, 견해들과 두려움이 승리를 거둔다.

식물 유전공학의 구체적인 사례로 설명해 보자. 식물의 유전자를 변형하는 행위에 대해 판단을 내리려면 식물에도 다른 모든 생물처럼 수천 개의 서로 다른 유전자가 들어 있음을 알아야 한다. 그 총수가 유전공학 조작으로 조금 늘어날 수도, 줄어들 수도 있을 것이다. 하지만 그 조작 행위로 이른바 유전자랑은 아무 상관도 없는 토마토에서 별안간 "유전자 토마토"가 만들어지는 것은 아니다. 또 있다. 식물 유전공학을 제대로 판단하려면 재래식 육종 활동에서도 원론적으로 비슷한 과정이 일어나며, 유전공학이 있든 없든 우리 음식물의 상당 부분이 (영양학적으로 소중한) 유전자라는 사실을 기본적으로 알아야 한다.

이처럼 간단한 기본 지식을 바탕으로 식물 유전공학을 판단할 수 있을 때에야 "유전자 자유 지대"gene-free zone 나 "유전자 음식"gene food 같은 터무니없는 말들이 무지로 인한 두려움을 불러일으키지 못할 것이다.

'두려움은 찾아가 의논할 수 있는 상담역으로는 형편없는 상대이다'라는 말이 있다. 이 말은 맞을 수도 있고, 그렇지 않을 수도 있다. 요컨대 불완전한 진술인 셈이다. 두려움은 귀중하며, 경우에 따라서는 목숨까지 구해 주는 진화상의 성취이다. 두려움은 미지의 대상과 맞닥뜨렸을 때의 불안정에 대한 본능적 반응이다. 두려움이 상담역으로서 형편없지만은 않은 이유다. 하지만 그럼에도 불구하고 그 조언의 의미를 살펴서 검토하지 않는다면 두려움은 불완전한 상태로 남게 된다. 부족한 지식을 넓히고, 두려움을 야기하는 불안을 가라앉혀야 하는 것이다.

독일은 수출에 크게 의존하는 전형적인 공업 국가로, 물적 자원은 부족한 반면 가령, 자연과학과 기술 등에서 지적 자원은 풍부하다고 빈번하게 운위된다. 그런데도 자연과학의 기본 지식이 매우 부족해, 유전공학에 관한 토론 자리에서 "유전자를 먹으면 나한테" 무슨 일이 일어나느냐고 묻는 일이 흔한 것을 보면 매우 놀랍다.

나는 마지막 장에서 식물 유전공학의 미래를 결정하는 주체는 과학자들이 아니라 사회 전체라는 사실을 다룰 것이다. 독자적이고 건전한 판단이 요구되며, 지식이 부족해 두려워하면서 견해들이 손쉽게 조작되어서는 안 된다. (관리 행정뿐만 아니라) 내용 관련 교육 개혁이 정말이지 시급하다. 대중의 전반적 능력을 제고해, 각자가 스스로 판단을 내리게 하려면 더욱더 그렇다.

유럽의 시각

식물 유전공학을 대하는 여론은 대체로 부정적이다. 유럽의 선진국들은 특히 더하다. 비판하는 말들 다수를 살펴보면 무지로 인한 두려움이 이유의 전부가 아님을 알 수 있다. 과학자들과 일반 대중 사이의 의사소통과 교환이 쉽지 않다는 점 외에도—나중에 더 자세히 살펴보겠다(271쪽)—편협한 관점이 근본적인 원인으로 작용한다는 것이 분명하다.

유럽에서 보면 식량은 전혀 부족하지 않다. 도리어, 비용이 많이 드는 과잉 생산 사태를 종식하기 위해 내려야 할 정치적 의사 결정이 없는 경우가 허다하다. 슈퍼마켓에 가보라. 사치재와 각종의 유혹물이 도저히 감당할 수 없을 만큼 풍부하게 널려 있다. 개, 고양이, 햄스터, 새 들의 정선된 먹이가 끝없이 진열된 선반을 목도한다면 내 말이 무슨 뜻인지 알 수 있으리라.

농업 생산성과 관련해 말하자면 많은 인구가 굶주리는 다수의 다른 지역과 비교할 때 유럽은 상황이 아주 예외적이다. 유럽인들이 여행자가 되어 전 세계를 두루 돌아다님에도 불구하고 이 사실을 인식하지 못하는 경우가 많다. 낙원 같은 휴가지는 가뭄이나 홍수가 휩쓸고 간 기근 지대에서 물리적으로뿐만 아니라 정신적으로도 멀리 떨어져 있고, 해외 여행객들은 사태의 진실을 알기가 힘들다.

벨트 훙거 힐페Welt Hunger Hilfe, 브로트 퓌어 디 벨트Brot für die Welt, 미제레오르Misereor, 기타 자선 기관 같은 구호 단체들은 의지가 대단하고, 많은 도움을 제공하며, 칭찬을 받을 만하다. 하지만 유럽과 북아메리카의 입헌 복지 국가들에서 사는 평균적인 시민이 에티오피아, 잠비아, 아이티, 미얀마, 방글라데시에서 변변찮은 권리만을 누리는 소농들이 기근과 홍수와 가뭄의 시기에 겪는 참혹한 빈곤을 어떻게 알겠는가? 아이들을 많이 낳아야 노동력이 확보되고, 노년의 안위를 담보할 수 있으며, 어쩌면 그나마 더 나은 미래에 대한 희망을 가질 수 있기까지 하다는 걸 그들이 과연 이해할 수 있을까?

나는 다음 장에서 이 문제를 더 구체적으로 살펴보겠다. 그런 사람들이 자조, 자립할 수 있도록 돕는 것을 효율적인 장기 대책으로 삼아야 함을 강조하고자 하는 것이다. 유럽, 북아메리카, 일본은 이때 호출되어야 한다.

유럽인들의 시각에는 도덕적·심리적 요소도 담겨 있을 것이다. 21세기의 유럽인 다수는 15세기 말 이래 세계의 전 지역을 정복하고 경제적으로 착취한 활동이 어떤 결과를 낳았는지를 알게 됐다. 이 새로운 인식은 미디어의 수많은 비판적 보도나 정치인들이 "아메리카 대륙 발견" 500주년 되던 해에 내놓았던 참으로 유보적인 성명들을 통해 또렷하게 알 수 있다.

짐작컨대 이런 식으로 정형화된 질문도 나올 것이다. 식물 유전공학이 다시 한 번 발전도상국들을 희생시켜 선진국들의 이익을 위해 쓰이지 않겠는가? 반대의 경험과 진행 중인 프로젝트들은 이런 의혹이 틀렸음을 입증하지만 대중의 전반적 의식에서 일정한 역할을 하기에는 너무나 생소해 보인다.

유럽 대다수 지역에서 식물 유전공학을 바라보는 시선이 곱지 않은 이유에 답하는 것은 쉽지 않은 과제다. 식물 유전공학 기술이 어느 정도는 유럽에서 개발됐고, 이 분야의 기초 연구 수준을 전 세계가 인정하고 있다는 것을 생각하면 더욱 그렇다.

아마도 독일 시민으로 깊이 우려했던 작가 쿠르트 투홀스키Kurt Tucholsky가 독일 국민에 대해 외견상 드러나는 것보다 더 진실에 가깝고 사려 깊은 통찰을 보여주었을 것이다. 그는 이렇게 썼다. "독일인은 아무것도 없을 때조차 여전히 의심하고 우려한다." 나는 이 문장을 심리학적으로 해설할 능력은 갖고 있지 않다. 물론 "우려"라는 단어가 대단히 애매모호하기는 하지만. 아무튼 투홀스키의 말을 염두에 두면 20세기 벽두에는 과학과 기술의 진보로 유난히 낙관적이고 지배적이었던 건설적 관심이 치명적인 역사의 실수로 인해 마찬가지로 특이한 단계인 완전히 무심하고 부도덕하며 파괴적인 독재로, 더 나아가 이제는 깊은 우려와 규제의 단계로 옮아갔다고 보는 것이 타당할 것이다.

투홀스키는 훨씬 근본적인 무언가를 얘기하고자 했을 것이다. 의혹과 우려가 쌓이면 확신과 자신감 및 명확하게 판단할 수 있는 능력과 의지도 사라지리라고 말이다.

염려되는 결과

다음은 식물 유전공학과 관련해 흔히들 하는 질문이다. 식물 유전공학이라는, 널리 알려지지 않은 과학과 기술에 대해 대중이 전반적으로 느끼는 우려를 분명한 형태로 파악할 수 있다.

나는 각각의 질문에 짧게 답하거나 논평하는 방식으로 필수적 핵심을 제시하고자 한다. 하지만 관련된 측면을 모두 다루려면 거듭해서 얘기해야 하는 경우도 있었다. 여기서는 모든 질문에 단도직입적으로 그리고 가급적 과학의 관점에서 답을 하겠다. 그다음에는 응용과 관련된 질문들에도 (실천적 결론의 형태로) 답변할 터인데, 그 답들은 이 책의 마지막 두 장의 내용과 연결될 것이다.

인류가 인위적인 유전자 이식을 통해 종의 자연스러운 진화에 개입하면 어떤 일이 벌어질까?

(가장 흔한 것 가운데 하나인) 이 질문은 꽤나 복잡하다. 세 부분으로 나누어보자. 두 부분은 일반적이지만 세 번째는 생물학과 연관된다. 첫 번째는 이런 것이다. 인류가 의도적으로 자연 진화에 개입하는 것을 허용해야 하는가? 답변은 실용적일 수밖에 없다. 신석기 혁명이 시작된 후로 우리는 식물, 동물, 미생물을 육종해 커다란 효과를 거두어왔을 뿐만 아니라 그 활동이 점점 더 집중적으로 이루어졌기 때문에, 분명히 허용해야 한다.

이런 역사적 사실 외에도, 우리 자신이 이런 진화의 일부이자 산물이다. 인구가 크게 증가했고, 거의 모든 다른 종의 진화가 직간접으로 엄청난 영향을 받게 됐으며, 심지어 멸종하기까지 했다. 그러므로 질문은 우리 인류가 진화에 개입해도 되느냐 아니냐가 아니라, 얼마만큼 개입을 허용해야 하는지 또는 얼마나 개입하기를 원하는지가 되어야 한다. 나는 이 질문에 대한 답변을 9장에서 제시할 것이다.

이 질문의 두 번째 요소는 첫 번째 요소에 새로운 차원을 보탠다. 인류가 *유전공학*을 활용해 종의 진화에 개입하는 것을 허용해야 하는가? 질문의 이 부분에 대해서는 우리의 과거 문화 역사에서 그 답을 실용적으로 도출해 낼 수 없다. 사실 두 번째가 진짜 핵심 질문인 바, 그 자체가 이 장과 다음 장들에서 중요한 역할을 할 것이다. 물론 과학만으로는 여기에 답할 수 없다. 하지만 다음의 질문들에 과학이 내놓는 답변의 성격에 많은 것이 좌우될 것이다.

이 질문의 세 번째 부분은 특히나 과학적 판단을 요구한다. 종의 자연스러운 진화에 개입하는 인위적 유전자 이식에 반대해야 할 과학적 이유가 있는가? 그 대답인 조건부 부정 또한 앞으로 온갖 것에서 그 모습을 드러낼 것이다.

유전공학 기술로 이식된 유전자가 통제 불가능하게 확산될 가능성이 있을까?

지금까지 우리가 한 제한적 경험에 따르면 그 가능성은 인간의 개입 없이 이식되는 유전자에 존재하는 것과 동일한 정도로 존재한다.

유성 교배의 장벽 안에 존재한다는 말이다. 실험실 바깥에서 유전자 이식 식물을 활용할 때 적어도 처음에는 조심할 필요가 있는 이유다. 유전자 이식 식물이 야생에서 원하지 않는 방식으로 통제를 벗어나 퍼지고, 해서 유성 번식을 통해 다른 재배종이나 야생종과 섞이지 않도록 조심해야 하는 것이다.

그건 그렇고 인류가 수천 년 동안 엄청난 수의 유전자를 전 세계에 퍼뜨려왔다는 사실을 지적해 둬야겠다. 인류는 의도했든 그렇지 않았든 온갖 관상용 및 농업 식물, 동물, 기타 생물(해충과 병원균 포함)을 기후와 기타 조건이 허용하는 한 멀리, 또 널리 퍼뜨렸다. 이런 생물 모두는 각각의 세포에 수천 개의 유전자가 들어 있고, 당연히 다른 개체 또는 종으로 이전되었을 가능성이 있다.

의도적이든 우발적이든 유전공학을 활용해 생명력이 탁월한 생물을 만들 수 있고, 그로 인해 기존의 생물 다양성이 위태로워질까?

상상하기 힘들고, 고도로 육종된 식량 식물의 경우에는 생각도 할 수 없는 일이다. 탁월한 적응 능력을 보이는 전략가들은 항상 있어왔다. 우리 시대에는 파리, 쥐, 인간이 그런 예들이다. 하지만 우리가 아는 한 생물권 전체는 단 한 번도 위험에 처한 적이 없었다. 인류가 오늘날 전 세계적으로 환경을 위협하고 있는 현실을 제외한다면 말이다.

생태 조건이 끊임없이 바뀌기 때문에 적응을 통해 증대시킨 적합도는, 일반적으로 얘기해, 잘 돌아가는 생물권 내에서 잠시잠깐 누리는 이득일 따름이다. 모든 돌연변이, 유전자의 온갖 새로운 조합은 그게 유전공학적으로 변형된 것이든, 유성 생식으로 탄생한 것이든, 혹은 다른 방식으로 발생한 것이든 무수한 발달 단계 가운데 하나일 뿐으로, 이 가운데 일시적으로 유효한 몇 개만이 자연 진화상의 실질적인 진보에 해당한다. 생물 다양성이 클수록 유전공학으로도 자연 발생적 유전자 변형으로도 다양성이 위험에 처할 가능성이 더 적다.

유전공학으로 생물 무기를 만들 수 있나?

아마 가능할 것이다. 예컨대, 어떤 동물 특유의 병원균을 대상으로 숙주의 스펙트럼을 확장해 인간을 공격하도록 만들면 그렇게 할 수 있다. 하지만 지금까지 진화를 통해 형성된 감염 메커니즘은 바이러스처럼 비교적 "단순한" 병원체일지라도 믿을 수 없을 정도로 복잡하며(가령, 에이즈), 자연 발생적 돌연변이의 가능성 또한 무수히 많고 유효해서 차라리 돌연변이를 활용하는 게 유전공학을 이용하는 것보다 성공할 확률이 더 높을 것이다.

나는 유전공학이 동원되든 동원되지 않든 생물 무기가 활용될 가능성, 그 위험성, 비도덕성 따위를 생물학자들이 지속적으로 알림으로써 전 세계적으로 경각심을 불러일으키는 일이 대단히 필요하다고 생각한다.

유전공학이 발달하면 곧바로 이런 목적에 이용될 거라는 사람들이 많다. 고의가 아니라 할지라도 그럴 가능성이 있다면 여전히 죄를 물을 수 있을 것이다. 다른 온갖 무기에도 같은 주장을 펼 수 있다고 해서 그 죄가 경감되는 것도 아니다. 하지만 지식을 추구하는 행위가 우리의 문화가 발달하는 전제조건이라면 그 죄는 탐구 활동 자체가 아니라 *사악한 의도*를 갖고 지식을 *응용*하는 작태 및 과학과 기술의 발전 상태에 걸맞게 책임을 지겠다는 의지와 태도의 결여에 있다. 다음의 질문에서도 어느 정도 비슷한 점을 발견할 수 있으리라.

미생물, 동물, 식물 유전공학 기술이 발달하면 인간 유전공학 기술도 발달할까?

종 고유의 특이성이 약간 있기는 해도 유전공학의 방법들은 모든 생물에 있어 대동소이하다. 유전공학 기술의 방법들이 발달하면 대체로 모든 분야에서 응용할 수 있다. 사람들이 유전공학에 대해 갖는 두려움이 만연하게 된 것도 이해할 만하다. 이 공포는 두 가지 요소로 구성된다. 기술적 요소와 윤리적 요소가 그것들인데, 차례로 보도록 하자.

기술적 요소는 인간을 유전공학적으로 변형하는 행위의 가능한 목표들과 결과를 다룬다. 하지만 윤리적 요소가 단연코 가장 강력할 뿐만 아니라, 현재 시점에서 기술적 가능성과 무관하게 우리의 행동을 규정하기 때문에 나도 이 질문의 윤리적 요소만을 다루도록 하겠다.

모든 유전공학적 개입은 유전자를 특정하게 변형해 육종을 하는 것이다. 인간을 목적의식적으로 육종하는 행위는 윤리적 이유 때문에, 일어난 적이 없다. 전체주의 나치 정권이 "열등한 유전자형"을 소극적으로 솎아내는 방식으로 아리아 족을 정화하려 했던 짧은 시도를 제외하면 말이다. 그 광신적 인종주의의 지지자들이 이런 식의 근친 교배(유전자의 변동성이 감소한다)로 자기들이 속한 인종이 생물학적으로 약화돼, 위험에 빠지리라는 것을 잘 몰랐다는 것은 분명하다.

인간 육종, 그러니까 유전자를 특정하게 변형하거나 인간을 선별하는 행위는 관련해서 수행되는 가치 판단 때문에 인간의 존엄성을 근본적으로 침해한다("개선"이나 "향상"이라는 말은 특정한 기능을 선호 선택한다는 얘기이다).

인간을 육종해서는 안 되는 윤리적 이유는 뿌리가 깊다. 윤리적 이유는 자존감뿐만 아니라 타인에 대한 존중의 근거가 된다. 생태적 관점에서 보면, 인간의 개성에 이렇게 가치를 두는 행위는 개체군의 유전자 변동성을 보존하는 일에 대한 전반적인 가치 부여와 부합한다. 일종의 유전자 표준화를 목표로 인간을 육종하는 것은, 생명을 "무가치한" 것으로 정의하는 인종 차별과는 또 달리, 윤리적·생물학적 관점 모두에서 퇴보하는 것이다.

사람들이 특정한 육종 목표를 달성하기 위해 자신의 유전자 조성에 직접 영향력을 행사하려 한다면 그 책임은 감당할 수 없을 정도로 무거울 것이다. 미래의 어느 날 생식 계열 변형을 통해 유전성 질환을 치료할 수 있고, 치료해야 한다는 주장은 여기서 다루지 않겠다. 한동안은 법을 제정해 인간의 생식 계열에 유전공학적으로 개입하는 행위 일체를 철저히 금해야 한다.

나는 이런 입장을 기반으로 해서 과학이 (오래전부터 다른 수단으로 육종돼 왔던) 생물들의 육종 기술 개발에 책임을 져야 하는가라는 실질적 질문으로 돌아가 답하고자 한다. 생물 육종 기술은 인간을 대상으로 활용될 수도 있고, 그러면 간접적으로나마 인간 육종을 용이하게 만들 것이다. 나는 그에 대한 답으로 이 책의 앞부분에서 이미 한 얘기를 다시 할 수 있을 뿐이다. 과학은 그것이 하는 일에 대해서도, 삼가는 일에 대해서도 모두 똑같이 책임이 있다는 게 그 대답의 내용이다. 윤리적인 이유에서 유전공학을 동원해 식물을 육종하는 활동이 추구할 만한 가치가 있는 목표라고 믿는 사람이 있다면—환경 보호는 물론이고 인류의 영양을 채워줘야 한다는 요구까지—모든 행동에는 양면성이 있다고 핑계를 대면서 책임을 회피해서는 안 될 것이다.

유전공학이 결국 다국적 기업들의 배만 불려주지 않겠는가? 환경과 발전도상국들은 희생을 당하고 말이다.

이것 또한 흔하게 제기되는 물음이다. 하지만 이 질문은 부적절하다. 지배적 *기업*들을 한편으로 하고, 또 거기에 의존하는 주체들을 다른 한편으로 해서 우리의 경제가 구성된다는 말이기 때문이다. 하지만 이것은 표면적인 구분일 따름이다. 실제의 경계선은 다른 데 있다. 경제적·정치적으로 지배적인 산업 *선진국*들과, 거기에 의존하는 기타 국가들로 나뉘는 것이다.

다국적 기업들은 경제 체제의 산물이지 원인이 아니다. 정치적 자유가 보장된 선진국들의 인구 절대 다수가 주기적인 의회 선출을 통해 그 경제 체제를 승인했다는 (따라서 원했다는) 사실도 보태야 할 것이다. 이와 관련해 대다수 정당이 보이는 차이는 하찮은 수준이다. 산업 생산은 우리가 구가하는 번영의 대들보 가운데 하나이다. 세수稅收와 우리의 일자리가 거기서 비롯한다.

유전공학을 응용하는 일과 그에 따른 경제적 혜택을 기업들에 넘겨주고 싶지 않은 사람들은 (황금쌀 사례에서처럼) 민간의 비영리 계획이나 공적 자금, 또는 민간 재단에 의존하거나(대개는 헛수고로 끝난다) 아예 경제 체제 자체를 알맞게 바꿔야 할 것이다.

기성의 경제 체제를 바꾸려면 가게에서 각종의 공산품을 구매하지 말아야 한다. 대량 생산된 소비재(거의 모든 가공 처리 식품, 의류, 가구, 전기 제품, 자동차, 주류, 담배, 기타 등등)는 물론이고 운송 수단과 관련 서비스 일체 없이 지내야 하는 것이다. 사람들은 대신 소매업과 지역의 소규모 생산자들을 지원해야 할 것이다. 이런 온갖 변화에 따르는 경제적 부담도 견디고, 뜻이 같은 사람들을 정치적으로 유의미한 규모만큼 찾아내 설득하는 일도 필수다.

전 세계의 경제 구조를 철저하게 바꾸지도 않으면서 기존의 기업들로 하여금 유전공학을 못 하게 한다는 것은 옛날 기업들을 희생시키고 새 기업을 만들겠다는 말이나 진배없다.

선진국의 소비자들인 우리 때문에 환경과 발전도상국들이 피해를 입고 있다. 적어도 간접적으로 우리의 생활양식으로 인해 그렇다고 말할 수 있다. 우리와는 아무 상관이 없다고 경솔하게 자주 운위되는 기업에는 해를 끼치지 않는다. 이전 두 장과 다음 장에서 이 문제를 여러 차례 언급했고, 언급할 것이다.

최초의 유전자 이식 작물 가운데 하나인 해충 저항성 목화가 아주 확실한 예가 되어줄 것 같다. 이 경우, 발전도상국들의 소농들과 환경이 종자 업체들보다 더 많이 혜택을 보았으니까 말이다(200쪽).

상업적 용도의 종자가 무허가로 퍼지는 것을 막기 위해 "터미네이터 기술"을 사용해야 할까?

흔히 사용되는 "터미네이터 기술"terminator technology 이라는 용어는 (수확된) 두 번째 세대의 씨앗이 불임이 되도록, 그러니까 다시 심는 데 못 쓰도록 만드는 유전공학적 메커니즘을 가리킨다.(과학적으로는 "유전자 사용 제한 기술"genetic use restriction technology, GURT 이라고 한다.) 이 기술은 아직 상업적으로 활용할 수도 없을 뿐더러, 환경 단체들과 몇몇 대규모 종자 회사의 활동 때문에도 국제적 합의에 따라 유예 상태에 있다. GURT를 상업적으로 활용하는 것을 금하는 이 유예 조치는 2006년 4월 생물 다양성 협약Convention on Biological Diversity, CBD 의 제8차 당사국 총회에 의해 마지막으로 연장됐다.

GURT는 한편으로 엄청난 비용을 들여 개발한 품종이 무허가로 사용되는 행태로부터 종자 회사를 보호하고, 다른 한편으로는 (생태 및 기타 이유로) 원하지 않는 마구잡이 확산 사태를 통제하기 위해 의도된 것이다. 그럼에도 불구하고 이 기술이 논쟁에 휩싸이는 이유는 생존을 위협받고 있으며, 돈이 없어 자가 생산 씨앗에 의존하는 다수의 소농이 악영향을 받을 수 있기 때문이다. 방법론적 개발은 물론이고 생물학적 검증도 가까운 미래에 GURT 기술이 상업적으로 활용되는 것을 승인할 정도의 단계에 미치지 못했다.

유전공학을 통해 제초제 내성 식물을 만들면 제초제 사용량이 줄기는커녕 오히려 늘어나지 않을까?

농부들은 "일괄 거래"를 이용하는 일이 잦다. 제초제 내성 식물 꾸러미에 제초제가 동봉되어 있는 식이다. 작물의 제초제 내성이 크게 증가하면 농부들이 제초제를 더 많이 쓸 가능성이 있다. 그렇게 하면 잡초를 더 많이 죽일 수 있지만 환경도 훨씬 더 크게 오염될 것이다.

하지만 애초의 의도는 그 정반대였고, 지금까지의 경험으로 보건대 결과는 아주 인상적이다. 유전자를 이식해 제초제 내성을 갖게 만든 식물이 경작되는 곳을 보면 단위 면적 당 제초제 사용량이 크게 감소했다. 이게 다가 아니다. 덜 선택적이며 비선택적인 제초제를 사용해 환경에 해를 덜 끼치고, 또 더 소량 사용할 수 있게 되었다. 경제적인 이유 때문에도 필요 이상으로 살충제를 더 많이 쓰려는 농부는 없다.

제초제를 사용하지 않을 수 없는 곳이라면 어디라도 양을 줄이거나 생태계에 덜 해로운 화학 물질을 쓰는 조치를 통해 환경이 지는 부담을 줄이는 게 일차적 목표가 되어야 한다. 이와 관련해 유전공학이 할 수 있는 기여는 앞에서 다루었다.

유전자 변형 식물로 만든 음식은 알레르기를 일으킬까?

거의 모든 식품이 특정 사람들한테는 알레르기를 일으킬 수 있다. 하지만 대개의 경우는 알레르기가 일어날 가능성만을 알 수 있을 따름이다. 요컨대, 원인 물질은 알지 못하는 것이다. 이론상으로는 유전자가 새롭게 조합되면—재래식 육종이든 유전공학이든—언제라도 알레르기 유발 요인이 옮겨질 수 있다. 일부 사람들이 알레르기로 고통을 받는 것은 유전공학 자체 때문이 아니라 유전적으로 프로그램된 물질 때문이다.

재래식 육종 활동으로 얻은 식물과 식물 산물에 대한 알레르기는 유전공학의 결과로 같은 성분이 들어간 음식에 의해서도 똑같은 정도로 일어날 수 있다. 문제가 되는 물질(대개는 단백질인데)이 민감한 사람들에게 알레르기를 일으키는 것으로 파악되면 그 제품은 표시를 해서 고지해야 한다. 유전자가 분리된, 재래식으로 육종된 출처 식물과 꼭 마찬가지로 말이다.

하지만 여기서 한 가지 사실을 강조해야겠다. 알레르기 유발 물질을 제거하는 데 유전공학을 활용할 수도 있음을.

유전자 이식의 성공 사례로 흔히 얘기되는 저항성 유전자가 항생제 저항성을 확산시키지는 않을까?

그 가능성을 완벽하게 배제할 수는 없다. 유전자 이식 후에 저항성 유전자가 자가 파괴되는 메커니즘이 얼마 전에 추가됐던 이유다. 이 사안은 대개 카나마이신kanamycin과 네오마이신neomycin 항생제에 대한 저항성 유전자와 관련되어 있다. 두 항생제는 의료용으로 더 이상 사용되지 않는다. 건강한 사람들의 장내 세균에는 이미 저항성 유전자가 들어 있다. 박테리아에서 흔히 발견되는 것으로, 음식과 함께 소화된 것이다.

하지만 이 질문은 이제 할 필요가 없게 됐다. 그 표지들을 더 이상은 사용하지 않기 때문이다.

유전자 변형 식품을 먹거나 유전자 이식 식물이 자연분해(부패)되면 추가된 유전자는 어떻게 되나?

이 두 질문 가운데 첫 번째는 매우 빈번하게 제기되었고, 해서 답하기가 쉽다. 우리의 모든 식물과 동물 식단에 들어 있는 수십억 개의 유전자는 위와 창자에서 기본 요소로 잘게 쪼개지고, 우리 몸에 의해 재활용되거나 추가로 더 쪼개져 일부가 요산으로 배설된다. 유전공학으로 이식된 유전자에 대해서도 똑같은 얘기를 할 수 있다.

환경에서 분해되는 경우에 관한 질문에는 지금까지 그 답변이 첫 번째보다 덜 명료했다. 식물과, 식물을 구성했다가 토양으로 돌아간 개별 부분들—유전자를 포함해서—은 소형 동물, 곰팡이, 박테리아에 의해 불완전하거나 완전하게 분해되고, 영양이 풍부한 부엽토로 변환된다. 하지만 현재까지 알려진 바에 따르면 특정한 조건에서는 문제의 유전자나 유전자 조각이 단기 내지 장기적으로까지 온전한 상태로 보존될 수 있다고 한다. 그러나 유전공학으로 이식된 유전자도 대개는 출처가 자연이기 때문에 토양에서 다른 모든 생물의 유전자와 동일한 운명을 따른다고 할 수 있다.

유전공학은 인류에게 가장 중요한 작물들의 다양성을 감소시킬까?

식량 및 사료 작물을 대규모로 경작해 다양성이 감소하는 사태는 진정 심각한 문제이다. 이론상으로는 유전자 이식 식물을 경작하면 사태가 악화될 수 있다. 하지만 실제의 경험으로 확인된 생물학적 제약을 통해 실상은 정반대임을 알 수 있다.

한편으로는 서로 다른 지역적 조건에 적응한 품종들이 필요하다. 견본 품종prototype 들에서 개발된 유전자 이식 형질들이 다른 희망 육종 결과들과 마찬가지로 적합한 품종들로 교배돼야만 하는 이유다. 나는 여러 지역에 필요한 상이한 재배종을 확보하기 위해 황금쌀의 경우에서 이루어졌던 광범위한 육종 노력을 이미 서술했다.

품종의 다양성이 크게 줄어들어 생태계와 경제가 겪게 될 난관은 유전공학이 출현하기 전에 이미, 구체적으로 녹색 혁명과 관련해 명백했다. 지속 가능하고, 생산적이며, 환경 친화적인 농업 활동은 재배종과 종 모두에서의 작물의 다양성 없이는 생각할 수 없는 일이다(304쪽). 이 얘기는, 유전공학이 동원되든 동원되지 않든 식물 육종 활동의 모든 산물에 똑같이 적용된다.

식물 유전공학으로 식량 공급이 늘어나면 인구 증가가 멈추지 않고 계속될까?

일찍이 토머스 로버트 맬서스가 1798년에 제출한 가설은 (흔히 불완전하게 인용되고, 잘못 인용되는 일도 잦다) 인구 증가가 식량 공급 상황과 곧바로 연동된다고 추측했다. 이 추정은 특정한 상황에서 맞을 때도 있지만 그때 이후로 빈번하게 사실과 다름이 입증됐다. 맬서스에 대한 일부 진영의 전반적 평가는 확실히 부당했다.

현 상황은 이런 유의 공포가 거의 근거 없음을 명확하게 보여준다. 실상 정반대의 상황이 오히려 진실일 것이다. 오늘날 인구가 가장 많이 증가하는 곳은 기근을 경험하는 곳들인 반면 충분한 식량을 손쉽게 구할 수 있는 나라들은 인구수가 안정되었거나 심지어 하락세다.

자발적 통제와 그에 따른 법률

분자 생물학의 방법들을 활용하면 살아 있는 유기체의 유전자를 변형할 수 있겠다는 깨달음과 더불어 유전공학이 시작됐다. 최초의 시도들은 박테리아에 국한됐다. 거기서 새로운 가능성이 명백해졌고, 해당 분야의 과학자들은 주도적으로 책임을 맡으며, 지침과 제약 조건들을 작성했다. 이후로 분자 생물학과 유전공학의 모든 작업은 이 지침과 제약 조건들에 따라 수행되고 있다. 제약 조건들 가운데는 자연환경에서는 살 수 없는 특수한 실험실 변종 박테리아를 사용할 것과 통제된 구역 내에서 작업할 것이 포함돼 있다. 이 통제 구역은 생물의 유형에 따라 상이한 안전 등급으로 구획된다. 고등 동물 및 인간이 영향을 받을 수 있는 위험한 병원균으로 실험을 할 경우에는 위험성이 큰 등급으로 분류해 격납을 하는 것이다. 이런 작업은 전 세계적으로도 소수의 몇 개 기관에서만 수행된다.

이 지침이 도입된 것은 1975년 미국에서 열린 한 분자 생물학 학회에서였다. 학회 참가자들은 전 세계가 이를 준수해야 한다고 선언했다. 과학자들은 처음에 이 지침을 자발적으로 따랐고, 이윽고 국가 차원에서 법률이 공식 제정됐다. 과학자들은 늘 그렇듯이 자율 규제를 실천했다. 조심에 조심을 기해야 했기 때문에 자율 규제 조항은 필요하다고 판단되는 것보다 더 엄격했다. 경험이 쌓인 여러 해 후 일부 규정이 완화됐다. 그렇게 해서 나온 새로운 법률이 현재 대다수 국가에서 시행 중이며, 이후 다년간의 실지 경험 속에서 그 적합함이 입증됐다.

유전공학 자체로 인해 인류와 환경이 어떤 명백한 위험에 처한 사례는 지금까지는 단 한 건도 알려진 바 없다.

과학과 일반 대중

일시적으로는 온갖 퇴행이 존재했지만 인민 개개인이 해방되면서 전 세계적으로 민주 정체가 발전한 것은 계몽주의 시대 이래 일어난 급진적 변화이다. 그 결과로 일반 대중이 탄생했다. 일반 대중은 인구의 "광범위한 다수"로서 시민 공동체를 대변하고, 상응하는 권리, 예컨대 국가와 국가의 자원에 영향을 미치는 모든 것과 관련해 포괄적인 알 권리를 갖는다.

이 알 권리는 공적·사적(일정 정도) 기금을 받는 과학 연구 기관 및 프로젝트 들로도 확장된다. 여기에는 중요할 뿐만 아니라 그래야 할 충분한 이유가 있다. 오늘날 과학자 개인은 지대한 영향을 가져올 지식이나 산물을 개발해 낼 수 있다. 그래서 거기에 영향을 받을 가능성이 있는 사람이면 누구라도 정보를 제공받을 권리를 지니는 것이다. 하지만 아무도 알 의무는 없다. 그럼에도 불구하고 모두는 다시 한 번 근본적인 의사 결정—과학 사안도 포함된다—에 참여할 수 있는 권리를 직간접으로 가진다. 선거에 투표하기, 협회의 성원으로 참여하기, 압력 단체들에 기부하기가 그런 예들이다. 이는 유전공학의 경우 특히 명백하게 드러나는 중대한 문제로, 해결되지 않은 상태에 있다. 비전문가가 거의 전적으로 텔레비전, 인터넷, 라디오, 신문, 잡지 같은 매스미디어를 통해 알 권리를 행사한다. 대중과학 출판물을 통해 알 권리가 충족되는 경우는 훨씬 더 적다. 이런 결손 사태의 문제점은 심각한데, 과학 자체가 원인으로 작용하는 경우도 일부 있으므로 보도록 한다.

• 다수의 과학자는 정보를 제공할 자세가 안 돼 있거나—주로는 그러려면 시간이 많이 필요하고 잘해 낼 가능성이 적기 때문에—적절한 훈련을 받지 못했다.

• 기금 확보가 연구 성과를 대중이 알기 쉽게 제시하는 활동보다는 연구 자체를 가지고 더 쉽게 이루어진다.

• 과학 정보는 (이해하기 쉽게 다른 말로 바꿔서 표현하는 간접적인 방식이 아니라) 직접적인 방식으로만 제대로 전달될 수 있고, 해서 비전문가들에게는 낯선 빈틈없고 냉철한 설명이 요구된다.

• 다수의 비전문가는 이런 유형의 정보에 무관심하거나, 흥미가 저조하고 제한적이다.

• 오늘날의 미디어 소비 행태는 매우 선정적이고, 해서 불가능하지는 않다 하더라도 과학 정보를 균형 있게, 중립적이고, 객관적으로 전달하는 일은 어렵다.

• 성급하게 이루어진 불완전한 조사로 정보가 선정적으로 더욱더 곡해되는 일이 비일비재하다.

• 다큐멘터리에서조차 관행적 문법이랍시고 촬영 내용을 상습적으로 조작하는 통에 실제(과학)와 날조(허구)를 구별하기가 매우 어려워졌다.

정보 유통 과정의 세 요소(과학, 미디어, 일반 대중)가 전부 시급히 개선돼야 한다. 3자 사이의 장벽은 노력을 집중해, 정보 흐름의 전반적 질을 향상시켜야 제거할 수 있다.

다수의 과학자는 연구 결과가 사실 관계에서 부정확할 때, 또는 선정적이고 공포를 조장하는 식으로 해석될 경우 정보의 원천으로서의 역할을 마다해 버린다. 내가 유전공학과 관련해 텔레비전과 라디오, 신문과 잡지에서 본 내용의 대다수가 그런 경우였다. 다른 한편, 다수의 기자에게도 문제가 있다는 게 분명하다.(그래서 일반적이지 않은 예외는 정말이지 주목할 만하다!) 사실 관계가 정확한 기사를 쓰면, 출세하고 성공할 가능성이 줄어드는 것이다. 시청자, 청취자, 독자 들은 그런 기사를 심드렁해 한다. 정보를 제대로 제공받지 못한 사람들이 믿을 수 있고 정확한 정보가 없다고 불평하는 것은 당연하다. 하지만 자신들이 흥분과 오락을 좇는 무비판적 소비자들로 행동해 이런 불만스러운 사태가 발생했음은 좀체 깨닫지 못한다.

유전공학을 윤리적으로 판단 평가하려면 모든 수준에서 책임감이 요구된다. 과학자들과 미디어가 정보의 흐름을 개선해야 하지만, 소비자 개인들도 정보를 획득하고 소화하는 방식은 물론 결론을 내리고 판단을 하는 방식에 책임을 져야 한다.

3자 중에서 책임이 가장 큰 쪽은 과학자들이다. 하지만 그에 걸맞은 의지를 바탕으로 자신들의 연구 내용을 공명정대하게 모두의 보편적 책임으로 통합해 내지 않으면 성과는 없고, 사태는 계속 이런 식으로 유지될 테다. 환경을 효과적으로 보호하면서도 모두가 이용할 수 있을 만큼 충분한 식량을 생산하는 문제는 시급한 과제다. 공포 분위기 조성 전술이나 사실을 호도하는 방법으로는 이 과제를 달성할 수 없다.

기준은 상대적이다

윤리적 평가를 내릴 수 있는 절대적 기준은 없다. 상대적 기준에 규범적으로 접근하는 것이 가능한 유일한 대안일 테다. 하지만 평가가 완결되지 않은 과제일수록, 의견이 갈리는 과제일수록 이 일은 더욱더 어려워진다. "죽여서는 안 된다"는 대다수가 동의하는 명령이다. 이 명령은 모든 사람을 대상으로 한다. 하지만 애초의 의도를 떠올린다면 희생당할 가능성이 있고, 해서 보호를 받아야 하는 개인을 특히 그 대상으로 했을 것이다. 기준이 여러 면에서 상대적임을 알 수 있다. 기준은 인간이고, 주로는 자신이다. 자살과, 정당방위 내지 위급 상황에서의 살인을 제외하면 이 기준조차 전시戰時 살인이 요구되는 경우와 같은 애매한 경우에는 상대화된다.

남의 동물을 죽이는 행위는 최근까지 *재산* 피해로 간주되었다. 현재는 이 위법 행위가 법률상 더 구체적으로 조정됐다. 하지만 특정한 동물 보호 제한 조치들이 충족될 경우 동물은 여전히 죽여서 먹을 수 있고, 연구용으로 사용할 수도 있다. 대부분의 동물을 별 생각 없이, 또는 의도적으로 죽이는 게 가능하다. 일반적 보호 법률이나 멸종 위기종 지정으로 특별히 보호를 받지 않는 한 동물 살해 행위는 금지되지 않는다. 제한 조치가 훨씬 덜 엄중하지만 식물과 미생물에도 똑같은 얘기를 할 수 있다.

"죽여서는 안 된다"라는 명령은 잘못된 행동을 하지 말라는 금지의 명령이다. 똑바로 살라는 간접적인 명령이기도 하다. 우리가 윤리적 동기에 따라 보여주는 다수의 행동 양태가 법률에서는 명령보다는 금지로 명확하게 정식화돼 표출된다. 가령, 남의 재산을 존중하라고 명령하는 것이 아니라 훔치지 말라고 금지하는 것이다. 초록불일 때 횡단하라기보다는 빨간불일 때 건너지 말라고 하는 것도 이와 동일하다. 여러 문화권에서 처벌의 혹독함과 유형이 보이는 광범위한 편차를 생각하면 가치 기준이 상대적임을 분명하게 알 수 있다.

유전공학에도 상대적 기준이 적용돼야 할 것이다. 비슷비슷한 연구가 이루어지는 많은 나라에서 유전자 변형 식물을 야외에서 실지 시용試用하고 또 경작하는 활동이 대중에 의해 서로 매우 다른 규제를 받고, 또 달리 평가된다는 사실을 보더라도 이것은 분명한 사실이다. 그럼에도 불구하고 논리적 근거 속에서 정당하다고 인정되는 규범이 조기에 도입돼, 세계적 차원에서 가급적 통일적으로 시행될 필요가 있다. 다음의 윤리적·생물학적 요소들을 기준으로 삼을 수 있을 것이다.

- 윤리적 관점에서 볼 때 인간의 생식 계열은 그 어떤 유전공학적 개입으로부터도 보호돼야 한다. 현재로서는 예외가 있을 수 없다. 다른 생물에 대해서는 실용주의에 입각해 원칙들을 정할 수 있을 것이다.
  - 다른 방법으로도 육종할 수 있는 생물은 유전공학을 시행할 수 있다. 물론 그 활동으로 환경, 인류의 영양 상태와 보건에 불리한 점보다는 유리함이 더 많아야 할 것이다.

- 인간이 어떤 방법으로든 생물 진화에 개입을 함에 있어 그 활동의 목표 및 한계와 관련해 시급히 규범적 의사 결정이 이뤄져야 한다. 육종 기술이 새롭게 자꾸 개발되리라는 것(세포 배양 기술, 인공 수정, 복제 기술, 유전공학)뿐만 아니라 무엇보다 중요한 최우선적 사안들(환경, 인류의 영양 상태, 보건)이 고려돼야 함은 물론이다.

• 유전공학이 이런 유의 결정을 바탕으로 영향을 받기 때문에 유전자 변형의 수준을 세 가지로 구분할 필요가 있다.

1. 재래식 육종법으로도 이식하거나 그 표현형을 바꿀 수 있는 비변형 유전자의 이식, 제거, 활성화, 불활성화
2. 유전공학적 방법으로만 할 수 있는 종 고유의 유전자 변형
3. 외래나 합성 유전자, 또는 그 일부를 사용하는 것처럼 유전공학적 방법을 동원해야만 할 수 있는 변형

• 생물을 유전자 변형의 잠재적 위험에 따라 분류할 수도 있다. 다음 순서는 "무시해도 좋은"에서 "매우 위험한"으로 정리해 본 것이다.

1. 자연환경에서는 생존할 수 없는 생물. 가령, 박테리아의 "실험실 변종"
2. 자연환경에서 인간이 키우지 않으면 생존할 수 없거나 어느 정도만 살 수 있는 생물. 예컨대, 인류의 중요한 식량 식물 및 동물 다수, 몇몇 관상식물, 애완동물
3. 그 밖의 다른 온갖 생물

4. 인류에 영향을 미치는 것들을 제외한, 온갖 생물의 병원체
5. 인류에 영향을 미치는 병원체

더 구분해 볼 수도 있다. 하지만 현재의 발전 단계와 이 책의 맥락을 고려하면 더 이상은 불필요하다. 순 이론만으로, 그러니까 실질적 함의를 외면한 채 윤리적 판단과 평가를 내릴 수 없고, 따라서 그 내용이 완벽하게 딱 부러질 수도 없음이 충분히 명백해졌으리라고 본다. 나는 마지막 장에서 여기에 바탕을 두고 실용적 접근을 위한 제안을 좀 하겠다.

요약

윤리적 가치의 기준은 상대적이며, 목표를 규정하는 것에 바탕을 둔다. 식물 유전공학을 윤리적으로 판단하는 데서 결정적인 기준으로 작용하는 것은, 인구를 먹여 살릴 식량을 충분히 생산한다는 목적 하에 식량 식물의 진화에 개입하는 활동을 늘리는 것(가령, 종의 경계를 뛰어넘는 식으로)을 생물권 남용에 따른 생태 재앙과 비교한 내용이다.
유전공학은 실지 응용 활동에 있어 아직 초보 단계다. 하지만 인류 보건(의학 연구와 제약)과 농업(산출량 증대, 비용 절감, 환경 영향 감소) 분야에서 유용하다는 것이 명백하게 입증됐다. 현재까지의 경험에 비추어 보건대, 유전공학은 제대로만 사용하면 인류와

환경에 전혀 위험하지 않다. 사실을 입증하지도 않은 채 반대의 의혹을 던지는 행태는 세계적 차원에서의 책임감을 결여한 것이며, 유전공학의 의도와 목표를 선정적·이데올로기적으로 조작하는 것이다. 유전공학의 기회와 위험성을 편견 없이 평가하려면 적절한 기본 지식을 바탕으로 독자적으로 판단할 수 있어야 하고, 과학계와 일반 대중의 소통도 개선돼야 한다.

8 인류의 영양 확보를 위한 기본 전제

지구는 이제 60억~70억 명의 인구에게 충분한 식량을 제공할 수 있고, 아마 그보다 많은 수도 감당할 수 있을 것이다. 거의 10억 명에 달하는 사람들이 굶주리고 있으며, 그 가운데 다수가 기아로 죽음에 이르고 있는 것은 식량이 없어서가 아니다. 연대와 나눔이 없어서인 것이다. 굶주리는 사람들은 최소한의 식량을 확보할 수단마저 없을 만큼 지독하게 가난하다. 그러나 이런 상황과 무관하게 모든 이에게 미래의 식량원을 확보해 주려면 현재의 가용 자원 활용 행태를 크게 개선해야 한다.

미래는 항상 열려 있다. 미래 예측이라는 것은 현재의 동향 및 예견되는 변동의 양상과 관련해 확률을 논하는 것일 뿐이다. 미래 예측은 그 의의가 별로이지만 그럼에도 불구하고 예방 활동을 하는 데서는 귀중한 안내자 역할을 한다. 향후 몇십 년 안에 인구가 80억, 심지어 100억까지 늘어날 것이라는 예측이 빈번하게 제시되고 있다. 이 예측치는 다급한 경고이자 즉각 행동에 나서야 한다는 호소로 이해할 수 있다.

나는 앞의 장들에서처럼 여기서도 가급적이면 상세한 수치 자료는 들먹이지 않으려고 한다. 요는 이 엄중한 도전 과제를 다루는 방식이지 숫자가 아니다. 수치는 아무리 철저하다고 해도 언제라도 의구심에 휩싸일 수 있다. 세부 사실이 궁금한 독자들은 철두철미하면서도 매우 잘 읽히는 세 권의 더 포괄적인 서적에서 자료와 광범위한 참고 문헌을 확인할 수 있다. 소개해 놓는다. 레스터 R. 브라운Lester R. Brown, 『지구의 수용 능력을 초과하다: 지하수면 하락과 온도 상승의 시대에 이루어야 하는 식량 안보』*Outgrowing the Earth: The Food Security Challenge in an Age of Falling Water Tables and Rising Temperatures*. 고든 콘웨이Gordon Conway, 『이중의 녹색 혁명: 21세기의 모두를 위한 식량』*The Doubly Green Revolution: Food for all in the 21st Century*. 로이드 T. 에번스Lloyd T. Evans, 『100억 명 먹여 살리기: 식물과 인구 증가』*Feeding the Ten Billion: Plants and Population Growth*.

세 사람의 책은 각자의 연구 외에도 주로 다음의 평가 내용과 예측에 근거하고 있다. 세계은행의 국제식량정책연구소International Food Policy Research Institute, IFPRI, 유엔 식량농업기구Food and Agriculture Organization, FAO, 기타 널리 인용되는 공개 자료. 이 책들과 이 장에서 인용되는 이런저런 참고 문헌은 책 말미에 목록으로 정리해 두었다.

세계적 전망

나는 유럽의 농업 생산성이 극히 예외적이라고 이미 말했다. 세계에서 가장 중요한 밀 재배 지역 몇 곳의 헥타르 당 산출량을 비교해 보면 이 사실을 또렷하게 알 수 있다. 예컨대, 2002년 프랑스의 헥타르 당 평균 산출량은 미국의 약 2.5배, 아르헨티나, 캐나다, 호주, 러시아의 3배 이상이었다.

구체적으로 서유럽 여러 나라가 이렇게 특별한 처지를 누리는 것은 상호 보완적인 요소 세 가지가 합쳐진 결과다. 1. 따뜻한 멕시코 만류 덕택에, 기후가 안정적인 데다 같은 위도대의 다른 지역과 비교할 때 강수량이 많고, 겨울과 여름 기온이 상대적으로 온화하다. 2. 여름철의 생육 및 결실기에 일조 시간이 길다. 3. 토양에 부엽토가 많아 비옥하다.

세계에서 인구 밀도가 가장 높은 지역 두 곳인 아시아와 아프리카를 보면 이 차이가 아주 분명해진다. 무성한 초목 지대와 거대하고 메마른 황무지는 그 자체로도 엄청난 대비를 이루는데 현저하게 영양분이 부족한 토양, 적도 근처의 시종일관한 일조 시간, 적도에서 멀리 떨어진 지역의 경우 고온 건조한 여름과 매우 추운 겨울의 커다란 온도 차이로 상황이 더욱 악화되었다. 이미 인구가 과밀한 이 지역들은 미래 예측 내용도 매우 불길하다. 엄청난 인구 증가, 대규모 빈곤, 식량과 물의 심각한 부족, 급속한 사막화는 과연 상서롭지 못하다.

인구 증가

인구 증가의 추정값들이 제각기 서로 상당히 다르고, 점점 더 하향 조정되고 있지만 그래도 대다수의 예측은 2050년경에 약 90억 명에 이를 거라고 내다본다. 현 추세가 계속되리라고 보는 것이다. 이런 예측에 따르면 인구 성장은 거의 전적으로 발전도상국들, 구체적으로 아시아와 아프리카에서 일어날 것이다.

인구가 가장 많은 상위 20개국 중에서 파키스탄, 나이지리아, 에티오피아에서 상대적으로 높은 증가세를 보일 텐데, 향후 50년 동안 인구가 갑절로 늘어날 것으로 예상된다. 현재보다 4~5배 수준으로 늘어날 훨씬 강력한 나라들로는 우간다, 콩고민주공화국, 예멘이 있다. 이 세 나라도 "상위 20개국" 목록에 들어갈 것이다.

하지만 도대체 이런 일이 어떻게 가능하냐는 물음은 아직 미해결 상태다. 『2005년 인간 발전 보고서』*Human Development Report 2005*에 따르면 이들 여섯 개 나라 전부는 안 그래도 이미 "인간 발전 지수"Human Development Index가 가장 낮다. 6개국 모두가 겪고 있는 엄청난 문제들의 목록을 보자. 식량과 수자원 공급 열악, 빈곤, 교육 기회 결여, 내전으로 발전하기도 하는 국경·부족·종교 갈등, 추방, 굶주리는 종족 집단의 대규모 탈출. 바로 이들 국가에서 많은 경작지와 목초지가 침식과 사막화로 사라지고 있다(302쪽과 307쪽).

인도는 그중에서도 인구가 가장 많이 늘어날 것으로 예측되는 국가다. 10억을 약간 상회하는 선에서 15억까지 증가할 것으로 전망되는 것이다. 인도는 2050년이면 중국을 추월해, 세계 최고의 인구 대국이 될 것이다. 이런 유의 도약을 어떻게 다뤄야 할지가 다시 한 번 과제 상황으로 제기된다. 오늘날조차 인도의 인구 밀도는 유럽에서 인구가 가장 조밀한 국가인 네덜란드에 약간 못 미치는 수준이다. 갠지스 강이 흘러넘쳐 브라마푸트라 강과 합류하는 일은 거의 일어나지 않는다. 대다수 지역에서 지하수면이 극적으로 가라앉고 있다. 논과 밀밭은 지난 10년 동안 소출이 정체해 버렸다. 현재 인도 인구의 절반 이상이 빈곤선 이하에서 산다. 4분의 1은 영양실조 상태이고, 다수가 굶주리고 있다.

사람 수가 계속 늘어나면 식량 수요가 증가할 뿐만 아니라 생활 공간과 기타 자원의 수요도 많아진다. 식량의 품질과 더불어 수량이 충분히 제공돼야 한다는 사실 외에도 사람이 늘어날 때마다 마실 물과 기타의 기본 수요가 발생하고, 살 곳이 필요하며, 직간접의 여러 상이한 방식으로 에너지를 써야 하고, 교통망과 교육 서비스가 마련돼야 하며, 적절한 수입이 보장되는 일자리도 필요하다. 모든 사람이 폐기물을 쏟아내며, 잘살려고 애쓴다. 빈곤 상태와, 생존을 위협받는 사태를 회피하는 것이다.

이런 온갖 수요를 충족하려면 귀중한 농지와 엄청난 양의 수자원 및 에너지를 대가로 지불해야 한다. 이 모든 것은 식량을 생산하고 가공 처리하기 위해 직간접으로 필요한 것들이다. 농장에서 대도시에 이르는 인간의 거의 모든 거주지는 땅 위에 세워지고 개발된다. 한데, 그 땅은 비옥해서, 농업 활동에 알맞은 경우가 많다.

지난 수십 년 동안 계속해서 도시들이 성장해 왔다. 거주 공간이 조밀해졌고, 그에 따른 온갖 증상이 나타났다. 폐기물, 위생, 교통 문제, 사회 갈등, 감염성 질환의 발병 및 확산 위험. 유럽 주요 도시들 내의 빈민가라도 아프리카·아시아·라틴아메리카 대도시들의 거대 슬럼과 비교하면 여건이 호사스럽다. 라고스, 캘커타, 상파울루, 기타 많은 도시를 떠올려보라.

엄청난 고통에 시달리는 사람들의 눈을 직접 들여다봐야만 빈곤과 굶주림의 진정한 공포를 깨달을 수 있을 것이다. 몹시 굶주린 상태에서 구걸을 하는, 모두가 외면하는 인도 대도시의 장애인들이나 옆으로 개방 하수가 흐르는 남아메리카 안데스 지역의 무단 점유 인디오들이 무표정한 얼굴로 굶주림을 진정시키기 위해 코카 잎을 씹는 광경을 상상해 보라.

빈곤과 풍요

빈곤과 풍요의 역사는 갈등으로 점철돼 있고, 슬프며, 변화무쌍하다. 아마 인류의 문화사만큼이나 오랜 주제일 듯하다. 제러드 다이아몬드Jared Diamond가 베스트셀러 『총, 균, 쇠』*Guns, Germs, and Steel*에서 이 사실을 인상적으로 설명했다. 오늘날 세계 인구의 10퍼센트가 전체 소득의 54퍼센트를 장악하고 있다. 반면 40퍼센트는 하루 2달러 미만의 비용으로 살아가며(그중 다수가 하루 1달러 미만이다), 전 세계 소득의 약 5퍼센트를 차지할 뿐이다(그림 32).

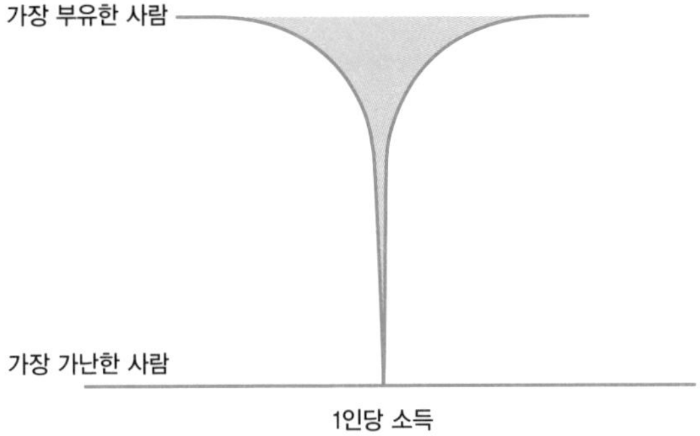

그림 32 전 세계인의 1인당 소득 분포의 백분위수 곡선(2000년). 가장 부유한 사람(위)과 가장 가난한 사람(아래)

『2005년 인간 발전 보고서』에 따르면 세계에서 가장 부유한 개인 500명의 소득을 합하면 하위 빈곤자 4억 1600만 명의 소득을 합친 것보다 더 많다고 한다.

부자와 빈자 사이의 간극이 꾸준히 커지고 있다. 나는 황금쌀과 인도주의 단체 몇몇의 목적을 논하는 자리에서 발전도상국의 가난한 주민들이 영양실조로 겪는 심각한 상황을 지적한 바 있다. 그들의 활동과 노력은 마땅히 인정해 줘야 한다. 하지만 고품질의 식량을 더 충분히 활용할 수 있게 된다고 해서 그것만으로 발전도상국들의 대량 빈곤 문제가 해결되지는 않는다.

부자와 빈자 사이의 커다란 격차는 "문명 세계"의 문화가 발달을 통해 가야 할 길이 여전히 멀다는 것을 상징할 뿐만 아니라 문제 상황이 얼마나 큰 규모인지도 분명히 드러내 준다. 약 10억 명이 굶주리고 있다는 명백한 재앙 외에도(흔히 전쟁, 대탈출, 추방, 학살이 동반된다) 인구까지 계속해서 늘고 있다. 이렇게 기아에 시달리는 지역들이 주변 세계와 인구학적으로, 경제적으로, 정치적으로 긴밀히 연결됨으로써, 우리 역시 인구 증가의 결과와 매우 직접적으로 대면하게 되었다.

이 말의 의미를 더 잘 이해하려면 다시 한 번 인도의 예로 돌아가 볼 필요가 있겠다. 온갖 회의가 난무하기는 하지만, 인도의 인구수가 향후 50년 안에 15억 명으로 증가하는 사태를 가정해 보자. 유엔은 2015년까지 굶주리는 사람의 수를 절반 줄이겠다는 몽상적으로 비치는 목표를 세웠는데, 그 계획이 완벽하게 내지 일정 정도 달성됐다고도 가정해 보자. 나아가 향후 수십 년 동안 전개될 인구 발달 사태를 알기 위해 전반적 상황이 계속해서 최근 과거와 비슷하게 유지돼, 예측의 신뢰성이 뒷받침된다고 가정해 보자. 이럴 경우, 우리는 최근 중국에서 전개 중인 양상을 크게 상회하는 사태와 상황을 전 세계적 차원에서 목도하게 될 것이다.

중국에서 강제 집산화와 공업화가 추진된 1959년부터 1961년 사이 약 3000만 명이 굶어죽었다. 그 이후 식량 공급 사안은 모든 중국 정부의 최우선 정책 순위에 들어갔다. 1999년에 이르자 쌀, 옥수수, 밀 생산량이 네 배 증가했고, 중국은 잠시나마 이들 작물의 수출국 대열에 합류했다. 그런 추세는 이후로 역전됐다. 북부의 밀 재배 지역에서 관개가 잘 안 되던 사정이 어느 정도 가세했다(308쪽).

중국은 몇 년 만에 식량 자급 국가에서 세계 최대의 밀과 대두 수입국으로 바뀌었다.

중국은 수출 소득으로 식량은 물론 석유, 철강, 귀금속 및 급속한 경제적·시민사회적·군사적 성장에 필요한 기타 재화를 수입할 수 있게 됐다. 대도시 중심부에서 엄청난 건설 경기가 일어났다. 교외가 다수 개발됐다. 안락한 연립 주택과 단독 주택이 들어섰고, 가로와 고속도로 건설 공사가 하루가 멀다 하고 진행 중이며, 지난 몇 년 사이에는 자동차와 항공 운행량까지 빠르게 증가했다. 여기에 관심을 갖고 주목해 온 사람들은 다음의 반론들을 잘 알 것이다.

최근 중국은 자동차 수가 2500만 대를 넘었고, 이를 감당하려면 도로와 주차장 면적으로 약 50만 헥타르가 필요하다. 그 땅을 농업 목적에 활용하면 수백만 명이 먹고살 수 있다. 중국민의 1인당 자동차 사용이 오늘날의 일본 수준으로까지 더 증가하면 현재 논농사에 활용되는 전체 면적의 약 3분의 2가 사라지리라는 게 레스터 브라운의 계산이다(『지구의 수용 능력을 초과하다』). 도시 개발이 확장되면, 상응해서 토지, 수자원, 에너지가 요구된다는 것은 기본적으로 똑같다.

소득 상위 및 중위 집단의 부가 빠르게 늘어나면서 굶주리는 가난한 중국민의 수도 감소했다. 하지만 이런 번영과 함께 더 나은 품질의 먹을거리에 대한 수요도 늘어났다. 채소, 과일, 생선, 고기가 그런 예다. 고기의 경우는 식용 작물 대신 사료 작물을 재배해 사용해야 하기 때문에 기초 식량 생산 활동에 불리하게 작용한다(316쪽).

이런 추세가 지속돼 중국이 계속 번영하면서 식량과 사료가 부족해지고 가격이 철강과 석유의 경우처럼 부풀어 오르면 나머지 세계도 그 결과를 피할 수 없을 것이다. 거의 전적으로 최하위 발전도상국들에서 태어날 것이라고들 하는 25억 추가 인구는 말할 것도 없고, 앞에서 늘어날 거라 예상한 5억의 인도인에게 상황은 특히 힘겨울 것이다.

이 상황은 참으로 역설적이다. 빈곤과 결핍이 인구 증가를 촉진한다. 빈곤과 결핍을 없애면 식량 생산이 악화된다. 그렇게 해서 다시 결핍이 증대한다. 중국의 자동차 보급 수준이 일본의 그것과 같아지리라는 예시는 가상의 시나리오인데, 이를 통해 가능한 유일한 해결책을 알 수 있다.

인구 성장의 원인으로 작용하는 빈곤을 최우선순위로 제거할 필요가 있다. 하지만 그러려면 선진국들의 생활양식이 크게 바뀌어야 한다. 인류의 삶을 지탱해 주는 생물권 보전과 세계 연대처럼, 소중하지만 오랫동안 외면당해 온 가치들로 삶의 질과 번영의 토대를 삼아야 하는 것이다.

녹색 혁명

최근의 과거에 세계 인구가 가파르게 증가했음에도 불구하고(그림 1) 굶주려 영양실조에 걸린 사람의 수가 현재보다 그렇게 많지 않았던 것은 농업 생산성이 더불어서 놀랍게 급등했기 때문이다. 이른바 "녹색 혁명"Green Revolution 이다.

농업 분야 연구와 실천, 인도주의 단체들, 개발 원조, 피원조 국가들의 정부 시책이 맞물리면서 녹색 혁명이 일어났다. 굶주림과 빈곤 퇴치가 공동의 목표로 작용했다. 1943년 시행된 록펠러 재단과 멕시코 농무부의 합동 프로젝트가 출발점이었다. 두 기관의 공동 프로젝트는 옥수수와 밀 품종을 개량해 멕시코의 농업 활동에 이바지하는 것을 목표로 삼았다.

멕시코는 북아메리카산 품종들을 현지 조건에 맞게 성공적으로 개량했고, 몇 년 만에 옥수수 수입국의 지위에서 벗어났다. 새로운 밀 품종들에서도 이내 유사한 성공을 거두었다. 두 경우를 보건대, 육종 노력 외에도 더 효율적인 경작법이 큰 기여를 했다. 시비 강화, 해충 통제, 관개가 그것들이다.

하지만 밀의 경우 일본에서 육종된 왜성 품종矮性品種, dwarf variety을 활용하면서 결정적인 도약이 이루어졌다. 이 품종에는 서로를 보완해 주는 두 가지 특징이 있었고, 이후 전 세계의 밀 경작은 혁명적으로 바뀌었다. 줄기의 길이를 희생해서 알곡의 산출량이 늘었고, 줄기가 짧아진 품종들은 악천후에서도 잘 쓰러지지 않으며 안정성이 커졌다.

육종 노력으로 개선된 다른 목록도 보자. 질병 저항력 증대, 일조량 및 기타 환경 요소들에 대한 의존성 감소, 비료 사용의 효율성 증가, 과거의 재배 부적합 지역에서의 재배 가능. 많은 발전도상국에서 짧은 시간 안에 식량 공급이 개선되고 성공을 거두는 광경은 매우 인상적이었고, 멕시코시티 소재 국제 옥수수·밀 연구센터 Centro Internacional de Mejoramiento de Maiz y Trigo, CIMMYT의 발기인이자 설립자인 노먼 볼로그 Norman Borlaug는 1970년에 노벨평화상을 받았다.

쌀도 이 선구적인 업적을 좇아 빠르게 개발됐다. 다시 한 번 왜성 품종이 중대한 기여를 했다.

쌀은 세대 시간 generation time이 짧다는 특성이 있다. 따뜻한 재배 지역들에서는 특히 더 그렇다. 조생종이나 철에 구애받지 않는 품종들의 경우 1년에 두 번, 심지어 세 번 수확하는 일도 가능하다. 이런 특성들을 더욱 강화하기 위해 육종 노력이 이루어졌다. 쌀은 저항력과 내성 관련 특성이 많다. 쌀은 영양분을 효율적으로 활용한다. 지역적 조건에 적응하는 능력도 탁월하다(구체적으로 상이한 관개 형태에). 이런 특징들을 고려하면 마찬가지로 다양한 재배 조건에는 물론 가정용 및 산업용으로 활용할 수 있는 재배종 쌀이 매우 많음을 분명하게 알 수 있다.

처음에 이 새로운 다수확 품종들은 몇몇 발전도상국에서 농민들에게 무료로 제공됐다. 신속하게 보급하기 위해서였고, 필리핀이 대표적이다. 얼마 후에는 종자, 비료, 살충제가 함께 공급되었다. 새로운 경작법을 경험해 본 적이 없었던 농민들은 이런 식으로 해서 혁신을 받아들였다.

녹색 혁명이 거둔 전반적 성취는 농업 생산성 측면에서 역사적으로 대단히 독특한 도약이라 할 만했다. 가장 중요한 식량원 세 가지, 곧 밀, 쌀, 옥수수가 최대 규모로 산출량이 증가했다. 우연의 일치일까, 20세기의 후반세기에 인구수가 가장 가파르게 증가했다. 인구수가 갑절로 늘어나는 기간이 사상 가장 짧았던 1970년부터 1995년 사이에 굶주림으로 고통받는 사람들의 수가 비례해서 늘어난 게 아니라 실제로 소폭 하락했다.

선진국들이 조직한 다수의 원조 프로그램과 이에 호응한 발전도상국들의 투자 정책 외에도 몇몇 규모 있는 인도주의 재단이 큰 기여를 했다. 록펠러 재단 및 포드 재단의 지원 아래 CIMMYT를 좇아 일련의 국제 연구소들이 세워졌다. 필리핀의 수도 마닐라에 있는 국제 쌀 연구소International Rice Research Institute, IRRI도 그 수혜 기관이다. 국제 쌀 연구소는 쌀 생산량이 빠르게 증가하는 데서 핵심적인 역할을 수행했고, 현재는 황금쌀을 개발 중이다.

녹색 혁명은 엄청난 성공을 거두었다. 하지만 관련해서 문제들도 있었다. 굶주림이 가장 심각한 지역 두 곳, 곧 남아시아와 사하라 이남 아프리카에서 가난한 주민들은 개선의 혜택을 거의 받지 못했거나 심지어 상황이 악화되기까지 했다. 사회적 권리를 박탈당한 계급 내에서 새롭게 격차가 발생했다. 굶주리는 사람들 가운데서 가장 많은 부분을 차지하던 '최빈곤층'의 처지가 훨씬 위태로워진 것이다.

시비 활동이 강화되고, 살충제가 사용되며, 관개가 이루어지자 생태계의 문제도 악화되었다. 녹색 혁명 초기에는 소농들의 신농법 경험이 일천했고, 비료와 살충제를 지나치게 사용하는 바람에 토양과

물이 오염되는 일이 잦았다. 수자원도 남용되었다. 어떤 수역은 완전히 말라버리기도 했다. 식물 질병과 해충이 확산됐다. 다수확 품종들이 대규모로 경작된 탓이다. 이런 사태는 환경에 피해를 주는 살충제가 더 한층 사용되는 상황으로 악순환되었다.

하지만 아시아의 많은 지역에서 곡류가 갑절 생산되면서도 경작 면적은 4퍼센트밖에 증가하지 않았다는 사실도 지적해 둬야겠다. 인류 역사상 최초로 식량 생산 속도가 농업 활동에 쓰이는 농토 면적의 확대 없이도 대규모 인구 증가세를 따라잡을 수 있게 된 것이다.

하지만 이런 식의 생산성 증대가 기존의 수단으로는 더 이상 지속될 수 없다. 아시아든, 다른 어디에서든 말이다. 녹색 혁명을 혁신해 이중의 녹색 혁명Doubly Green Revolution을 성취할 필요가 있다.

이중의 녹색 혁명

"이중의 녹색 혁명"은 같은 제목의 책을 쓴 고든 콘웨이가 이끄는 국제 농업 연구 자문 그룹Consultative Group on International Agricultural Research, CGIAR이 만든 말이다. 이중의 녹색 혁명은 두 번째 형태의 녹색 혁명이라는 뜻이다. 두 번째 형태의 녹색 혁명은 더 효율적이면서도 생태계를 배려하는 농업 활동과, 식량 생산을 보완하는 혁명 둘 다를 요구한다.

국제 농업 연구 자문 그룹은 미래에 인류의 영양을 확보하는 것이 기본적으로 가능하지만 현재의 관행을 극적으로 바꾸지 않으면 이룰 수 없다고 가정한다. 그들은 이를 위해 세 가지를 필수불가결한 과제로 제출했다.

1. 다시 한 번 농업 생산성을 크게 증대시켜야 한다. 1990년 전후로 녹색 혁명의 엄청난 도약이 마무리되면서 농업 생산성이 정체하거나, 심지어 하락하는 일까지 빈번해졌다.
2. 지속 가능성을 엄격하게 준수해야 한다. 그러니까, 환경에 장기 부담을 지우지 않으면서 식량을 생산해야 한다.
3. 모든 사람이 양질의 식량을 충분히 활용할 수 있도록 해야 한다.

그들은 이를 위해 일련의 구체적 권고를 했다. 가장 중요한 것들을 소개한다.

• 곡류만 집중적으로 재배했을 때 산출량이 감소하는 이유를 분석하고, 제거한다.
• 재래식 육종법과 유전공학 기술 둘 다를 활용해 새로운 재배종을 개발하면 관리는 더 쉬우면서도 산출량은 늘어날 수 있다. 또한 새로운 재배종에서 환경 스트레스 내성과 저항력을 높일 수 있다.
• 시비 활동과 해충 통제에서 환경 친화적인 통합 프로그램을 개발한다.

• 효율적인 관개, 치수, 수자원 보호, 수질 관리 방법을 개발해 적용한다.

• 농업 활동 과정에서 나오는 온실가스(특히 메탄)와 질소산화물을 줄인다(301쪽).

• 생태계 연구를 심화한다. 특히 생태적으로 민감한 지역에서.

• 화전火田 농업의 대안을 개발한다.

• 식품 가공 및 유통 분야 일자리를 만든다.

• 삼림, 어장, 기타 자연 자원을 지속 가능한 방식으로 유지 관리하는 활동에서 일자리와 수입원을 창출한다.

전체 목록은 훨씬 길며, 지역적이거나 제한적인 문제들을 해결하는 데 필요한 구체적 조치들도 많다. 교육과 직업 훈련 개선, 보건, 적절한 영양에 대한 지도, 발전도상국 농촌 지역에서의 현대 농법 이수 등이 시급한 과제로 특별히 강조돼 있다.

이 모든 권고 사항은 기본적으로 "21세기의 모두를 위한 식량"을 안정적으로 제공하는 것을 목표로 삼는다. 책의 부제가 간략하게 제시하는 바 그대로이다. 또 있다. 지구의 생물학적 한계가 명백해졌고, 그 한계를 초과한 경우도 많다. 이런 현실에서 새로운 농업 생산 활동을 향한 길을 활짝 여는 것도 권고 사항 목록의 목표이다.

농업 생산성의 생물학적 한계

두 가지 유형의 서로 다른 생물학적 제약이 농업 생산성을 제한한다.

1. 생태계의 안정성과 역동적 전개에 개입하는 활동을 견뎌낼 수 있는 생물권의 능력
2. 식량으로 섭취되는 생물의 유기체 및 개별 기관의 생리 효율

개별 생태계에 개입하는 활동의 한계는 앞서 논의했다. 이하에서는 생물권 전체를 위태롭게 하는 활동에 대해서 다루겠다. 생리 효율의 한계도 몇 차례 언급했다. 가짓과 및 십자화과 종들에서 육종 활동이 특정한 기관에 집중하는 것과 관련해서, 또 광합성 효율을 높이는 것을, 다소 회의적이긴 해도, 기대해 보자고 한 대목에서 이야기를 했다.

인류의 가장 중요한 식량원인 여러 곡물 종은 생리 효율의 한계를 알 수 있는 아주 좋은 사례이다. 이것들이 기본 식품이라는 특별한 지위를 누리게 된 것은, 다른 여러 특성 가운데서도 자연 발생한 두 가지 돌연변이 때문이다. 유전자가 변형 고정돼, 영구히 작물로 진화하게 된 것이다.

이들 돌연변이 가운데서 첫 번째이자 가장 중요한 돌연변이로 신석기 혁명이 시작되었다. 잘 부러지던 이삭이 튼튼해지면서, 농업 활

동의 온갖 대상 곡물 육종의 역사가 커다란 영향을 받았다. 훨씬 최근에 일어난 두 번째 돌연변이는 줄기의 길이가 짧아진 것인데, 이는 이삭이 커지는 결과를 낳았고, 결국 소출이 증가했다. 밀과 쌀의 경우는 두 번째 돌연변이가 녹색 혁명의 근본적 원인 가운데 하나로 작용하기도 했다.

종의 생존이라는 관점에서 보면 두 돌연변이 모두가 극도로 불리하다. 자연의 번식 조건 하에서 경쟁 능력이 떨어지기 때문이다. 이삭이 잘 부러져야 씨앗을 퍼뜨릴 수 있다. 진화의 과정을 통해 그런 특성이 발달한 것이다. 자연스러운 줄기의 길이도 장기간에 걸쳐 기존의 생존 조건(태양광 차지하기, 풍매 수분 風媒受粉, wind pollination 등등)에 진화적으로 적응한 결과다. 두 돌연변이는 인류가 벌이는 농업 활동 조건에는 매우 유리하다. 하지만 야생에서는 몇몇 특수한 상황을 제외하면 그런 개체는 소멸의 길을 밟을 수밖에 없다.

인류의 영양 공급에 이토록 지대한 영향을 미치는 자연 발생적 돌연변이는 극도로 드물며, 생물학적으로뿐만 아니라 실제적으로도 한계가 있다. 먼저 생물학적으로 고유한 한계가 존재한다. 식물(다른 어떤 생물도 마찬가지다)은 그 한계 내에서만 정교한 물질대사 균형과 해부학적 구조의 재프로그래밍을 용인한다. 생물권이 인류의 농법을 견뎌내는 한계도 지켜야 한다.

오늘날의 다수확 품종 대다수는 농업 산출량 측면에서 이미 상당한 정도로 생물학적 한계에 도달했다. 인류가 먹는 곡물, 채소, 과일, 감자 재배종 대다수의 경우 향후의 육종 목표는 전반적 품질, 저항성, 기타 특성들의 개선에 주로 맞춰질 것이고, 산출량의 추가 증대는 관심이 훨씬 덜할 것이다.

그림 16과 17에서 볼 수 있었던 다양한 채소가 이런 제약을 알 수 있는 유일한 증거도 아니다. 현재 재배되는 곡물의 경우 수량 지수 대비 알곡의 몫이다. 뿌리, 줄기, 잎이 정상적으로 제 기능을 다 해 줘야 알곡을 생산할 수 있기 때문에 앞서의 야채들과 비슷한 이 값을 더 이상 큰 폭으로 증가시킬 수는 없다.

유전자 변형을 통해서든 다른 어떤 육종 방법을 통해서든 산출량을 조금이라도 더 늘릴 수 있다면, 그런 일은 기존의 잠재력에도 불구하고 극단적 효율과 광범위한 재배 조건을 달성하도록 여태 충분히 개량되지 않은 소수의 몇몇 종에서나 가능할 것이다. 예컨대, 퀴노아와 아마란스는 남미가 원산인 오래된 작물로, 유럽의 여러 지역에서 지금까지 건강식품이나 공정 거래 물품 가게에서나 취급돼 왔다.

규정하기가 참 어려운 생물권의 용인 한계도 여러 번 언급했는데, 이 책의 맥락상 상당히 중요하다. 여기서는 몇 가지 근본적인 사실만을 얘기하도록 한다. 먼저 "생물권의 용인 한계"라는 개념을 정의해 보도록 하자. 인류가 지속 가능한 방식으로 식량을 생산해야 한다고 전제하면 생물권의 용인 한계는 지구의 생물권이 인간 생활의 조건에 장기적으로 위해를 가하지 않으며 감당할 수 있는 개입의 정도라고 할 수 있겠다.

이것은 단지 모든 유형의 생물권 자체를 보전하는 문제가 아니다.

70억 혹은 그 이상의 인간에게 살기 적합한 장소와 충분한 식량을 공급해 줄 생물권을 보전하는 문제인 것이다.

이런 의미에서 그 한계를 대규모로, 어쩌면 되돌릴 수 없을 만큼 침해한 최근의 많은 사례 가운데 하나로 구소련 카자흐 스텝(현재의 카자흐스탄)의 엄청난 땅을 농지로 전환한 사건을 꼽을 수 있다. 이곳이 밀 재배에 적합했던 것은 아주 짧은 시기뿐이었고, 현재는 농사가 불가능한 황무지로 변해 버렸다. 풍식 작용과 먼지 폭풍dust storm으로 스텝의 상당 지역이 농업은 물론이고 목초지로도 쓸 수 없는 사막으로 바뀐 것이다. 밀 재배가 여전히 가능한 곳에서조차 헥타르 당 산출량은 세계 평균을 한참 밑돈다. 생물권이 이런 상처를 치유하려면 오랜 세월이 걸릴 것이다. 더 이상 파괴되지 않는다는 전제 하에서.

미래의 식량 생산 활동은 농업에 부적합한 땅보다는 상당 기간 동안 비옥한 상태를 유지할 땅에 집중해야 한다. 가능한 곳에서라면 한 해에 두세 번 수확하는 등으로 토지를 다각적으로 이용하거나 육종과 재배법 개선을 통해 지속적으로 효율을 높이는 것이 여기에 포함된다. 최종 생산물의 저장과 유통을 개선하는 방안도 생각해 볼 수 있겠다. 이 모든 분야에서 개선의 여지가 많다. 발전도상국이라면 더욱.

토지를 다각적으로 이용하려면 재배 조건이 알맞아야 하고, 품종들이 신속하게 생육해야 한다. 가장 좋은 예는 물이 풍부하고, 기후 조건이 우호적인 지역에서 이루어지는 쌀농사다. 이런 곳에서는 한

해 세 번까지 수확하는 활동을 오랫동안 지속할 수 있다. 다른 대다수 농작물의 경우는 윤작 활동으로 그렇게 할 수 있다. 가령, 질소 시비량을 줄여주는 콩과 식물을 포함시켜 옥수수와 대두를 교대로 심는 것이다. 발전도상국들에서 식량을 자급하는 소농들이 즐겨 사용하는 방법이 또 있다. 상이한 종들을 혼합 경작하는 활동이 바로 그것이다. 고대의 그리스인과 로마인들도 혼합 경작을 했다. 올리브와 포도와 밀을 함께 재배하는 식으로.

하지만 산출량 증대의 최대 잠재력은 내성 및 저항력을 육종하는 활동과 농법, 저장, 유통을 개선하는 데서 찾을 수 있다. 기후가 따뜻하고 습한 열대 및 아열대 지방에서는 잠재 산출량의 절반 가까이, 심한 경우에는 훨씬 많은 양이 수확 전후의 질병과 해충, 또 적당한 기반 시설이 부족하거나 없어서 망실된다. 이런 손실은 대폭 줄일 수 있고, 줄여야 한다.

인류의 생존을 건강하게 유지해 주는 열쇠가 여기에 있다. 품질 향상을 위해 이루어지는 지속적인 육종 노력과 결부될 경우 그 효과는 배가될 것이다. 그럼에도 불구하고 기본 요건 두 가지가 충족돼야 한다.

• 기후와 환경에 미치는 악영향이 생물권의 용인 한계를 넘어서도록 허용해서는 안 된다.

• 정치적 조치를 통해 연구, 개발, 교육을 충분히 실시해야 한다. 사회·보건·경제의 조건을 개선하는 조치는 말할 것도 없다. 기반 시

설을 마련하는 것도 필수다.

날씨, 기후, 환경

우리는 햇살과 온기를 "좋은" 날씨로, 비를 "나쁜" 날씨로 생각하는 데 익숙하다. 하지만 농업 활동에서는 다른 기준이 적용된다. 식물이 발아로부터 잎, 괴경, 근대, 열매의 성숙에 이르는 상이한 발달 단계에서 원하는 다양한 수요가 중요한 셈이다. 대폭 간소화하면 이런 얘기다. 자랄 때는 수분과 온기가 필요하다. 완숙에는 태양과 온기가 필요하다. 파종과 수확 시에는 해당 활동에 알맞은 조건이 전제돼야 한다.

이런 조건들이 확실하게 충족될수록 폭풍이나 기타의 위험으로부터 방해받는 일이 줄어들고, 수확 역시 더욱 확실하게 기대할 수 있게 된다. 이런 점에서 어떤 지역에서 대종을 이루는 날씨와, 그 날씨의 안정성 및 불안정성이 결정적으로 중요하다. 우리의 전체 시리즈에서는 모집 라티프Mojib Latif가 『기후 변화, 돌이킬 수 없는가』*Bringen wir das Klima aus dem Takt*라는 저술로 이 내용을 더 자세하게 설명한다.

기후 변화의 위협은 요 몇 년 상당히 많이 토의된 논제다. 연평균 기온이 급속하게 상승하고, 빙하·설원·극관 얼음이 녹으며, "100년 단위로나 볼까 말까 한 사건들"(매우 강력한 폭풍우와 홍수)이 잦은 빈도로 발생하고, 여름이 지독하게 뜨거운 데다 건조하고, 파괴적인

그림 33 대규모로 벌채된 아마존 정글(브라질 마투그로수)

사이클론이 맹위를 떨치는 것 등을 보면 확실히 그럴 만하다.

기후 변화는 두 가지 측면에서 식량 생산에 영향을 미친다. 온갖 작물과 재배종은 특정한 경작 지역에 적응한 상태로, 각각의 기후 조건과 날씨 상황에 의존한다. 농업 활동을 하면 거개는 온실가스가 나오고, 기후를 안정시키는 비오톱이 사라진다. 열대우림과 그 외 광범위한 삼림 지대가 대표적이다(그림 33).

농업 활동으로 배출되는 온실가스로는 메탄과 이산화탄소가 대표적이다. 산성화물이자 화학 반응의 촉매로 기능하는 질소 가스도 대기 중으로 방출된다. 화전 농업은 물론이고 초목과 짚을 태우는 과정에서도 이들 기체가 대량으로 나온다. 이런 식으로 생성되는 이산화탄소는 화석연료 연소 과정에서 전 세계적으로 배출되는 양보다 약간 더 적다. 하지만 농기업 활동에서도 화석연료가 광범위하게 연소된다. 메탄은 논과 반추동물의 위에서 벌어지는 생물 과정에서도 대량으로 발생한다. 질소산화물은 화전 농업과 기타 형태의 연소 과정에서 배출되는 것과 비료에서 나오는 양이 거의 비슷하다.

삼림 개벌과 에너지 사용이 수반되는 식량 생산 활동은 경제 활동의 다른 어떤 부문보다 지구 온난화에 더 크게 이바지한다고들 얘기된다. 식량 생산 활동이 대규모 기후 변화의 원인일 수 있다는 것이다. 인구가 계속 늘고 있기 때문에 이런 사태는 더욱더 심각한 위협으로 다가온다. 농업 활동이 이처럼 기후 변화의 주요 원인이 되는 사태는 농업 활동으로 인해 물 수지水收支, hydrologic balance가 크게 방해를 받고, 대규모로 토양이 침식되는 한편 사막화가 진행되면서 한층 악화되었다. 농지와 초지를 어떤 식으로든 남용하면 비옥한 표토가 반드시 유실된다.

이와 관련해서는 아프리카와 아시아의 농업 부문이 가장 커다란 피해를 입었다(그림 34). 예컨대, 아프리카에서 인구가 가장 많은 나라인 나이지리아는 농지와 초지를 다 합쳐 매년 10만 헥타르가 사막화로 사라지고 있다. 매년 수백만 톤의 비옥한 표토가 먼지 폭풍과 함께 대서양을 건너, 카리브 해와 남아메리카까지 날아가 버린다.

중국, 카자흐스탄, 인도, 에티오피아, 기타 수많은 아시아 및 아프리카 국가들도 상황은 비슷하다. 미국 중서부는 1930년대에 심각한

그림 34 튀니지의 케빌리 오아시스에서 진행 중인 사막화

토양 침식과 거대한 먼지 폭풍(일명 더스트 볼Dust Bowl)을 겪었다. 그 먼지가 워싱턴 DC와 뉴욕에 닿을 정도였다. 기후 조건이 우호적인 서유럽에서조차 스페인 동남부는 몇 년 동안 지속적 가뭄에 시달렸다.

날씨, 기후, 환경, 인간 개입의 관계 및 되먹임 메커니즘은 아주 복잡하고, 해서 지역이든 전 세계든 그 영향을 구체적으로 장기 예측하는 게 불가능하다. 하지만 분명한 것도 있다. 지구 온난화와, 기후를 안정시키는 삼림과 습지의 대규모 파괴로 농업 생산성이 큰 영향을 받으리라는 것은 분명하다. 모든 지역이 영향을 받을 수 있다. 현재까지는 행운을 누려온 서유럽도 예외가 아니다.

생산적인 지역이 사라지고, 돌이킬 수 없는 변화가 대규모로 일어나며, 날씨·기후·생태계가 경미해 보이는 요란擾亂 현상에도 예민하게 반응하는 사태가 또렷한 형태로 폭증하는 것은 확실히 계시적이다. 여기에 따르는 필수적인 결론을 내릴 때가 왔다.

종 다양성–생물 다양성–재배종 다양성

생태계 안정과 생물권 전체를 위해서 생물학적 다양성이 꼭 필요하다는 얘기는 앞에서 했다. 생태계의 복잡한 관계를 파악하고 존중하는 것이야말로 인류의 식량을 장기간 안정적으로 공급할 수 있는 필수 전제조건 가운데 하나이다. 그 관계를 상세히 밝힌 책이 우리 시리즈의 한 권인 요제프 라이히홀프Josef Reichholf의 『생물 다양성, 얼마나 더 희생해야 하는가』*Ende der Artenvielfalt* 이다.

우리는 생물학적 다양성을 종이 풍부한 것으로 이해하는 것이 보통이다. 하지만 그것은 가시적 즉물卽物 현상을 훨씬 뛰어넘는다. 유전자 변동성이라는 보편적 현상 속에서 온갖 개별 종으로 구현된 유전자 다양성의 전체 스펙트럼이 생물학적 다양성인 것이다.

『생명의 다양성』*Diversity of Life*과 『생명의 미래』*Future of Life*는 하버드 대학교 교수이자 퓰리처 상 수상 작가인 에드워드 O. 윌슨Edward O. Wilson의 2부작이라 할 베스트셀러 제목으로서 손색이 없다. 여기서 그는 생물 다양성의 생태적, 그리고 (사려 깊게 활용한

그림 35 생물학적 다양성이 매우 풍요로운 지역들

다는 전제 하에서) 경제적·사회적 가치를 절박하게 논한다. 지속적 파괴 활동의 결과가 심각하며, 그로 인해 대체로 온전하다 할 수 있는 *생물 다양성의 마지막 거점* — 생물 다양성이 예외적으로 풍부한 지역들 — 들이 몇 안 남았다는 윌슨의 설명과 묘사는 매우 인상적이다.

이들 생물 다양성의 거점 대다수가 열대 및 아열대 지방에 위치하고 있다. 그런데 열대와 아열대 지역은 기후 변화와 각종의 지나친 경제 활동으로 위기에 봉착해 있다(그림 35). 열대우림의 광범위한 개벌은 물론이고 산호초와, 종들이 풍성한 그 외의 수중 및 습지 비오톱들이 파괴되면서 무수한 종이 사라지고 있다. 인간이 "발견"하기도 전에 말이다. 이것들이 지니는 엄청난 고유한 가치가 훼손되었다. 뿐만 아니라, 미지의 종들이 사라지면서 생태적 안정성과 적응 능력도, 육종에 필요한 유전자 자원도, 잠재적 의약품도, 기타의 경제적 활용도 모두 기대할 수 없게 됐다. 그 손실은 알려지지 않았으므로 계산도 불가능하다.

그림 3의 밀 재배종처럼 현대의 다수확 품종들이 경작되는 밭의 유전적 단일성은 생물 다양성 거점이 선보이는 엄청난 유전자 다양성과 정확히 정반대이다. 생태적 안정성과 거리가 멀다는 건 불문가지다. 단작 농업으로 생태 안정성이 완전히 상실됐다. 이는 집중적인 보호 조치 및 유지 보전 활동으로 벌충해야 한다. 환경이 받는 영향을 생태계가 허용하는 정도로 줄이는 것이 이중의 녹색 혁명이 내세우는 주된 목표 가운데 하나이다.

자연의 생물 다양성을 보호하는 과제는 농업 활동에서 종과 재배종의 다양성을 최대한 활용하는 것과 결부돼야 한다. 몇 가지 조치를 함께 시행해 이 목표를 달성할 수 있다.

• 일단 밭의 크기를 줄이고, 이웃한 밭들에서 재배하는 품종의 다양성과 돌려짓기 빈도를 높인다.

• 특성이 다르면서 어느 정도 상호 보완적인 관련 재배종을 혼합 경작한다. 가령, 병원체 저항력이 다르면 감염의 위험이 줄어들 뿐만 아니라 새로운 악성 변종이 출현할 위험도 줄어든다.

• 재배종의 다양성 말고도 종의 다양성을 늘린다. 윤작 활동의 체계를 조직하고, 그 빈도도 높인다.

• 비오톱들 사이에 회랑 지대를 만들고, 유지 보전한다. 농지 사이의 생울타리나 방치 지대가 그런 예다. 동물들이 한 비오톱에서 또 다른 비오톱으로 안전하게 이동할 수 있도록 연결 통로를 만들고 유지하는 조치도 요구된다.

수자원

물이 중요하다는 것과 수자원이 위험에 처했다는 사실은 여러 번 강조했다. 볼프람 마우저Wolfram Mauser가 쓴 이 시리즈의 『물 부족 문제, 우리가 아는 것이 전부인가』*Wie lange reicht die Ressource Wasser*를 보면, 두 사안이 더 자세히 논의된다.

전 세계의 인류가 소비하는 물의 약 70퍼센트를 평균적으로 농업이 사용한다. (곡물 1킬로그램을 생산하는 데 밀, 옥수수, 쌀은 약 1,000리터의 물이 필요하고, 커피는 커피콩 1킬로그램 당 무려 20,000리터까지 필요하다!)

물을 남용하게 되면서—특히 녹색 혁명으로—과거에는 비옥했던 수많은 지역에서 수자원이 부족해졌고, 고갈되거나 오염되는 사태를 맞이했다. 과거 한때 유역이 번성하면서 신석기 혁명의 산실이 되었던 여러 강이 현재 엄청나게 오염된 상태로, 어귀까지 흐르는 물이 거의 없을 지경이다. 인더스 강, 갠지스 강, 황허 등등.

북중국의 황허는 오염이 심각하고, 수자원 추출이 지나칠 뿐만 아니라 주변 지역의 지하수면이 극적으로 침하하는 통에 흐르는 물의 훨씬 많은 몫이 사라지는 중이다. 하이허海河, Hai River와 황허 하류에서는 점점 더 우물을 깊이 파서 점점 더 많은 양의 지하수를 추출하고 있다. 두 강 유역에는 베이징을 포함해 약 1억 명의 인구가 산다. 북서부의 불모지와 지나치게 방목된 스텝에서 베이징을 비롯한 기타의 대도시들로 몰아치는 모래 및 먼지 폭풍은 가히 위협적이다. 사막화가 확산되고 있는 것이다. 수천 개의 촌락이 비사飛砂, shifting sand에 파묻혔고, 수백만 명이 이재민으로 전락했다.

수자원이 줄어들면 농업과 식량 공급이 얼마나 심대한 타격을 받게 되는지에 관해서는 이미 다른 예들을 들었다. 사례는 얼마든지 더 있다. 상황이 이렇게 심각하므로 우리는 그 무엇으로도 대체할 수 없는 이 자원을 더욱더 신중하게 활용하고, 농업과 기타 부문이

그림 36 네팔의 포카라 강 유역에서 볼 수 있는 계단식 논. 물을 대기 위해 낮게 쌓은 둑이 보인다.

사용하는 데서 효과적으로 우선순위를 정해야 한다.

평균 강우량이 유럽과 비슷한 많은 지역도 관개가 필요하다. 우기와 건기가 또렷한 차이를 보이며 교대로 반복되기 때문에 물을 절약해야 하는 것이다. 아시아 여러 지역의 계단식 논이 대표적이다(그림 36). 호수, 강, 저수지에서 복잡한 수로망을 만들어 관개를 하는 이 논은 충적토가 쌓여 비옥해진다.

강수량과 수자원이 부족한 지역에서는 장래에 저손실 (자본 집약적) 관개 기술이 점점 더 많이 활용될 것이다. 키프로스와 이스라엘 같은 나라들에서는 농업 관개의 절반 이상이 이런 시스템이다. 직경이 작은 호스로 간헐적으로 행하는 세류細流 관개drip irrigation 설비는 물을 식물의 뿌리에 직접 정량만 공급한다. 온실에서 사용하는 장치와 비슷하다. 폐수 재처리와 바닷물 탈염도 점차 중요해질 것이다. 물론 여기서는 에너지 비용 및 사용 가능 여부가 결정적일 테지만.

에너지 자원

식량을 생산하기 위해 에너지를 쓰는 양상은 지역에 따라 천차만별이다. 에너지를 가장 적게 쓰는 집단은 발전도상국의 소규모 가족농들이다. 자급자족형 영세농인 그들은 대규모 시설이나 설비를 사용하지 않으며, 살충제·비료·영농 장비를 구매할 돈도 없다. 에너지를 가장 많이 사용하는 곳은 산업 선진국들이다. 이곳에서는 고품질의 가공 식품을 내놓기 위해 현대 산업의 온갖 부문이 가담한다.

최첨단 기술로 씨앗을 번식시키고, 기계를 동원해 토양을 준비하며, 자동화된 씨 뿌리기에서 시작된 활동은 최종 산물의 운송과 (흔히는 고냉동deep-frozen) 저장으로 마무리된다. 물론 최종 산물 역시 정교한 기술이 동원돼 재차 가공 처리된다. 그 사이의 과정도 빼놓을 수 없다. 비료와 살충제를 만들고, 기계를 사용해 살포하는 데도 마찬가지로 많은 에너지가 들어간다. 전자동화된 수확기는 어떤가? 한 단계 이상의 중간 저장 활동도 빠뜨릴 수 없다. 여기에는 흔히 장거리 운송이 포함된다.

이렇게 에너지를 소비하는 행태는 농업이 에너지를 생산할 수 있는 잠재력과 대조를 이룬다. 효율적인 소각로에서 농작물의 남는 부분을 연소시키면 그동안 쓰지 않고 버려진 엄청난 에너지를 얻을 수 있다. 사탕수수, 옥수수, 유채로 "바이오 연료"와 "바이오 디젤"을 생산하는 사안은 현재 엄청나게 논쟁 중이다. 브라질은 자국 에너지 수요의 상당 부분을 사탕수수에서 생산한 에탄올로 충당하고 있다. 유럽에서는 디젤 엔진의 연료로 유채 기름이 점점 더 많이 사용되고 있다(비록 소량이지만). 가령, 독일의 경우 농지의 10퍼센트 이상에서 "재생 가능 자원"이 재배되고 있으며, 전체 디젤 연료의 수 퍼센트를 유채 기름이 차지한다.

그러나 이 방안은 사람이 거주하거나 수송망·공장·레저 시설 등등을 건설할 공간을 더욱더 늘리는 것만큼이나 회의적이다. 점점 더 줄어드는 농지에서 계속 늘어나는 인구를 먹여 살릴 수 있을 만큼 충분한 식량을 생산하는 일은 상상하기가 힘들다. 하물며 그 공간이 다른 목적에 사용된다면야! 이것 말고도 또 있다. 유력한 농업 생산의 중심지들과 거기에 의존하는 곳들 사이의 불균형은 세계적이다. 이 문제가 훨씬 심화될 것이다.

생산의 거점, 수요의 거점

세계에서 가장 중요한 농업 생산의 거점은 유럽, 북아메리카 중서부, 남아메리카의 중부 및 동남부, 호주의 동부와 남부, 아시아의 여러 지역이다. 이들 생산 거점은 아시아를 제외하면 운송과 저장이 가능한 가장 중요한 식량과 사료, 곧 곡물, 육류, 대두의 수출 거점이기도 하다. 지난 수십 년 동안 주요한 수입국은 일본이었지만 이제는 중국이 그 지위를 물려받았다.

유럽과 북아메리카는 농지 휴경 보조금 제도를 실시하고 있다. 생태적 이유보다는 경제적 이유로 도입된 이 제도로 인해 비상시에 동원할 수 있는 생산 여력이 구축되었다. 이 땅에서 다시 농사를 지을 때 생태계가 어떤 영향을 받을지는 거개가 토지 이용 양태에 달려 있다.

남아메리카는 유럽과 상황이 다르다. 브라질이 대표적인데, 중국이 일본을 추월해 밀과 대두의 최대 수입국으로 부상한 것과 거의 같은 시기에 브라질도 미국을 따돌리고 주요 대두 수출국이 됐다. 피상적으로만 보면 브라질은 이 지위를 더욱 강화해, 밀의 최대 수출국도 될 수 있다. 이론상으로는 농사에 추가로 더 많은 땅을 이용할 수 있는 것이다. 하지만 거기에는 경제적·생태적 위험이 만만찮게 도사리고 있다.

그 잠재력을 활용할지 여부는 세계 시장의 가격과 수요 동향에 어느 정도 달려 있다. 면적 기준 수확량yield per area에 토대를 두고 등락하는 대두와 콩가루의 세계 시장 가격은 현재 밀보다 상당히 높다. 브라질은 대다수 산업 선진국과 비교할 때 에너지 및 노동 비용이 싼데, 브라질이 누리는 이점 가운데 하나가 바로 이것이다.

하지만 생태 관점에서 보면 브라질이 아열대 우림을 파괴해 가면서까지 농업을 확대할 경우 재앙이 빚어질 가능성이 대단히 높다. 벌이가 아주 좋은 대두 경작 사업은 브라질 중부의 마투그로수Mato Grosso 주에 집중되었다. 그곳은 생태적 가치가 엄청나지만 훼손도 쉽게 되는 비오톱이다. 경작 활동은 계속해서 북쪽으로 뻗어나가 이웃한 아마존 강 지대로 확산되고 있다. 아마존 강 유역은 국가 발전 정책과 기타 형태의 활용을 거치면서 이미 큰 위기에 처해 있다. 기후 및 생태계 안정성을 예측할 수 없는 것이다.

경제적 동기와 생태계가 받는 영향이 상호 작용하는 양상은 아주 복잡하고 종잡을 수 없으며, 해서 미치는 파장이 매우 크다. 세계 시장의 가격과 대두 및 콩가루의 생산 여건은 현재 시점에서 아주 양호하다. 브라질 내륙에서 해안까지 가져오는 데 드는 비용도 변수가 되지 못하고, 토지 가격이 싼 데다가 개발 비용도 얼마 안 든다. 정부까지 나서서 도로와 해상 운송망 구축에 대규모 자금을 지원했다. 적어도 한동안은 비가 충분히 내려주는 적합한 아열대 기후 속에서 평균 이상의 산출을 기대할 수 있을 것이다.

이런 지속적 사태 전개가 어떻게 될지를 우리는 목격하고 있다. 열대우림의 계속된 벌채, 그에 따른 생물 다양성의 상당한 감소, 토양 침식, 지역과 세계 차원의 기후 변화, 생산성 저하, 그리고 결국 생태계와 경제의 붕괴가 그 결과다.

경제적 타격도 생태계 붕괴만큼이나 전 세계의 식량 상황에 커다란 영향을 미칠 수 있다. 남아메리카가 식량 및 사료 생산과 수출 분야에서 북아메리카와 유럽처럼 중요한 지위를 차지하게 될수록,

늘어만 가는 굶주리는 인구도 남아메리카의 안정에 더욱 의존할 테고, 위험성도 그만큼 더 커질 것이다.

인류의 역사는 한편으로는 식량과 원자재를 생산하는 사람들, 다른 한편으로는 그것을 소비하고 가공 처리하는 사람들 사이의 비대칭과 불균형을 항상 특징으로 해왔다. 비록 군사 정복과 경제 착취의 결과이긴 하지만, 잘 알려진 사례들을 통해 이 점을 상기해 보도록 하자. 북아프리카와 서유럽은 로마 제국의 곡창이었다. 유럽 바깥의 식민지들은 유럽의 식민 열강들에게 식량과 원자재를 공급하는 역할을 담당했다.

이 악연의 경제적·정치적·사회적 폐해는 여러 세대 동안 지속되었고, 어느 정도는 오늘날까지도 그 영향을 미치고 있다. 이산離散, 강제 집단 노동, 민족 집단의 노예화 같은 인류의 재앙으로 귀결되곤 했던 역사를 떠올려 보라. "계몽주의"와 "인본주의"가 득세하고 개인이 자유롭게 시민의 특전을 누려야 한다고 선포되고 나서도 그런 일이 한참을 계속됐다.

식량 생산과 소비 활동 사이에 지역적 불균형이 존재하는 상황은, 기후와 생태계 때문만으로도 미래에도 역시 늘 불가피할 것이다. 따라서 이런 불균형 사태를 생태적·경제적·사회적으로 가능한 한 허용할 수 있는 정도로 만드는 것이 미래의 가장 시급한 과제 가운데 하나가 될 것이다. 지속 가능한 농업 생산 활동을 위해 기후와 생물권을 보전하고, 그런 가운데서 모두가 전반적으로 인정 넘치게 살

수 있는 조건을 만드는 것이 우리의 이중의 목표인 셈이다.

이 목표를 달성하려면 적절한 정치 행위가 필수불가결하다. 하지만 뿌리 깊게 자리한 관습, 전통, 문화적 차이를 무시하거나 묵살해서도 안 된다.

식습관

동아시아에서는 훈제한 메뚜기, 개미, 벌이 영양 만점의 식사이자 향미가 풍부한 먹을거리이다. 정성스럽게 준비한 벌과 딱정벌레 애벌레는 최고의 별미이기도 하다. 대다수의 유럽 사람은 생각만으로도 역겨움을 느낀다. 하지만 그들도 개구리 다리, 달팽이, 굴, 오징어를 진미로 생각하는데, 이번에는 다른 지역 사람들이 혐오감을 드러낸다.

유럽의 마가린 제품이 다양하게 조미된 것은 적송 대상 국가들의 취향에 따른 것이다. 예컨대, 일부 아시아 국가들로 가는 제품의 경우 방향芳香을 집어넣어, 그곳에선 아주 흔한 산패酸敗한 듯한 냄새와 맛을 조성한다. 우리라면 그런 제품을 먹을 수 없는 것으로 간주하고 물리칠 것이다.

의식하든 의식하지 못하든 모든 사람은 음식이 맛있겠는지 그렇지 않은지, 먹을 수 있겠는지 없겠는지를 판단한다. 이 "감각 수용성 행위"에는 시각 검사(색깔, 경도, 구조), 냄새 맡기, 맛보기는 물론이고 문화적 전통·정서·본능에 따른 반응이 수반된다.

언뜻 불합리해 보이지만 단단히 뿌리박고 있는 이런 행동을 감안하면, 몇몇 아프리카 국가에서 흰 옥수수와 흰 고구마는 인간의 먹을거리로 환영을 받지만 노란 품종들은 사료로 취급되는 게 전혀 놀랍지 않다. 노란 옥수수는 영양가가 매우 높은데도, 굶주리는 사람들조차 국제 원조 기관이 제공하는 이 옥수수를 안 먹겠다고 거부했다. 비슷한 경험에 근거해서, 황금쌀의 수용 여부도 여전히 미제다. 황금쌀은 그동안 품질이 상당히 개선되었다. 하지만 쌀을 주식으로 해온 문화권 사람들은 전통적으로 흰쌀만을 알고, 받아들여왔다.

온갖 종류의 고기와 생선은 물론이고, 그것들이 조리 제공되는 상이한 전통들에도 기본적으로 같은 말을 할 수 있다. 대다수의 유럽인에게는 개, 고양이, 쥐를 먹는 게 도저히 받아들일 수 없는 관념이다. 하지만 유럽 이외의 지역에서는 그게 전통이거나 생존의 문제다.

육류와 생선은 또 다른 이유 때문에도 매우 중요하다. 육류와 생선 소비가 빠르게 늘어나면서 사료와 물 수요가 증가했다. 한데 이것들은 인류가 장기적으로 생존하는 데서 매우 중요한 요소이다.

육류와 생선 소비

전 세계 농지의 약 3분의 1은 작물 생산에 사용되고, 3분의 2는 목초지이다. 단연코 이 목초지의 가장 커다란 몫을 차지하는 것은 자연 스텝이다. 비가 거의 안 오는 반건조 지대의 식생인 것이다. 이들 지역이 작물 재배에 얼마나 부적합한지는 카자흐스탄과 이웃한 몇몇 국가의 실패한 시도를 통해 통렬하게 입증됐다.

이 척박하고 메마른 초지 위의 소, 염소, 양 떼는 거기 사는 주민 수백만 명의 유일한 식량원이다. 그런데 이 초지가 인구 증가에 따른 남용으로 점점 더 위기에 봉착하고 있다. 나이지리아와 북중국에서 진행 중인 급속한 사막화는 생태계 붕괴라는 상존하는 위협의 명백한 두 가지 사례이다.

많은 발전도상국에서 이루어지는 이런 식의 동물 사육, 곧 자연 초지 방목 행태는 산업 선진국의 양상과 뚜렷하게 대비된다. 산업 선진국에서 이루어지는 축산업의 경우는 대부분의 사료가 인류가 섭취하는 작물을 재배하는 데 사용되는 농지만큼이나 비옥한 땅에서 나온다. 또 있다. 대다수의 농장 동물, 특히 소, 돼지, 가금류를 밖에서 자연 상태로 기르지 않고, 전자동화 내지 부분 자동화된 고밀도 축사에서 키운다(그림 37과 38).

가축을 이렇게 대규모로 밀집 사육하게 된 것은 빠르게 증가하는 육류 소비에 맞추기 위해서였다. 특히 중국과 기타 발전도상국 및 신흥 공업 국가에서 소비가 크게 늘었다. 결국 가축의 총 수와 총 무게가 전체 인류의 총 수와 총 무게를 크게 앞지르고 말았다. 동물들은 특별히 사료용으로 개발된 작물 외에도 옥수수, 콩, 밀, 보리를 주로 먹는다. 전 세계 밀 생산량의 상당 부분과 옥수수, 콩, 보리 생산량의 절대량이 사료로 사용된다.

그림 37 미성숙 암컷 칠면조의 대규모 집약 사육. 유럽의 축사.

그림 38 소를 집약 사육하는 행태. 일본의 다층 우리.

200억 마리가 넘는 농장 동물은 60억~70억의 인류보다 지구의 생물권에 훨씬 큰 부담으로 작용한다. 다른 수많은 종이 직간접으로 자리를 빼앗긴다. 또한 사료 생산에 사용되는 농지, 물, 에너지, 비료, 살충제의 양이 엄청나다. 동물을 키우는 데는 많은 양의 에너지와 물이 필요하다. 토양과 물로 침출되는 배설물의 양이 엄청나다. 동물뿐만 아니라 인간까지도 영향을 받을 수 있는, BSE와 조류 독감 같은 병원체가 만들어지고 확산된다(밀집 사육의 결과다). 예방 및 치료용 항생제가 동물에게 대량으로 사용된다.

고기 1킬로그램을 생산하는 데 필요한 사료를 생산하려면, 동물에 따라 다르기는 해도, 인간이 섭취할 밀이나 쌀 1킬로그램을 생산하는 것보다 3~10배 더 큰 면적이 필요하다. 이 계산에는 고기 생산에 필요한 엄청난 물은 포함되어 있지 않다(사료 작물과 동물 모두에). 많은 곳에서 수자원이 고갈되고 있는데 말이다. 제러미 리프킨Jeremy Rifkin과 요제프 라이히홀프는 각각의 저술 『육식의 종말』*Beyond Beef: The Rise and Fall of the Cattle Culture*과 『금송아지를 두고 벌이는 무도회』*Der Tanz um das goldene Kalb*에서 이보다 더 많은 측면을 설명한다.

대다수 어류는 동물과 비교하면 물 사용 및 사료 효율feed conversion ratio이 훨씬 뛰어나다. 양식aquaculture(인공 수조나 호수, 강, 바다에서 울타리를 치는 방식 모두)을 통한 어류 생산량도 그에 따라 빠르게 늘었다. 단백질이 풍부한 콩가루를 적절한 비율로 섞은 균형 잡힌 혼합 사료가 효율이 특히 뛰어나다. 알맞은 조건에서라면, 먹이

1~2킬로그램으로 생선의 무게 1킬로그램을 늘릴 수 있다.

2002년경에는 양식 어류 생산량이 (급속히 하락 중인) 해양 어업 어획량의 절반 가까이로 늘어났다. 그 생산량의 3분의 2 이상을 중국이 담당했다. 중국은 고래로부터 대단히 효율적인 양어養魚 전통을 자랑한다. 물이 풍부한 동남아시아에서는 집약 관개 지대에서 쌀뿐만 아니라 물고기도 생산한다.

밀집 사육 축사에서 육류를 생산하는 활동과 밀집 양식 시설에서 어류를 생산하는 활동은 원리상 생태적·수의獸醫적으로 동일한 영향을 미친다. 사료 및 물 사용량과 관련해 어느 정도 조절은 필요하지만 말이다. 하지만 고기, 우유, 유제품, 달걀, 생선이 단백질, 비타민, 필수 지방산, 미량 원소가 풍부한 고품질의 영양 식품이라는 데에는 반론의 여지가 없다.

스텝 주민이 가축에서 나오는 젖과 고기로 생활의 거개를 유지하는 것처럼 해안 주민은 어업에 의존한다. 남획에 따른 어장 황폐화 역시 유목민의 초지가 지나친 방목으로 위험에 처한 것과 사정이 비슷하다. 하지만 다수의 어류를 멸종 직전까지 잡아들인 세력으로는, 자신들의 어장을 착취하는 해안 주민 말고도 세계 각지의 상업 어선단을 빼놓을 수 없다.

1950년부터 1990년에 걸쳐 녹색 혁명이 전개됐다. 우연의 일치일까? 같은 시기, 바닷물고기 잡이 역시 거의 다섯 배 증가해 어획량이 매년 8000만 톤을 넘어섰다. 쇠고기 생산량의 거의 두 배였다. 사람이 먹을 수 있는 다수의 생선종들의 양이 그때 이후로 90퍼센트 이상 하락했다. 어류의 개체군을 회복시키겠다는 목표를 세우기는 했지만, 적어도 당분간은 바닷물고기 어획량이 하락할 수밖에 없는 이유다.

식물 식량 생산 활동처럼 육류와 생선 생산도 해결책은 사치 및 도락, 지위와 신분보다는 생태적 지속 가능성을 더 우선시하는 것뿐이다. 생태계의 실상이 식물 식량원을 우선하고 고기·우유·생선의 생산 활동을 제한함으로써 인류에게 충분한 식량을 안정적으로 수급할 수 있을 때에만 이 진술은 확실히 현실이 될 것이다.

하지만 많은 문화권이 이런 지침에 크게 저항한다. 정서적·경제적 차원에서 뿌리 깊게 자리한 식습관이 상당한 정도로 개입하기 때문에 그런 반발을 극복하는 데는 시간이 걸릴 것이다. 직접적으로는 신념이나 사회적 위신 때문에 고기를 섭취하고, 간접적으로는 수출 보조금이나 저렴한 수입가에서 비롯하는 경제적 생활 방편 내지 이득이 작용하는 것이다. 실상 이런 습관이 바뀌려면 현실의 요구가 혹독하게 다가와야 할 것이다. 기실 관습을 포기하는 것은 가능이나 기호의 문제이기보다는 항상 불가피한 의무의 문제였다.

그러나 설령 모두가 자기 몫만큼은 확실하게 기여한다고 해도 과제 자체의 엄청난 규모와 비교하면 그 성과는 새 발의 피에 불과할 것이다. *늘어나는* 인구에게 장기간에 걸쳐 안정적으로 식량을 공급하는 과제 말이다. 시도해 볼 수 있는 해결책이 어떤 것이든 국가적·국제적 차원에서 효과적인 정치적 의사 결정을 통해 준비하고,

뒷받침하고, 실행에 옮겨야만 하는 이유다.

정치 행위

적어도 민주 정체에서는 중요한 정치적 의사 결정이 사회적 승인과 다수의 여론에 토대를 둔다. 정책을 효율적으로 채택 시행하는 것이 다른 무엇보다 중요하고 시급함을 정치와 사회가 깨닫는 것이 가장 중요한 이유다.

이제 가장 중요한 요구 사항들을 간략히 제시하고자 하는데, 여기서 국제 농업 연구 자문 그룹과 『이중의 녹색 혁명』에 자세히 나오는 근거와 설명들을 다시 한 번 언급할 것이다. 그곳 전문가들은 우리가 헤쳐 나가야 할 도전 과제가 막중하며, 각각의 요구 사항이 모두 대단히 중요함을 명쾌하게 강조한다. 그들은 다른 온갖 요구가 함께 충족돼야만 각각의 대책이 온전히 효과를 발휘할 수 있음도 빠뜨리지 않는다.

- 농업을 차별하지 않는 경제 정책
- 모든 농업 소비재와 농업 산물의 세계 시장을 자유화할 것
- 오지의 소농들이 융자를 받고, 분할 상환을 하고, 농산물을 내다 팔 수 있는 서비스를 이용할 수 있도록 금융 제도를 효과적으로 정비할 것
- 필요할 경우 토지 개혁을 단행하거나 재분배할 것

• 물 공급, 운송, 마케팅 등 농촌 지역에 사회 기반 시설을 확충할 것

• 교육, 보건, 가족계획, 깨끗한 물 공급, 건강한 영양에 관한 정보 등의 사업에 투자할 것

• 여성, 민족 집단, 기타 소수 집단의 역할과 권리를 향상 개선할 것

• 현지 농민과 협력해 알맞은 경작법을 개발하고 확산시킬 것

처음 두 가지 요구 사항은 발전도상국만큼이나 산업 선진국도 관련이 있다. 나머지 요구 사항 전부는 기본적으로 발전도상국을 대상으로 한다. 하지만 여기서도 산업 선진국의 직접적(개발 원조의 방향 전환) 및 간접적(본보기와 지원) 보조가 필요하다.

산업 선진국들은 다수의 발전도상국이 식민주의라는 이전의 단계를 지나왔음에도 새롭기는 하지만 여전히 개발 의존적인 경제를 거의 벗어나지 못하고 있다는 사실을 너무나 자주 깨닫지 못한다. 계속되는 인구 증가와 환경 파괴가 전 세계의 정치·인구·경제·생태·사회에 미치는 영향은 물론이고, 그와 함께 빈곤과 풍요의 격차가 커지는 현실을 산업 선진국들이 즉각적인 행동이 필요한 시급한 과제로 인식하지 못한다면 그들 자신도 돌이킬 수 없는 치명적인 사태에 직면하고 말 것이다.

하지만 나날의 실천이 확실하게 성공을 거두려면 모든 정치적 의사 결정에 아주 기본적인 방침들이 보태져야만 한다.

• 우리 각자의 영역 내외에 존재하는 부패, 그릇된 일 처리, 낭비를 추방할 것

• 생태 관계에 관한 기초 지식 전반과, 관련해서 사실에 입각해 판단할 수 있는 능력 배양

• 이데올로기에서 자유로운 동시에 과제 지향적인 조치와 열망을 일반 대중에게 교육할 것

• 전통, 문화적 가치, 우선순위 설정이 서로 다름을 깨닫고 인정할 것

이런 요구 사항들이 유토피아적으로 보일 만큼, 과제가 엄중하다. 하지만 인간의 보편적 존엄성만이 정치와 사회 분야로 하여금 이 과제들에 집중하도록 하는 것은 아니다. 지구 환경을 안정되게 보존함으로써 산업 선진국 자신의 이익을 얻을 수 있다. 정부의 원조 프로그램을 자조自助 지원 수단으로 재설정하는 것도 이 과제의 중요한 일부가 돼야 한다.

자조 지원

"자조 지원"helping people to help themselves이라는 흔한 표현에는 동전의 양면과 같은 측면이 있다. 수혜자가 자원을 활용하(고 보상하)는 방식과 관련해 기부자가 우월적으로 의사를 결정하던 관행을 폐기하라고 요구하는 게 그 하나요, 의존 상태에서 자주적으로 결정

하는 행동으로 나아감에 있어 진정으로 호혜적인 동반자 관계를 수립하자는 목표를 확고히 해야 한다는 게 그 다른 하나다.

이 개정판 지원 정책은 매우 독자적인 몇 가지 요소로 구성된다. 정부가 운영하는 중기 및 장기 발전 원조 프로그램, 비상 상황에서 정부가 돈을 대는 그때그때의 프로그램, 비정부 (흔히는 국제) 기구들이 민간 주도로 지원하는 수많은 프로그램—대체로 덜 관료적이어서 매우 유연하다—은 특히나 광범위한 정책 조치이다. 순수하게 이타적이고, 해서 가장 효과적인 자조 지원 방안의 모범적 사례가 바로 이 마지막 집단이다. 발전도상국들에서 식량 공급을 개선하는 사안과 관련해 효과적이며 집중적인 형태의 자조 지원 정책이 또 있다. 교육, 연구, 응용 분야를 지원하는 활동이 바로 그것이다. 산업 선진국과 발전도상국 과학자들이 공동으로 연구를 수행하면서 수많은 장기 발전 원조 계획이 세워지고 수행됐다. 여기에는 민간 재단의 지원이 가세하는 경우가 많았다.

록펠러 재단과 포드 재단이 옥수수와 밀과 쌀을 육종하는 데서 주도적 역할을 맡았고, 그 결과 녹색 혁명이 일어났으며, 다시 이 두 재단과 게이츠 재단이 황금쌀과 프로비타민라이스 개발에 크게 기여했음은 앞에서 밝혔다. 이렇게 유명한 대형 재단 외에도 다른 많은 재단이 발전도상국들의 식량 공급 개선을 위해 구체적 연구 프로젝트들을 지원한다.

독일에서 중요한 개인 기부의 구체적 사례를 들라면, 울름 소재의 파터 운트 존 아이젤렌 파운데이션Vater und Sohn Eiselen

Foundation이 있다. 이 순수 민간 재단은 20년 넘게 "세계의 굶주림과 빈곤을 줄여주는 지식의 생산과 그 응용 활동" 관련 연구 프로젝트, 심포지엄, 장학 제도를 지원해 왔다. 단일 규모로 가장 큰 기부는 "생명공학과 식물 육종: 세계인의 영양 상태를 개선하는 응용 유전학"이라는 제목의 연구 프로젝트에 이루어졌다. 이 장기 협력 사업에는 호엔하임 대학교와 발전도상국들의 많은 연구진이 참여했다.

이런 재단들의 중요성은 단순한 재정 지원을 훌쩍 뛰어넘는다. 대중으로부터 사안에 대한 관심을 끌어낼 수 있고, 문제 해결 방안을 제시한다. 사업을 개시시키고 추가 재정 지원의 동력도 제공한다. 또한 재단들이 가교가 돼 동반자 관계를 형성하고, 경험을 교류시킬 수 있다. 추가로 과학, 경제, 정치, 미디어, 대중 사이의 연계를 구축하기도 한다. 그보다 중요한 것은 이런 것이다. 이런 재단들은 롤모델이 되어, 민간 주도의 계획 수립, 물질적 풍요의 공유, 개인의 책임감이 결합해 길을 제시할 때야말로 중요한 행동으로 이어질 가능성이 가장 많음을 상징적으로 보여준다.

진보와 연대

지나친 인구 증가와 거의 모든 가용 자원을 흥청망청 써대는 것이 지금까지의 우리 행동에서 볼 수 있던 특징이다. 풍요는 사치와 낭비를 조장한다. 절제가 없으면 그릇되게도 진보가 성장 및 번영과 동일시된다. 성장과 번영을 못하면 심지어 실패한 것으로 간주되기도 한다.

경제 성장, 자본 증식, 생산성·판매량·스포츠 성과 및 온갖 종류의 개인 실적의 제고가 거의 모든 분야에서 공적·사적 목표가 됐다. 이를 따라잡지 못하는 사람들에게는 상응하는 결과가 기다리고 있었다. 인구 증가 및 영토와 세력의 확장은 집단, 민족, 온갖 국가의 예로부터 전해 내려오는 목표였고, 개인들에게도 유인책이자 본보기였다. 이제 그 목표는 지속적 성장과 무제한의 확산이 불가능함을 알려주는 본보기가 되었다.

(한 걸음 다음에 또 한 걸음을 내딛는다는 문자 그대로의 의미에서의) 진보는 불가피하다. 우리가 효과적인 대책을 강구하지 않을 수 없는 것은 진보의 불가피성 때문이다. 양과 성장이 더 이상 목표가 될 수 없다면 질과 혁신적 개선으로 대체되어야 할 것이다. 희생이 질의 표지가 되는 것은 그 때문이다. 우리가 장래의 우선순위를 진보적 조치에 둔다면, 다시 말해 우리의 환경과 식단과 건강을 위해 그 우선순위를 무력화하는 온갖 것들 없이도 지낼 수 있다면, 우리가 책임질 수 있고 책임져야만 하는 새로운 발전과 혁신이 자동으로 보일 것이다. 우리가 피해야만 하는 무책임한 위험은 말할 것도 없고 말이다.

요약

모든 인류가 지속 가능한 방식으로 식량을 확보하려면 자연 자원을 다루는 우리의 방식이 크게 바뀌어야 한다. 지속적 인구 성장의 주인主因인 굶주림과 빈곤도 제거해야 한다. 농업 생산성은 크게 신장될 수 있다. 발전도상국들의 경우에 특히 그렇다. 이는 육종 방법, 농법, 전 세계의 사회 정치·경제·공공 기반 시설의 개선을 통해 가능하다. 그러나 기후 변화, 생태계 훼손, 사막화, 수자원 감소로 농업 생산성이 점점 더 위협받고 있다. 가축 밀집 사육을 줄이고, 곡물, 과일, 채소를 더 재배해 인류가 직접 섭취하는 방식을 택하면 이용 가능한 예비 식량이 크게 늘어난다.

이런 온갖 조치를 시행할 수 있으려면 국가적, 국제적 차원 모두에서 단호하고 효율적인 정치적 의사 결정이 내려져야 한다. 생물 다양성 상실과 지구 온난화가 전 세계의 생태계와 경제에 미치는 영향은 물론이고 식량 생산, 자연 자원 이용 가능성, 인구 증가에 미치는 효과와 관련해, 대중 및 경제와 정치 부문이 전반적 지식을 갖추고 객관적 사실을 바르게 파악하는 것이 필수 전제조건으로 작용할 것이다.

산업 선진국들의 발전 원조 프로그램이 자조 활동을 지원함으로써 자발성, 교육 수준, 협력적 동반자 관계를 고취한다면, 산업 선진국과 발전도상국 모두의 장기적 이익에 최선의 결과를 가져올 것이다. 비정부 지원 기구, 민간 재단, 개인적 헌신과 접촉도 소중한 도움을 제공한다. 양적 성장과 자연 자원 남용을 삶의 온갖 분야에서 이루어지는 질적 진보로 대체하는 것이 전반적인 목표라 할 수 있다.

9 결론

나는 이 책에서 엄청나게 복잡한 주제를 개괄적으로 설명했다. 요컨대 주어진 틀 안에서 핵심이 되는 테마를 강조했을 뿐이다. 나의 서술 개요가 보편적으로 타당한 전제들에 기초해야만 하는 현실적 결론과 전혀 차이가 없음도 또한 분명하다. 현실적 결론은 인류의 기본적 생존 요구를 존중해야 하고, 윤리적 기준에 부합해야 하며, 과학 지식과 합치해야 하고, 기존의 상황 하에서 실질적이어야 한다. 기실 이런 전제들이 윤리적·실질적 우선순위를 정하도록 요구한다.

주요 목표

가장 중요한 지향 기준들조차 그 우선순위를 정하기가 온갖 측면에서 완벽하게 딱 부러질 수 없는 노릇이다. 가령, 개인들이 비상사태에 대응하는 양상에 따라 우선순위가 달라질 것이다. 사람들이 각자도생을 중히 여길지, 아니면 전체 인류와 생물권에 더 큰 가치를 부여할지에 따라 달라질 것 아닌가?

그 결정의 결과가 적어도 불확실하기 때문에, 조금이라도 가능하다면 이런 상황은 피해야 한다. 그래야만 생존 가능성을 포함한 개인의 존엄을 전체 인류의 그것 아래 두면서도 침해하지 않을 수 있다. 일단 그렇게 되면 다음처럼 우선순위를 정해 볼 수 있을 것이다(유전공학의 실질적 통합을 포함해).

1. 생물권 보존. 인류의 이익을 위한 것일 뿐 아니라 생물권 자체를 위한 것이기도 하다. 건강하게 사는 데 필요한 공간을 충분히 확보하는 것은 물론 공기, 물, 토양의 질을 개선하는 활동이 여기에 들어간다.

2. 인류의 영양(양과 질)

3. 인류의 건강(예방과 치료)

4. 인간 존엄성의 다른 모든 측면에 대한 존중

5. 종 보호(동물 복지 개선과 육종의 목표 및 한계를 규정하는 것 포함)

우선순위를 이렇게 정하려면 앞선 목표가 다음 목표보다 우위에 있어야 한다. 역으로 얘기해, 다음 목표가 선행 목표에 종속돼야 하는 것이다. 하지만 모든 목표가 여전히 매우 중요하고—비록 상대적이라 할지라도—, 해서 가능하다면 선행 목표로 인해 무효화돼

서는 안 된다. 이런 방침이 항상 실현 가능한 것은 아니고, 심각한 문제로 비화할 수도 있다는 사실은 여러 갈등을 보면 바로 알 수 있다. 현대 의료와 인간 존엄성 사이라든가, 환경 보호와 인류 영양 사이의 갈등이 그런 예들이다.

상황이 이렇게 모순적이라고 해서 필요한 조치를 취하지 않고 포기해서는 안 된다. 상황을 피할 수 없다는 것을 깨달은 사람들에게는 쓸 수 있는 선택지를 비교 분석하고, 실행 가능한 안案을 결정해, 적절한 행동을 취하는 것만이 유일한 해결책이다.

지금까지의 얘기를 통해 앞의 네 기준이 갖는 상대적 중요성이 밝히 드러났을 줄 안다. 반면 마지막 기준(가장 넓은 의미에서의 종 보호)은 명확하게 규정되지도 않고, 생물학적·윤리적으로 파악하기가 쉽지도 않다. 인류의 영양을 공급한다는 상위 목표에 의해 크게 제한될 때는 특히나 그렇다. 환경 보호와 과잉 인구 및 인류의 영양이 빚는 갈등 역시 아주 분명하다. 환경 보호는 그 자체로 독립적인 목표(종과 개체군 크기 보호)일 뿐만 아니라 모든 것 가운데서 가장 중요해, 최우선시되는 목표(인류가 살아가는 데 알맞은 여건을 마련해 주는 생물권의 보존)의 일부이기도 하다.

종 보호는, 생물권 보호 일체의 필수불가결한 일부가 아니라고 전제하면, 상이한 두 측면이 있다. 인류가 계획적이든 우발적이든 유전자를 변형하는 것으로부터 재배 및 사육 대상이 아닌 모든 종을 최대한 보호하는 것과, 윤리적 이유에서 동물 보호 조치를 개선하는 것이 그 두 가지이다. 둘 다 직접이든 간접이든 유전공학과 관계를 맺는다. 그렇기 때문에 이 보호의 범위를 명확히 한 후에야, 문제가 되는 분야에서 유전공학을 이용하는 사안을 장기적으로 결정할 수 있다. 하지만 식물 작물 육종 분야에서 수행되는 유전공학은 이런 고려를 덜 해도 되기 때문에 내 얘기는 다음의 간단한 설명으로 그치겠다.

종 보호 조치 확대

법의 규제를 받는 대형 동물(소, 말, 돼지, 양 등등) 개량 육종을 제외하면 재래식 방법을 통해 동물, 식물, 미생물 육종은 누구나 할 수 있다. 단, 관련 법규를 준수해야 한다. 동물 보호법과 병원체 관련 시행 세칙이 대표적이다. 이런 유의 육종 활동으로 온갖 농장 동물(가축)과 농작물, 생명공학적으로 이용되는 온갖 미생물뿐만 아니라 우리가 기르는 애완동물과 관상식물 대다수가 만들어졌음을 우리는 알고 있다. 이 분야의 육종 활동이 한계 없이 임의로 이루어진다는 것은 수많은 개 품종을 통해 알 수 있다. 털이 거의 하나도 없는 개, 앞을 못 보는 개, 움직일 수 없는 개, 엄청나게 공격적인 개 등 기이하기 이를 데 없는 온갖 개들을 떠올려 보라.

고기, 유제품, 달걀을 생산하기 위한 밀집 사육, 그리고 이에 부합하도록 세운 육종 목표는 동물 복지 및 환경 보호 단체들은 물론이고 덜 조직된 다수 개인의 거센 비난을 받아왔다. 하지만 다른 대부분의 분야에서처럼 우세한 관행을 주조해 내는 것은 대체로 고객들의 행동 양태다.

개 품종 개량과 가축 밀집 사육 활동은 육종의 관행과 양상이 제각각이다. 어떤 육종이든 목표와 한계를 재평가해, 동물 사육 형태와 무관하게 엄격히 규제해야 함을 알 수 있는 대목이다. 그런 각성이 있고 나서야 비로소 상이한 *육종 방법들*(전통적 교배, 인공 수정, 복제 기술, 유전공학)이 어떤 결과를 낳는지 비교할 수 있고, 특정한 *육종 산물*을 규제하거나 나아가 전면 금지할 수도 있다. 유전공학을 "배아 기술"이 동원된 인공 수정이나 "동물 대리모"를 사용한 복제로 잘못 동일시하면, 윤리적으로 의심스러운 육종 결과와 상응하는 동물 사육 형태가 토론을 장악해 지장을 줄 경우, 감정을 유발하는 말다툼에 사용될 것이다.

전통적인 식물 육종 활동에서는 윤리적 요소가 대수롭지 않은 사안이다. 하지만 동물 유전공학에서는 윤리 문제가 제기된다. 교배 육종 및 잡종화의 장벽을 넘어 유전자형을 변형할 권리와 관련해서는 7장의 미결 사안이 여기에도 그대로 적용된다. 유전공학이 결부됐든 결부되지 않았든 판례가 될 소송 사건이 이미 많이 쌓였지만 이것들만으로 향후의 행동을 정당화할 수는 없다.

우리가 환경 보호와 자연 보존을 정말로 진지하게 생각한다면 종의 진화에 개입하는 인간 활동의 한계를 명확히 규정해야 한다는 게 나의 입장이다. 이와 관련해서는 포괄적인 종 보호가 매우 중요하다. 그러니 유전공학과 관련해서는 다음처럼 얘기할 수 있다.

유전공학 활동은 다른 방법으로도 육종할 수 있는 생물에 한정돼야 한다(하지만 분자 생물학의 기초 연구는 그 대상이 아니다). 특정한 경우에 유전공학을 사용할지 여부는 앞에 적은 목표와 기준에 따라 판단해야 한다.

식물 유전공학

농작물 육종의 목표와 한계를 완전히 정하든, 일부러 미결정 상태로 남겨두든 유전공학 응용 활동은, 모든 인류에게 식량을 공급하면서 동시에 생물권을 보호하거나 적어도 피해를 전혀 주지 않는다는 우선순위 설정에 따라, 계속해서 선택 사안이 될 수밖에 없다. 여기에는 직간접의 온갖 육종 목표가 포함된다.

- 생태적으로 민감한 지역에서는 환경을 보호하기 위해 더 이상의 농업 팽창을 막거나 줄인다.
- 인류와 환경에 위험한 공기, 물, 토양의 오염을 줄이거나 제거한다.
- 식량 생산을 증대한다.
- 영양 품질을 개선한다.

이들 목표 가운데 어느 하나를 충족해 줄 수 있는 개별 조치들의 장단점을 전술한 우선순위 기준에 따라 하나하나 신중하게 검토

해야 한다. 그렇게 하면서 부차적인 종속 목표들도 상대적 중요도에 따라 (최대한) 살펴야 한다.

모든 결정이, 그 영향과 무관하게, 절대적 기준이 없어서 주관적 판단에 따른 결정이 될 수밖에 없다는 것은 새로울 게 없는 보편적 사실이다. 그럼에도 불구하고 새로운 기술적 가능성 속에 상응해서 더 높은 수준의 책임이 요구되면 우리는 그 딜레마를 더욱 또렷하게 인식한다.

따라서, 지대한 영향을 가져올 유전공학을 활용할지 말지의 사안도 가중치가 적용되는 전제조건의 기초 위에서 내리는 주관적 판단임이 명백해진다. 요컨대 같은 종에서 뽑아낸 유전자 하나를 이식하는 것(재래식 육종 절차의 정수를 뽑아낸 것이라고 할 수 있겠다)에서부터 전에는 그 생물에 일어난 적이 없는 혁신적인 유전자 조합에 이르기까지 그 가능성이 넓게 분포한다는 말이다.

사람마다 우선순위가 다르면 유전공학을 활용할지 말지와 관련해서도 판단이 제각각일 것이다. 내가 볼 때 유일하게 가능한 딱 한 가지 우선순위는 332쪽에서 제시한 가장 중요한 다섯 개 기준이다. 이것을 따르면 모호하지 않은 결론에 이를 수 있다.

식물 유전공학이 생물권을 보호하고, 활용 가능하며 수용할 수 있는 다른 어떤 방법들보다도 더 효율적으로 모든 인류에게 충분한 양의 식량을 제공한다면, 어떤 방법도 제한하지 말고 농작물 육종에 동원해야 한다. 그러면서도 생물권을 보존하는 일에 덧붙여 상위 기준이 허용하는 한 기타의 야생종 유전자가 변형되는 것을 최대한 막아야 한다. 일반적으로, 육종의 결과를 판단 평가해야지, 방법은 대상이 아니다.

이런 결론과 그 논리가 전반적으로 타당한 절차의 토대가 될작시면 유전공학을 활용할 수도 있는 다른 온갖 분야에도 적용돼야 한다. 그러므로 다음과 같은 것도 요구된다.

• 적어도 당분간은 생식 계열 유전자를 변형하겠다는 목표 하에 인류를 대상으로 유전공학을 사용해서는 안 된다.

• 인류의 건강을 도모하기 위한 유전공학, 특히 실험실 생물을 활용한 유전공학은 상위 기준을 침해하지 않는 선에서만 실행해야 한다.

• 유익한 동물(애완동물 포함)과 관상식물(농작물 제외) 육종에 유전공학을 동원하는 것은 금지하거나, 적어도 우선순위가 허용하는 범위로 엄격하게 제한해야 한다(여기서 구체적인 우선순위는 밝히지 않는데, 이 책의 범위를 벗어나기 때문이다).

• 관련 규제를 준수하며 연구하는 게 아니거나 연구 활동이 미리 정한 목표 속에서 가치 있는 경우가 아니라면 다른 모든 생물을 대상으로 유전공학을 시행해서는 안 된다.

지침과 법률

분자 생물학과 유전공학도 구체적 지침, 규정, 법률, 법률 기구의 권한 아래서 지배를 받는다. 다른 재료 및 기술을 다룰 때와 마찬가지이다. 화학 물질, 인화성 물질, 생물체, 방사능 물질, X-선 장비, 전기, 라디오 주파수 등등을 떠올려 보라. 대다수 국가의 유전공학 관련 규정은 분자 생물학자들이 초기 단계에서 합의한 자발적 규제를 바탕으로 한다. 연구 계획을 수립하고 시행하는 쪽으로 가닥을 잡은 비슷비슷한 산업 선진국들의 경우 큰 차이는 없다. 하지만 실지 시험과 농업 활용 관련 규정은 엄중함 정도에서 크게 차이가 난다.

유럽연합European Union, EU 권역 내에서 유전공학 관련 법률과 규정 및 그 실행을 통일하는 사안은 2008년 현재까지 해결되지 못하고 있다. 유전자 이식 식물 "시판"과 상업 재배가 각기 다른 방식으로 다뤄질 뿐만 아니라 일반 대중의 판단과 평가도 제각각인 것이다. 타협을 전제하는 EU 정책의 확실한 결정소는 여론의 주된 역할을 제외하면 발전도상국들에서 유럽이 벌이는 무역 활동과 기업체의 이익이다.

유전자 변형 피튜니아의 최초 실지 시험이 1990년 여름 독일에서 이루어졌을 때 항의 시위가 분출했다. 하지만 그 즈음을 기준으로 하더라도 전 세계적으로 비슷한 실험이 이미 100회 넘게 수행된 상태였다. 미국, 프랑스, 캐나다, 벨기에에서 대다수가 이루어졌다. 얼마 후에는 유럽 바깥의 몇몇 나라에서 유전자 이식 식물을 재배종으로 심어도 좋다는 승인이 났고, 경작 면적이 급격하게 확대됐다.

식물 분자 생물학을 연구하면 한편으로 가장 높은 수준의 목표 두 가지에 동시에 봉사할 수 있다. 환경 보호와 인류의 영양이 그 둘이다. 그러나 다른 한편으로 이 연구 활동이 가능한 한 모든 곳에서의 종 보호 강화라는 마찬가지로 중요하면서 밀접하게 연관된 목표에 반해서도 안 될 일이다. 유전공학을 시행하다가 의도치 않게 유전자를 변형 이식하는 일로부터 야생종을 최대한 보호해야 하는 것은 이 때문이다. 이 "생물학적 안전성" 사안과 그 엄격한 준수 문제는 논란이 매우 많은 사안이다. 과학적 미결 문제이므로 목표 지향적이면서도 편견 없는 연구를 통해 더 명확히 할 필요가 있다.

종들 사이에서 유전자가 자연스럽게 교환되는 정도(소위 "수평적 유전자 이식"horizontal gene transfer)는 최근까지도 직접 알 수 없었고, 교배나 잡종화 정도를 바탕으로 간접적으로만 유추하는 수준이었다. 이 궁금증에 대한 결정적 대답은 분자 생물학적 방법을 통해서만 얻을 수 있다. 계속해서 연구하며, 유전자 이식 식물과 더불어 수용적일 것으로 추정되는 야생종을 나란히 철저하게 주시 관찰해야만 하는 이유다. "생물학적 안전성 연구" 결과가 과학적으로 확실하게 나와야 비로소 이 사안에 대해 충분한 근거를 갖고 언명할 수 있을 것이다. 우리가 실제 응용과 관련해 유의미한 결론을 내릴 수 있는 것도 그때이다.

인류의 주요 식량 식물 대다수는 집약적으로 관리해 줘야만 살 수 있다. 우리는 그것들이 통제를 벗어나 확산될 거라고 예상하지 않는다. 유전공학 방법을 사용해 추가로 취하는 최적화 조치는 가장 중요한 기준 세 가지에만 이바지해야 한다. 여기에 생물학적 안전 지대 바깥에서 이루어지는 경작 활동이 포함된다는 것은 분명한 사실이다(기초 연구와 달리). 그러나 그 최종 단계에 앞서 통제된 실험실 환경, 온실, 실지 시험을 서서히 거치는 절차가 반드시 필요하다. 매 단계에서 가능성과 함께 위험성도 평가하고 추정해 보아야만 하는 것이다.

식량 식물의 모든 신품종은 재래식 육종 기술로 개발됐든 유전공학 방법으로 개발됐든 국가가 인증하는 검사를 통과해야만 상업적으로 활용할 수 있다. 신품종의 영양학적 품질과, 소비자들에게 중요한 기타의 특징들을 철저하게 조사하는 절차가 국가 인증 검사에 포함됨은 두말하면 잔소리다. 육종 방법을 매 단계 철저히 평가하고, 덧붙여서 이런 검사를 수행한 연후에야 유전공학의 *결과 지향적* 응용 활동을 용인할 수 있다. 이 활동은 다음과 같은 조건 아래서 가능하다.

> 농작물 육종에 유전공학적 방법을 허용할지 여부는 개별적으로 판단해야 한다. 우선순위에 근거해 매 단계마다 성공할 확률을 긍정적으로 내다볼 수 있어야 한다. 구체적 기준에 따라 결과물을 평가한 다음에야 시장에 내놓을지 여부를 판단할 수 있다.

다른 분야의 조치들

식량 식물 육종 활동이 질적으로 진보해야 환경 파괴와 식량 생산 사이의 계속되는 갈등을 해결할 수 있다. 농업 분야에서 주되게 해결책을 찾아야 하는 이유는 그래야 환경 문제가 해결될 것이어서가 아니다. 요컨대, 인류의 생존을 안정적으로 지속 유지하는 사안이, 생물권 보호 다음으로 가장 중요한 우선순위를 차지하기 때문이다. 이 목표들은 둘 다 반드시 달성해야 하는 긴요한 과제이지만 식물 육종 활동의 범위를 벗어나 그 이상의 여러 노력을 필요로 한다.

식물 육종 활동만으로는 위험에 처한 우리의 환경을 구할 수 없다.

농작물 육종 활동으로 서로 관계가 있는 여러 문제가 굴비두름 엮이듯 제기된 것처럼 생물권을 구하는 각종의 추가 조치도 감자알 쏟아지듯 상호 연관된 문제를 제기한다. 하여 나는 가장 중요하다고 보는 요구 사항만 제시한다.

가장 중요한 조치는 인구 증가 종식, 실질적인 환경 보호, 부자와 빈자 사이의 사회적·경제적 격차를 줄이는 것이다.

환경을 실제로 보호하려면 인류의 생활 조건을 위해서 자연을 보호하는 데서 나아가 무엇보다 자연 자체를 염두에 두고 보호 활동에 나서야 한다. 생물권을 단순히 생존 한계 이내로 유지하는 것 이상이 필요한 셈이다. 예컨대, 특정 이익을 위해 자연 보호 구역을 축소하고 평가 절하하면 그 위장 공간은 유익하기는커녕 해만 끼치게 될 것이다.

환경과 자연을 실질적으로 보호, 보존하려면 다수 대중이 걸맞은 의식과 기본적 자세를 갖추어야 한다. 우리 모두에게 환경은 즉각적인 목전의 상황으로 시작된다. 남들에게 자신이 환경 보호를 얼마나 진지하게 생각하는지 알리며 실천하는 사람들은 불안하게 살면서 "높으신 나으리들"에게 행동할 것만을 요구하는 사람들보다 훨씬 많은 것을 성취할 것이다. 후자의 부류는 결국 자신이 모든 것을 잃었음을, 뭔가 할 수 있는 소중한 시간마저 잃었음을 깨닫게 될 뿐이다. 간접적이라 할지라도 우리 모두가 "높으신 나으리들"이다. 다음의 금언은 여기에도 꼭 들어맞는다. 좋은 본을 보여 남을 개심시키려는 사람은 결국 두 사람을 바꾸는 것이다.

덜 집약적인 형태의 농업과 몇 가지 추가적인 조치가 필요하다는 얘기는 이미 1장에서 했다. 정치, 경제, 사회 분야에서는 "남북 격차"North-South divide를 제거하는 게 가장 커다란 과제가 될 것이다. 남북 격차를 해결하지 못하면 인구와 환경 문제 해결도 요원하다. 산업 선진국들이 환경 오염과 자원 남용을 중단하는 것은 비교적 쉬운 예행연습이 될 것이다.

자원을 정복하고 낭비하는 것은 물론이고 성장과 확대라는, 점점 더 미심쩍어지는 *양적* 성취가 *질적* 진보로 대체되어야 한다는 데에는 어느 분야든 예외가 아니다. 갖은 형태의 무제한적 소비도 빠뜨릴 수 없다. 부유층이 애용하는 "소비재," 여행으로 자연을 파괴하는 일, 매일의 선정적 보도와 유혹적 이데올로기 등을 떠올려 보라.

『메스칼 왕국』*In the Kingdom of Mescal* 이라는 현대의 동화를 보면 이런 말이 나온다. "주술enchantment 에는 세 가지가 있다. 눈부신 광채, 꿈의 시장에서 모락모락 피어오르는 욕망, 공허한 말로 사람을 겁먹게 만드는 것이 그 세 가지이다." 좌절과 "승산 없음"도 여전히 그 소심한 답변에 속해 있다.

음식과 유희

"일용할 양식"은 우리의 식량, 인간의 필수적 욕구를 상징하는 말이다. 우리를 에워싸고 지탱해 주는 자연 세계와 이 욕구를 어떻게 최대한 조화시키느냐 하는 문제가 이 책의 주제다. 이런 문제를 제기해야 우리가 자연 세계의 일부임을, 인류의 생물학적·문화적 진화가 자연의 조건과 도전 하에 다른 온갖 요소들과 상호 작용하며 일어났음을 깨달을 수 있다.

식량이 인간의 유일한 욕구는 아니다. 로마의 황제들은 시민들에게 빵과 서커스panem et circenses를 약속 보장해 줬다. 그들은 두 가지 욕구를 충족해 주지 못할 경우 민중의 신뢰가 떠나리라는 걸 알았다. 빵이 우리의 육체적 욕구를 상징한다면 서커스, 곧 놀이와 오락은 정서적 욕구를 대변한다.

우리는 정서적 욕구가 발휘하는 막강한 힘을 과소평가해서는 안 된다. 아이들의 교육 유희, 과학자들의 지적 게임, 기술보다는 운수에 맡기고 하는 승부, 결과물을 지향하는 노동의 보상으로 쉬면서 하는 기분 전환용 오락 등 정서적 욕구는 매우 다양한 형태로 나타난다. 이런 각각의 유희에서 욕구가 만족된다. 놀이와 오락은 "힘이 자유롭게 상호 작용"하기 때문에 적어도 주관적으로는 목적이 없는 행위로 여겨진다. 호모 사피엔스homo sapiens는 일하는 호모 파베르homo faber일 뿐만 아니라 놀이하는 호모 루덴스homo ludens이기도 하다.

아이들의 놀이 본능은 자신이 인식하고 중히 여기는 경계 지점까지의 주변 환경을 배우고, 직접 개발하며 조사하고 정복하려는 본유적인 충동이다. 이것이 호모 사피엔스라는 종 전체에 대한 완벽에 가까운 비유라고 나는 생각한다.

우리가 현재 서 있는 전환점의 중요한 측면도 이것이다. 빵이 하나요, 놀이가 나머지 하나다. 둘 다 자연적 한계에 도달했고, 둘 다 양에서 질로 진로를 변경해야 한다. 우리가 자연과 하는 놀이 또한 바뀌어야 한다. 우리가 해온 옛 게임으로는 더 이상 변경을 탐험할 수 없다. 근원적 자연을 새로운 게임의 일부로 모색해야 하는 시점에 이른 것이다. 효율적인 보호 조치들을 찾아내는 것이 그것이다. 인간과 자연을 제한받지 않지만 상처 입기 쉬운 존재로 파악하는 것은 과학과 기술의 시대를 맞이한 우리 문화 발전의 현재 상태에 정확히 들어맞는다.

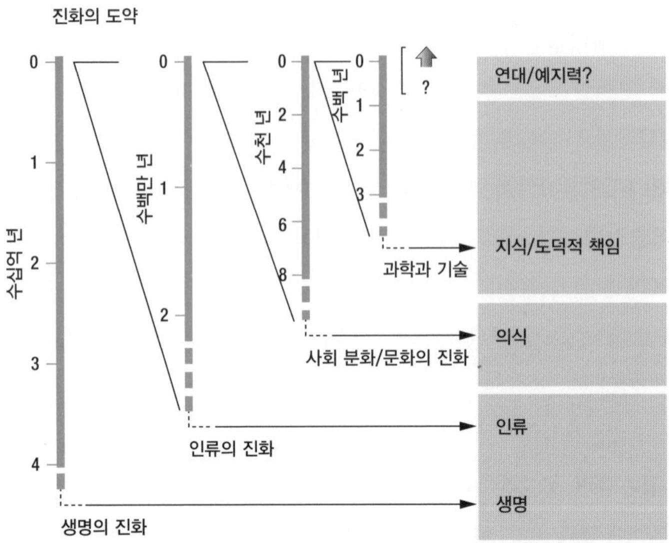

그림 39 인류 진화의 상이한 단계들이 발생하고 전개된 시한이 계속해서 줄어들고 있음을 보여주는 도해

오른쪽 상단의 화살표는 과도한 인구 증가와 생물권의 수용 능력이 빚는 갈등이 해결돼야 하는 현 시기의 결정적인 단계이다. 물음표는 향후 사태가 불확실하다는 얘기다.

앞서 산 모든 세대처럼, 현재를 살고 있는 우리도 이전의 양상을 계승한다. 물려받은 조건의 상태는 우리 책임이 아니다. 하지만 그 유산을 관리 운영하는 방식과, 계속해서 후세에 전달해 줄 상태에 대해서는 전적으로 우리가 책임을 져야 한다. 우리가 상속받은 유산의 색다른 측면은 바로 이것이다. 인류 진화의 역사상 최초로, 불가피한 진로 변경의 시한이 바로 우리 세대의 생애에 떨어졌다는 것

(그림 39).

이전 단계는 성장, 힘, 소비의 경계와 한계를 탐색하는 단계였다. 우리가 밟아야 할 새로운 경로에서는 연대와 예지력이 방향타가 돼야 한다.

요약

과학 지식을 기술 분야로 응용하는 활동은 기성의 윤리 기준이 정하는 우선순위들을 존중하고, 따라야 한다. 인류와 환경을 안정적으로 존속시키는 것이 절대적 우선순위이다. 이 과제를 달성하려면 자연 자원 활용 양상이 근본적으로 바뀌어야 한다. 생태계가 용인하면서도 생산성이 높은 농업이 대표적이랄 수 있다.

유전공학은 식물 육종 활동을 도울 수 있고, 따라서 다음의 다섯 가지 주요 기준 가운데 적어도 하나에 부합되게 이로우며, 각각의 상위 기준에 난점을 야기하지 않는 한 활용해야 한다. 1. 생물권 보존, 2. 양과 질 모두에서 충분한 인간 영양, 3. 인류의 전반적 건강(예방과 치료), 4. 인간 존엄성의 다른 모든 측면에 대한 존중, 5. 종 보호 조치 확대.

다른 분야에서 보완적 조치들이 이루어지지 않으면, 농업 생산량이 증가하고 식량 식물의 품질이 개선돼도 인류의 생존과 위기에 처한 생물권이 벌이는 다툼은 해결되지 못할 것이다. 식량 생산 개선뿐만 아니라 인류의 생활양식이 질적으로 진보해야 한다. 구체적으로 보면 실질적이고 지속 가능한 형태로 환경을 보호하고, 인구 증가세를 신속하게 꺾으며, 부자와 빈자, 힘 있는 자와 힘없는 자, 가용 자원에 대한 접근 가능성과 불가능성을 사회 경제적으로 계속 조정해 나가는 것을 들 수 있다.

나오며

도전 과제는 새로운 만큼이나 엄청나다. 달성하기 쉬운 목표는 생략하고 없이 지내는 것보다 수립하는 것이 언제나 더 편하다. 인류의 장구한 역사는 생활공간 정복, 번식, 외부 위협 제거를 통한 성장과 확대로 특징지어진다. 이것들보다 더 중요한 목표는 없었다. 작금의 사태를 보자. 불과 20~30년 만에 그런 목표들은 완전히 뒤집혔다. 별안간 인구 증가를 종식시키고, 매우 한정된 생물권을 위협하는 행위를 중단하는 것보다 더 시급한 과제가 없는 상황이 돼버렸다. 건강한 생물권 영역이 우리 눈앞에서 사라지고 있다.

전 세계적으로 가장 중요한 문제 가운데 하나는 농업 생산성을 높이는 것과 환경을 지속 가능하게 보호하는 것 사이의 연계이다. 이 시급하고 어려운 과제를 해결하는 데 유전공학이 얼마나 기여할 수 있을지는 아직 알 수 없다. 나의 기본적 입장은 조심스럽지만 낙관적이다. 본문의 서술을 통해 인지하셨을 줄로 안다. 하지만 우리는 먼저 유전공학 활용의 목표와 한계를 정해야 한다. 우리가 이 선택지와 관련해 사실에 입각해 입장을 잘 정리해 둘수록 더 책임감 있게 행동을 취할 수 있다. 유전공학을 지지하는 사람들은 자기가 뭘 하는지를 잘 알아야 한다. 이 얘기는 유전공학을 거부하는 사람들한테도 해당된다.

유전공학은 그 새로움과 혁명적 가능성으로 인해, 이 책에서 중요하게 다루었다. 하지만 유전공학을 광고하는 것은 결코 나의 의도가 아니었다. 유전공학에 광고는 필요 없다. 당연한 말이지만 유전공학은 대량 생산된 상품이 아니라 필요하면 활용할 수 있는 기술이다. 유전공학에 필요한 것은 그 장단점을 편견 없이 바르게 판단 평가하는 일이다. 모두가 각자 노력하면 그렇게 할 수 있다. 하지만 그럼에도 이 책은 광고로 의도된 면도 있다. 나는 자연과 인류를 대하는 데 있어 좀 더 자각 있고 책임감 있는 태도가 필요함을 선전하고자 했다. 기술 수단을 동원해 자연을 낭비적으로 파괴해서는 안 된다. 우리는 갖은 유용한 기술을 적절하게 활용해 자연을 보존해야 한다. 우리가 종의 자연스러운 진화(와 창조)에 개입해도 되느냐는 더 이상 논쟁거리가 아니다. 그 일을 오랫동안, 그것도 아주 효과적으로 해왔다는 사실을 떠올려 보라. 사실 진짜로 중요한 문제는 이것이다. 인류가 포함된 다양한 생명과, 살 만한 가치가 있는 이 세계를 과연 우리는 어떻게 보존할 것인가?

앎의 나무Tree of Knowledge〔창세기의 '선악과 나무'인데, 일부러 앎의 나무로 번역했다 ― 옮긴이〕에서 사과를 따, 한 입 베어 문 행위는 오래전에 일어났다. 고전기 그리스에서 개인의 자기 인식에 그 다음 번의 거대한 도약이 있었다. "너 자신을 알라"Know thyself라는 신전의 그 유명한 명문이 이를 입증한다. 이런 인식과 앎은 자아를 주위의 인간 전체로 확장하면서 완성됐다. "네 이웃을 네 몸처럼 사랑하라"라는 권고가 바로 그것이다. 이런 자기 인식은 이제 더욱 깊어졌고, 우리의 환경 전체로 확대되었다. 우리는 내적 자아가 모든 생명을 포괄함을 깨달아야 한다.

인류의 문화 발달을 중단시키거나 역진시킬 수는 없다. 시간을 되돌릴 수 없는 것과 마찬가지이다. 알게 되면 책임감을 느끼고, 행동할 수 있으면 결정할 수 있는 자유가 생긴다. 우리는 각자의 책임감 있는 행동과 관련해 점점 더 자유롭게 결정할 수 있게 됐다.

우리는 지구가 거기 사는 주민들을 먹여 살릴 수 있는지, 얼마 동안이나 가능한지 물음을 던졌고, 이로써 이제 책임감을 인식하고 있다.

우리는 잃을 것과 얻을 것이 모두 많다.

용어 설명

가소성 plasticity 생물이 각자 처한 환경 조건에 적응하는 능력. '적응적 변형/변형 적응'(adaptive modification)과 동의어.

가축화(농작물화) domestication 야생 작물과 야생 동물을 목적 지향적 육종을 통해 변형하는 행위.

광합성 photosynthesis 빛을 에너지원으로 활용해 이산화탄소와 물로 유기물을 만드는 일.

교배 육종 cross-breeding 종은 같지만 유전적으로 뚜렷하게 다른 개체를 교잡하는 육종(법).

구조 유전자 structural gene 특정한 산물을 암호화하고 있는 유전자의 부분.

균근(菌根) mycorrhiza 곰팡이와 식물 뿌리의 공생 연합.

내성 tolerance 비생물학적 스트레스 요인, 그러니까 제초제나 중금속 이온을 견뎌내는 능력.

다인자 유전 polygenic 유전자 여러 개가 유전에 관여함.

단배종자 monogerm seed 열매 하나 당 밑씨(胚珠)가 한 개인 종자.

단백질 protein 스무 가지 상이한 유형의 아미노산이 들어 있는 기다란 분자 사슬. 아미노산은 담당 유전자가 지정해 주는 차례대로 결합된다.

단일 인자 유전 monogenic 유전자 하나가 유전에 관여함.

돌연변이 유발 요인 mutagen 생물의 유전자 구조를 바꾸는 화학적·물리적 요인.

돌연변이 mutation 유전자가 변형되는 일.

DNA 디옥시리보핵산. 상이한 네 종류의 디옥시리보뉴클레오티드로 구성된 기다란 분자 사슬.

바이러스 virus 병원성일 수도 있는데, 생물학적으로 보면 불완전한 실체이다. 세균 및 진균과 다르고, 살아 있는 숙주 생물에 의존해 번식을 한다.

변동성 variability 동일종의 개체라도 유전자 구조가 바뀔 수 있다. 종의 평균적 유전자형에서 벗어나는 능력.

변종 mutant 돌연변이로 인해 유전자가 바뀐 개체.

병원균(병원체) pathogen 질병을 일으키는 병원체.

비오톱 biotope 주변과 뚜렷하게 구별되는 군집 및 군락을 지탱해 주는 구역.

살균제 bactericide 박테리아를 죽이는 물질.

살진균제 fungicide 진균류를 죽이는 물질.

살충제 insecticide 곤충을 죽이는 물질.

생물 군집 biocoenosis 비오톱에 서식하는 생물 군집.

생물권 biosphere 생명체를 담고 있는 지구상의 권역.

생식 세포 germ cell 성세포(예컨대, 난세포, 정자, 꽃가루).

서식지 habitat 식물이나 동물이 통상 살고, 발견되는 환경.

세포 현탁 배양 cell suspension culture 단일 세포 또는 세포군을 액체 영양 매개물(培地) 안에서 배양하는 것.

아미노산 서열 amino acid sequence 단백질의 구조를 결정하는 아미노산의 서열(아미노산 중합체).

염색체 chronosome 수천 개의 유전자를 담고 있는 대분자. 완전하게 조성된 유전자들인 유전체는 생물마다 수효가 제각각인 염색체들에 위치한다(인간은 2×23개이다).

원형질체 protoplast 세포벽이 없지만, 그것 말고는 완벽한, 그러니까 원형질막으로 둘러싸인 세포.

유전자 은행 gene bank 육종가나 자연보호주의자 들이 관심을 가지고 수집한 야생종과 재배종의 식물 종자들.

유전자 gene 생물의 특정한 특성을 단독으로 주조해 내거나 공동으로 만들어내는 단일한 유전 단위.

유전자형 genotype 개체의 유전자 정체성 전부.

유전체 genome 생물의 유전 물질 전부.

유합 조직 callus 상처, 세포군, 단일 세포에서 기원 성장한 조직.

이식 유전자 transgene 유전공학 방법으로 한 생물에서 다른 생물로 옮겨진 유전자.

잡종 hybrid 서로 다른 종을 교배해 얻은 혼성체. 번식 능력이 있는 잡종은 동물의 경우 드물고, 식물의 경우는 더 흔하다. 자연의 잡종화 장벽으로 인해 잡종이 형성되는 일은 별로 일어나지 않는다.

잡종 변종(품종) hybrid variety 근교 계통을 교배한 혼성체로, 더 생산적이지만 대개는 불임인 식물이 나온다.

잡종화 hybridization 잡종 형성.

재배 품종(재배종) cultivar 바람직한 특성으로 인해 선택을 받아 재배되는 식물 품종.

저항력(성) resistance 생물학적 스트레스 요인, 가령 병원균이나 초식 곤충을 견뎌내는 능력.

전염성의 virulent 병원체가 활성화된 상태의

제초제 herbicide 식물을 죽이는 물질.

제한 효소 restriction enzyme 특정한 인식 부위에서 유전자를 절단하는 효소.

조직 배양 tissue culture 고형 기질(基質)이나 현탁액 등으로 환경을 통제하며 조직을 배양하는 일.

진균독 mycotoxin 곰팡이 독.

질소 고정 nitrogen fixation 공중 질소를 생물이 활용할 수 있는 형태로 바꿔 내는 일.

체세포 somatic(=body) cell 생식 세포를 제외한 다른 일체의 세포.

클론 clone 유전자가 동일한 세습 세포, 조직, 생물.

표현형 phenotype 유전자형과 환경이 작용해, 관찰되는 생물의 겉모습.

품종(변종) variety 종의 특정 유전자형. 재배되는 작물의 경우는 '재배 품종/재배종'(cultivar)라고도 한다.

프로모터 유전자 promotor 세포 내 신호 분자 형태로, 유전자의 발현을 조절하는 제어 요소.

효소 enzyme 세포 물질대사에서 특정한 반응을 일으키는(반응률을 증가시키는) 촉매.

참고 문헌 및 더 읽을거리

굵은 글씨는 이 책의 주요 논제를 보충해 주는 정보로, 특히 더 추천하는 것이다.

Al-Babili, Salim, and Peter Beyer. 2005. *Golden Rice-five years on the road-five years to go?* TRENDS in Plant Science 10:565~573.

Allard, Robert W. 1999. *Principals of Plant Breeding*. New York: John Wiley.

Braun, Joachim von. 2005. *The World Food Situation. An Overview*. Washington: International Food Policy Institute(www.ifpri.org).

ASSINSEL, ed. 2000. *Nahrung für 5000 Millionen*. Nyon, Switzerland: Internationale Vereinigung der Pflanzenzüchter.

Brown, Lester R. 2004. *Outgrowing the Earth. The food security challenge in an age of falling water tables and rising temperatures*. New York: Norton & Co.

Buber, Martin. 1978. *Zwiesprache: Traktat vom dialogischen Leben*.

Heidelberg: Lambert Schneider: 37.

Cohen, Joel I. 2005. *Poorer nations turn to publicly developed GM crops. Nature Biotechnology* 23:27~33.

Conway, Gordon. 1997. *The Doubly Green Revolution. Food for all in the 21st century*. London: Penguin Books.

Deutsche Gesellschaft für die Vereinten Nationen, eds. 2005. *Kurzfassung des Berichts über die menschliche Entwicklung 2005*. Berlin.

Diamond, Jared. 2005. *Guns, Germs and Steel: The Fates of Human Societies*. New York: W. W. Norton.

Evans, Lloyd T. 1998. *Feeding the Ten Billion. Plants and population growth*. Cambridge: Cambridge University Press.

Food and Agriculture Organization(FAO). Rome, www.fao.org.

Gonsalves, Dennis. 2004. *Transgenic Papaya in Hawaii and Beyond. AgBioForum* 7(1 & 2):36~40.

International Food Policy Research Institute(IFPRI). Washington, www.ifpri.org.

James, Clive. 2004와 2007. *Global Status of Commercialized Biotech/GM Crops*. ISAAA Briefs No. 32와 37.

International Service for the Acquisition of Agri-biotech Applications. Ithaca, NY.

Jonas, Hans. 1985. *Technik, Medizin und Ethik*. Frankfurt: Insel.

Kaufmann, Stefan H. E. 2009. *The New Plagues: Pandemics and Poverty in a Globalized World*. London: Haus Publishing.

Mauser, Wolfram, 2009. *Water Resources: Efficient, Sustainable and Equitable Use*. London: Haus Publishing.

Latif, Mojib. 2009. *Climate Change: The Point of No Return.* London: Haus Publishing.

Meyers Großes Taschenlexikon. 1987. Mannheim/Wien/Zürich: B. I. Taschenbuchverlag.

Nietzsche, Friedrich. 1969. *Thus Spoke Zarathustra*. London: Penguin Classics.

Ortega y Gasset, José. 1994. *The Revolt of the Masses*. New York: W. W. Norton.

Qaim, Matin, and Ira Matuschke. 2005. *Impacts of genetically modified crops in developing countries: a survey. Qurater1y Journal of International Agriculture* 44:207~227.

Reichholf, Josef H. 2009. *The Demise of Diversity: Loss and Extinction*. London: Haus Publishing.

Reichholf, Josef H. 2006. *Der Tanz um das goldene Kalb. Der Ökokolonialismus Europas*. Berlin: Wagenbach.

Rifkin, Jeremy. 1992. *Beyond Beef: The Rise and Fall of the Cattle Culture*. E. P. Dutton.

Schäfer, Georg, and Nan Cuz. 1970. *In the Kingdom of Mescal*. Berkeley: Shambala.

Vergil, Publius Maro. 1961. *Georgica*. Zurich: Artemis: 171~185.

Wambugu, Florence. 1999. *Why Africa needs agricultural biotech*. Nature 400:15~16.

World Bank: http://www.worldbank.org.

Wilson, Edward O. 1999. *The Diversity of Life*. New York: W. W. Norton.

Wilson, Edward O. 2002. *The Future of Life*. New York: Knopf.

그림 출처

본문에 실린 그림은 모두 Peter Palm, Berlin.

그림 2　Regierungspräsidium Münster
그림 4　Archiv für Kunst und Geschichte, Berlin
그림 5　Archaeological Museum, Teheran
그림 7과 8　Iraq Museum, Baghdad
그림 9　Das alte Ägypten, Holle-Verlag, Baden-Baden
그림 10　Albertinum, Dresden
그림 11　Mainfränkisches Museum, Würzburg
그림 13　Camille Flammarion: Meteorologie populaire, Paris 1888
그림 14　Munch Museum, Oslo
그림 15　Musée de Poche, Paris
그림 16, 17, 24, 25　Frauke Furkert, Cologne
그림 18과 21　ASSINSEL, Amsterdam
그림 20, 22, 26, 27, 29, 30　Max Planck Institute for Plant Breeding

Research, Cologne

그림 23 Kleinwanzlebener Saatzucht, Einbeck

그림 28 Peter Beyer, Freiburg

그림 31 Dennis Gonsalves, Hawaii

그림 32 Human Development Report 2005

그림 33, 34, 36, 38 Yann Arthur-Bertrand

그림 35 Myers et al.: Nature 403, pp. 853~858, 2000.